重庆市骨干高等职业院校建设项目规划教材
重庆水利电力职业技术学院课程改革系列教材

电气安全技术

主　编　段正忠
副主编　吴桂仙
主　审　蒋春敏

黄河水利出版社
·郑州·

内 容 提 要

本书是重庆市骨干高等职业院校建设项目规划教材、重庆水利电力职业技术学院课程改革系列教材之一,由重庆市财政重点支持,根据高职高专电气安全技术课程标准及理实一体化教学要求编写而成。本书简要介绍了电工、电气基本知识,详细介绍了常用电气设备安全技术、高低压电气安全技术和电气防火与防爆安全技术,系统介绍了电气线路安全技术、保护接地与保护接零技术、电气安全装置、防雷、防静电技术以及电气防火与防爆安全技术,对防雷、防静电措施和常见电工及电气事故案例进行了分析。为便于学生对知识的消化吸收,在学习单元后附有思考与练习题。

本书可作为高职高专院校电气类专业学生教材,也适用于电力、机械、冶金、建筑、石化等行业电工作业人员,亦可供上述行业电气管理、电气运行维护、工程技术、安全监督、项目管理等相关人员参阅。

图书在版编目(CIP)数据

电气安全技术/段正忠主编. —郑州:黄河水利出版社,
2016.11
重庆市骨干高等职业院校建设项目规划教材
ISBN 978 - 7 - 5509 - 1594 - 7

Ⅰ.①电… Ⅱ.①段… Ⅲ.①电气设备 - 安全技术 -
高等职业教育 - 教材 Ⅳ.①TM08

中国版本图书馆 CIP 数据核字(2016)第 302533 号

组稿编辑:王路平 电话:0371-66022212 E-mail:hhslwlp@163.com

出 版 社:黄河水利出版社   网址:www.yrcp.com
          地址:河南省郑州市顺河路黄委会综合楼14层   邮政编码:450003
发行单位:黄河水利出版社
          发行部电话:0371-66026940、66020550、66028024、66022620(传真)
          E-mail:hhslcbs@126.com
承印单位:河南承创印务有限公司
开本:787 mm×1 092 mm 1/16
印张:14.75
字数:340 千字   印数:1—1 100
版次:2016 年 11 月第 1 版   印次:2016 年 11 月第 1 次印刷
定价:36.00 元

前 言

　　按照"重庆市骨干高等职业院校建设项目"规划要求,发电厂及电力系统专业是该项目的重点建设专业之一,由重庆市财政支持、重庆水利电力职业技术学院负责组织实施。按照子项目建设方案和任务书,通过广泛深入的行业、市场调研,与行业、企业专家共同研讨,不断创新基于职业岗位能力的"岗位导向,学训融合"的人才培养模式,以水力发电行业企业一线的主要技术岗位所需核心能力为主线,兼顾学生职业迁徙和可持续发展需要,构建基于职业岗位能力分析的教、学、做一体化课程体系,优化课程内容,进行精品资源共享课程与优质核心课程的建设。经过三年的探索和实践,已形成初步建设成果。为了固化骨干建设成果,进一步将其应用到教学之中,最终实现让学生受益,经学院审核,决定正式出版系列课程改革教材,包括优质核心课程和精品资源共享课程等。

　　特种电工作业行业是一特别危险的行业,作业过程中人身安全和设备安全尤其重要。电工作业中的安全生产关系到人民群众的生命财产安全,关系到改革发展和社会稳定的大局,也越来越受到各级领导的重视。为配合电工作业人员的安全技术培训与考核工作,进一步加强安全教育培训,强化特种电工作业人员的安全技能,提高安全生产的意识,增加安全生产知识,减少电气安全事故发生,特编写了本书。

　　本书主要针对电气类专业学生、电力行业特种电工作业人员,结合职业岗位特点,采用了项目导向、模块化的编写思路。在加强学员安全知识学习的同时,强化学员的安全操作技能。围绕学员岗位技能对知识、技能进行模块化,并适应现代教学中教、学、做一体化的教学模式。

　　本书侧重于生产操作与技能训练内容,紧扣特种作业人员操作培训这一主题。本书在编写过程中力求通俗、实用,可操作性强,教材中融入行业企业标准,使教材内容与生产一线充分结合。

　　本书由重庆水利电力职业技术学院承担编写工作,由段正忠担任主编,吴桂仙担任副主编,蒋春敏担任主审,参编人员有张过有、张亚妮、张勇、李文静、曾洪兵。

　　本书在编写过程中得到了重庆龙珠电力股份有限公司刘平、重庆市合川区富金坝水力发电厂胡建、四川嘉陵江桐子壕航电开发有限公司李世开、重庆市永川区供电局张洪、重庆中电狮子滩发电有限公司刘赟、重庆紫光化工股份有限公司张科、重庆机床厂陈农全等的大力支持,在此深表谢意!

　　由于编者水平有限,加之编写时间仓促,书中难免存在疏漏和不妥之处,恳请读者批评指正。

编 者

2016 年 8 月

目　录

学习情境 1　电工技术基本知识

学习单元 1.1　电力系统基本知识

【学习目标】
　　(1)能够掌握电力系统的组成及各个部分的作用。
　　(2)能够明白电力网及电力系统的划分情况。
　　(3)能够知道额定电压的等级划分情况。

【学习任务】
　　电力系统构成,电力网、电力系统和动力系统的划分,电力系统运行特点,电力系统运行额定电压,供电质量,电力系统的中性点运行方式,用电负荷分类,中国的电力起步。

【学习内容】
　　电路系统的基本知识很广泛,有电力系统的基本构成,有发电、输电、配电和用电等,还有电力系统的特点及等级划分,只有把这些相关的基本知识掌握后才能更好地进行电气线路的相关操作。

1.1.1　电力系统构成

　　电力系统是由发电厂、变电站(所)、送电线路、配电线路、电力用户组成的整体。其中,联系发电厂与用户的中间环节称为电力网,主要由送电线路、变电站(所)、配电所和配电线路组成,如图1-1中的虚线框所示。电力系统和动力设备组成了动力系统,动力设备包括锅炉、汽轮机、水轮机等。

　　在电力系统中,各种电气设备多是三相的,且三相系统基本上呈现或设计为对称形式,所以需要指出的是,为了保证电力系统一次电力设施的正常运行,还需要配置继电保护、自动装置、计量装置、通信和电网调度自动化设施等。

　　电力系统主要组成部分和电气设备的作用如下所述。

1.1.1.1　发电厂

　　发电厂是把各种天然能源转换成电能的工厂。天然能源也称为一次能源,例如煤炭、石油、天然气、水力、风力、太阳能等。根据发电厂使用的一次能源的不同,发电厂分为火力发电厂、水力发电厂、风力发电厂等。

1.1.1.2　变电站

　　变电站是电力系统中联系发电厂与用户的中间环节,具有汇集电能和分配电能、变换电压和交换功率等功能,是一个安装有多种电气设备的场所。根据在电力系统中所起的作用,可分为升压变电站和降压变电站;根据设备安装位置,可分为户外变电站、户内变电

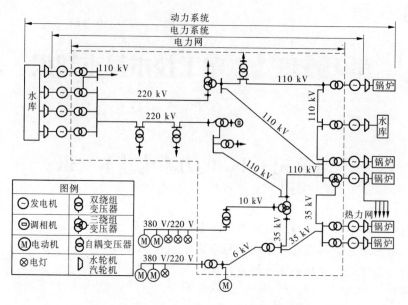

图 1-1 动力系统、电力系统及供电系统图

站、半户外变电站和地下变电站。

变电站内一次电气设备主要有变压器、断路器、隔离开关、避雷器、电流互感器、电压互感器、高压熔断器、负荷开关等。变电站内还配备有继电保护和自动装置、测量仪表、自动控制系统及远动通信装置等。

1.1.1.3 输电网

输电网是通过高压、超高压输电线将发电厂与变电站、变电站与变电站连接起来,完成电能传输的电力网络,又称为电力网中的主网架。

1.1.1.4 配电网

配电网是从输电网或地区发电厂接受电能,通过配电设施将电能分配给用户的电力网。配电设施包括配电线路、配电变压器、配电设备等。配电网按照电压等级,可分为高压配电网、中压配电网和低压配电网;按照地域服务对象,可分为城市配电网和农村配电网;按照配电线路类型,可分为架空配电网和电缆配电网。

我国配电网电压等级划分为:高压配电网电压,35 kV、66 kV、110 kV;中压配电网电压,10(20)kV;低压配电网电压,380 V/220 V。

1.1.1.5 负荷

电力负荷是指用户的用电设备或用电单位总体所消耗的功率,可以表示为功率(kW)、容量(kVA)或电流(A)。发电厂对外供电所承担的负荷的总和称为供电负荷,包括这一时刻用电负荷(用户在某一时刻对电力系统的功率需求)以及能量在传输过程中的功率损失(网损)。

1.1.1.6 变压器

变压器是利用电磁感应原理,把一种交流电压和电流转换成相同频率的另一种或几种交流电压和电流。在电力系统中,由于传输电能和用户用电的需要,无论是发电厂还是变电站,都可以看到各种形式和不同容量的电力变压器。

1.1.1.7　断路器

断路器是一种开关设备,既能关合、承载、开断运行回路的负荷电流,又能关合、承载、开断短路等异常电流。断路器的形式较多,结构也不尽相同,但从原理上看,均由动触头、静触头、灭弧装置、操动机构、绝缘支架等组成。

1.1.1.8　隔离开关

隔离开关是将电气设备与电源进行电气隔离或连接的设备,因为没有特殊的灭弧装置,一般只能在无负荷电流的情况下进行分、合操作,与断路器配合使用。隔离开关由导电回路、绝缘支架、操作系统及底座支架等组成。

1.1.1.9　负荷开关

负荷开关是另一种开关设备,既能关合、承载、开断运行线路的正常电流(包括规定的过载电流),又能关合、承载短路等异常电流,但不能开断短路故障电流。负荷开关可以看成是断路器功能的简化,或隔离开关功能的延伸。负荷开关由灭弧装置、操动机构和绝缘支架等组成。以将三相电力系统用单相图表述。动力系统、电力系统及电力网之间的关系如图 1-1 所示。

1.1.1.10　互感器

互感器有电流互感器(TA)和电压互感器(TV)两种。电流互感器是一种变流设备,将交流一次侧大电流转换成二次电流,供给测量、保护等二次设备使用,一般二次额定电流为 5 A 或 1 A。电压互感器是一种变压设备,将交流一次侧高电压转换成二次电压,供给控制、测量、保护等二次设备使用,一般二次额定的相电压为 100/3 V。

1.1.2　电力网、电力系统和动力系统的划分

电力网:由输电设备、变电设备和配电设备组成的网络。

电力系统:在电力网的基础上加上发电设备。

动力系统:在电力系统的基础上,把发电厂的动力部分(例如火力发电厂的锅炉、汽轮机和水力发电厂的水库、水轮机以及核动力发电厂的反应堆等)包含在内的系统。

1.1.3　电力系统运行的特点

1.1.3.1　经济总量大

目前,我国电力行业的资产规模已超过 2 万多亿元,占整个国有资产总量的 1/4,电力生产直接影响着国民经济的健康发展。

1.1.3.2　同时性

电能不能大量存储,各环节组成的统一整体不可分割,过渡过程非常迅速,瞬间生产的电力必须等于瞬间取用的电力,所以电力生产的发电、输电、配电到用户的每一环节都非常重要。

1.1.3.3　集中性

电力生产是高度集中、统一的。无论多少个发电厂、供电公司,电网必须统一调度、统一管理标准、统一管理办法,对安全生产、组织纪律、职业品德等都有严格的要求。

1.1.3.4　适用性

电力行业的服务对象是全方位的,涉及全社会所有人群,电能质量、电价水平与广大电力用户的利益密切相关。

1.1.3.5　先行性

国民经济发展电力必须先行。

1.1.4　电力系统的额定电压

电网电压是有等级的,电网的额定电压等级是根据国民经济发展的需要、技术与经济的合理性以及电气设备的制造水平等因素,经全面分析论证,由国家统一制定和颁布的。

1.1.4.1　国家电力系统的额定电压

我国电力系统的电压等级有 220 V/380 V、3 kV、6 kV、10 kV、20 kV、35 kV、66 kV、110 kV、220 kV、330 kV、500 kV。随着标准化的要求越来越高,3 kV、6 kV、20 kV、66 kV 很少使用。供电系统以 10 kV、35 kV 为主。输配电系统以 110 kV 以上为主。发电机过去有 6 kV 与 10 kV 两种,现在以 10 kV 为主,低压用户均是 220 V/380 V。

1.1.4.2　用电设备的额定电压

用电设备的额定电压和电网的额定电压一致。实际上,由于电网中电压损失致使各点实际电压偏离额定值,为了保证用电设备的良好运行,显然,用电设备应具有比电网电压允许偏差更宽的正常工作电压范围。发电机的额定电压一般比同级电网的额定电压要高 5%,用于补偿电网上的电压损失。

1.1.4.3　变压器的额定电压

变压器的额定电压分为一次绕组和二次绕组。对于一次绕组,当变压器接于电网末端时,性质上等同于电网上的一个负荷(如工厂降压变压器),故其额定电压与电网一致;当变压器接于发电机引出端(如发电厂升压变压器)时,则其额定电压应与发电机额定电压相同。对于二次绕组,考虑到变压器承载时自身电压损失(按5%计),变压器二次绕组额定电压应比电网额定电压高 5%,当二次侧输电距离较长时,还应考虑到线路电压损失(按5%计),此时,二次绕组额定电压应比电网额定电压高 10%。

1.1.5　电力系统的中性点运行方式

在电力系统中,中性点直接接地或中性点经小阻抗(小电阻)接地的系统称为大电流接地系统,中性点不接地或中性点经消弧线圈接地的系统称为小电流接地系统。中性点的运行方式主要取决于单相接地时电气设备绝缘要求及供电可靠性。

1.1.5.1　中性点直接接地方式

当发生一相对地绝缘破坏时,即构成单相短路,供电中断,可靠性降低。但是,该方式下非故障相对地电压不变,电气设备绝缘水平可按相电压考虑。我国的 220 V/380 V 和 110 kV 以上系统,都采用中性点直接接地,以大电流接地方式运行。

1.1.5.2　中性点不接地或经消弧线圈接地方式

当发生单相接地故障时,线电压不变,而非故障相对地电压升高到原来相电压的$\sqrt{3}$倍,供电不中断,可靠性高。我国的 10 kV 和 35 kV 系统,都采用中性点不接地或经消弧线圈接地,以小电流接地方式运行。

1.1.6 供电质量

决定用户供电质量的指标为电压、频率和可靠率。

1.1.6.1 电压

理想的供电电压应该是幅值恒为额定值的三相对称正弦电压。由于供电系统存在阻抗、用电负荷的变化和用电负荷的性质等因素,实际供电电压无论是在幅值上、波形上还是在三相对称性上都与理想电压之间存在着偏差。

电压偏差是指电网实际电压与额定电压之差,实际电压偏高或偏低对用电设备的良好运行都有影响。

国家标准规定电压偏差允许值如下所述:

(1)35 kV 及以上电压供电的,电压正负偏差的绝对值之和不超过额定电压的±10%。

(2)10 kV 及以下三相供电的,电压允许偏差为额定电压的±7%。

(3)220 V 单相供电的,电压允许偏差为额定电压的 +7%、−10%。

计算公式为

$$电压偏差(\%) = \frac{实际电压 - 额定电压}{额定电压} \times 100\% \tag{1-1}$$

电压波动和电压闪变:在某一时段内,电压急剧变化偏离额定值的现象称为电压波动。当电弧炉等大容量冲击性负荷运行时,剧烈变化的负荷电流将引起线路压降的变化,从而导致电网发生电压波动。由电压波动引起的灯光闪烁,光通量急剧波动,对人眼和脑的刺激现象称为电压闪变。相关国家标准规定对电压波动的允许值为:10 kV 及以下为2.5%,35~110 kV 为2%,220 kV 及以上为1.6%。

高次谐波:高次谐波的产生,是非线性电气设备接到电网中投入运行,使电网电压、电流波形发生不同程度畸变,偏离了正弦波。高次谐波除电力系统自身背景谐波外,主要是由用户方面的大功率变流设备、电弧炉等非线性用电设备所引起的。高次谐波的存在将导致供电系统能耗增大、电气设备绝缘老化加快,并且干扰自动化装置和通信设施的正常工作。

三相电压不对称:三个相电压的幅值和相位关系上存在偏差。三相电压不对称主要由系统运行参数不对称、三相用电负荷不对称等因素引起。供电系统的不对称运行,对用电设备及供配电系统都有危害,低压系统的不对称运行还会导致中性点偏移,从而危及人身和设备安全。电力系统公共连接点正常运行方式下不平衡度国家规定的允许值为2%,短时不得超过4%,单个用户不得超过1.3%。

1.1.6.2 供电频率允许偏差

电网中发电机发出的正弦交流电每秒交变的次数称为频率,我国规定的标准频率为50 Hz。相关国家标准规定,电力系统正常频率偏差允许值为 ±0.1 Hz。在实际执行中,当系统容量小于 300 MV 时,偏差值可以放宽到 ±0.5 Hz。

1.1.6.3 供电可靠率

供电可靠率是指供电企业在某一统计期内对用户停电的时间和次数,直接反映供电企业的持续供电能力。

供电可靠率反映了电力工业对国民经济电能需求的满足程度,已经成为衡量一个国家经济发达程度的标准之一。供电可靠性可以用如下一系列年指标加以衡量:供电可靠率、用户平均停电时间、用户平均停电次数、用户平均故障停电次数等。

国家规定的城市供电可靠率是99.96%。即用户年平均停电时间不超过3.5 h;我国供电可靠率目前一般城市地区达到了3个9(即99.9%)以上,用户年平均停电时间不超过9 h;重要城市中心地区达到了4个9(即99.99%)以上,用户年平均停电时间不超过53 min。

计算公式为

$$供电可靠率(\%) = \frac{8\ 760(年供电小时) - 年停电小时}{8\ 760} \times 100\% \tag{1-2}$$

1.1.7 用电负荷分类

用电负荷是指用户的用电设备在某一时刻实际取用的功率的总和。电力负荷分类的方法比较多,最有意义的是按电力系统中负荷发生的时间分类和根据突然中断供电造成的损失程度分类。

1.1.7.1 按时间分类

(1)高峰负荷:电网或用户在一天时间内所发生的最大负荷值。一般选一天24 h中最高的1 h的平均负荷为最高负荷,通常还有1个月的日高峰负荷、1年的月高峰负荷等。

(2)最低负荷:电网或用户在一天24 h内发生的用电量最低的负荷。通常还有1个月的日最低负荷、1年的月最低负荷等。

(3)平均负荷:电网或用户在某一段确定时间段内的平均小时用电量。

1.1.7.2 按突然中断供电造成的损失程度分类

电力负荷应根据对供电可靠性的要求及中断供电在政治、经济上所造成损失或影响的程度进行分级,并应符合下列规定。

1. 一级负荷

符合下列情况之一时,应为一级负荷:

(1)中断供电将造成人身伤亡时。

(2)中断供电将在政治、经济上造成重大损失时。例如,重大设备损坏、重大产品报废、用重要原料生产的产品大量报废、国民经济中重点企业的连续生产过程被打乱需要长时间才能恢复等。

(3)中断供电将影响有重大政治、经济意义的用电单位的正常工作。例如,重要交通枢纽、重要通信枢纽、重要宾馆、大型体育场馆、经常用于国际活动的大量人员集中的公共场所等用电单位中的重要电力负荷。在一级负荷中,中断供电将发生中毒、爆炸和火灾等情况的负荷,以及特别重要场所中不允许中断供电的负荷,应视为特别重要的负荷。

2. 二级负荷

符合下列情况之一时,应为二级负荷:

(1)中断供电将在政治、经济上造成较大损失时。例如,主要设备损坏、大量产品报废、连续生产过程被打乱需较长时间才能恢复、重点企业大量减产等。

（2）中断供电将影响重要用电单位的正常工作。例如，交通枢纽、通信枢纽等用电单位中的重要电力负荷，以及中断供电将造成大型影剧院、大型商场等较多人员集中的重要的公共场所秩序混乱。

3. 三级负荷

不属于一级和二级负荷者应为三级负荷。

比如两回路是两台变压器并联运行，其目的是当有一台出现问题时，另一台还能维持下去。

1.1.8　中国的电力起步

1.1.8.1　电力情况概述

1879 年，美国著名发明家爱迪生发明了电灯，很快把神秘的电和人类的生活联系了起来。

19 世纪 90 年代，三相交流输电系统研制成功，并很快取代了直流输电，成为电力系统大发展的里程碑，吹响了工业革命的号角。

1879 年 5 月 28 日，上海公共租界工部局电气工程师毕晓浦，在虹口乍浦路的一座仓库里，用 7.46 kW 的蒸汽机带动自激式直流发电机，将发出的电能点燃碳极弧光灯。这是中华大地上点亮的第一盏电灯。

1882 年，英国人在上海南京路创办了上海第一家发电厂，容量为 12 kW，这就是中国的第一座发电厂。这座电厂的出现，比全球率先使用弧光灯的巴黎北火车站电厂晚 7 年，比伦敦霍尔蓬高架路电厂晚 6 个月，却比纽约珠街电厂早 2 个月，比俄国彼得堡电厂早 1 年，就用电来说，中国也属于最早使用电的国家之一。

中国人自办电气事业，约始于 1888 年。当年 7 月 23 日，两广总督张之洞从国外购入 1 台发电机和 100 盏电灯，安装在衙门旁发电，供衙门照明。

1890 年，上海一些官僚、富商家庭开始使用白炽灯照明。

20 世纪初，中国的电力发展出现了第一波热潮。1903 年江苏镇江大照电灯公司成立。1905 年北平京师华商电灯有限公司成立。天津、上海南市、济南、汉口、重庆等地也先后开办电力事业。

1904 年，处于日本殖民统治下的台湾建成中国最早的水电站——龟山水电站，装机容量为 600 kW。云南石龙坝水电站也在 1912 年建成发电，随之出现了我国第一条 22 kV 输电线路。由于历经战乱，中国的电力事业始终缓慢发展。

1.1.8.2　新中国的电力发展

电力工业素有国民经济"先行官"之称。新中国成立 60 多年来，电力工业迅速发展。从 1996 年起，我国电力装机容量、发电量和用电量一直保持世界第二位，仅次于美国。

据统计，1949 年，全国电力装机容量只有 185 万 kW，年发电量为 43 亿 kWh，分别居世界第 21 位和第 25 位。

新中国成立后，我国电力工业迅速发展。到 1978 年，全国电力装机容量已达 5 712 万 kW，比 1949 年增长近 30 倍；年发电 2 566 亿 kWh，增长近 59 倍。

改革开放后,我国电力工业连续跃上两个台阶:1987年,电力装机容量达1亿kW,1995年突破2亿kW,2000年突破3亿kW,2003年接近4亿kW,2005年突破5亿kW(其中水电装机容量达到1亿kW),2006年突破6亿kW,2007年突破7亿kW,2008年接近8亿kW。

1988年,全社会用电量为5 358亿kWh,1996年突破1万亿kWh,2004年突破2万亿kWh,2008年达到34 268亿kWh。

装机容量的高速增长期是2004~2008年,全社会用电量的高速增长期是2003~2007年,装机容量最多的是2006年,超过1亿kWh,超过总装机容量的20%。全社会用电量增长最快的是2007年,比2006年增加了4 198亿kWh,增加了15%。

思考与练习题

一、填空题

1.电力系统是由_____、_____、_____、_____、电力用户组成的整体。

2.电力系统中,各种电气设备多是三相的,为了保证电力系统一次电力设施的正常运行,还需要配置_____、自动装置_____、_____和电网调度自动化设施等。

3.变电站是电力系统中联系发电厂与用户的中间环节,具有_____、分配电能、_____等功能,是一个装有多种电气设备的场所。

4.配电网按照电压等级,可分为_____、_____和低压配电网。

5.变压器是利用电磁感应原理,把一种_____和电流转换成_____的另一种或几种交流电压和电流。

6.断路器是一种_____设备,能关合、承载、开断运行回路的负荷电流。

7.互感器有_____(TA)和_____(TV)两种。

8.发电机的额定电压一般比同级电网的额定电压要高_____,用于补偿电网上的电压损失。

9.理想的供电电压应该是幅值恒为_____的_____。

10.220 V单相供电的,电压允许偏差为额定电压的_____、_____。

二、判断题

1.相关国家标准规定对10 kV及以下电压波动的允许值为3.5%。　　　　　　(　　)

2.电网中发电机发出的正弦交流电每秒交变的次数称为频率,我国规定的标准频率为50 Hz。　　　　　　(　　)

3.按突然中断供电造成的损失程度分类,电力负荷可分为一级负荷、二级负荷和三级负荷。　　　　　　(　　)

4.三相电压不对称指三个相电压的幅值和相位关系上存在偏差。　　　　　　(　　)

5.电力系统正常频率偏差允许值为±0.1 Hz,实际执行中,当系统容量小于300 MV时,偏差值可以放宽到±0.5 Hz。　　　　　　(　　)

6.相关国家标准规定对电压波动的允许值为:35~110 kV为2%,220 kV及以上为

1.6%。　　　　　　　　　　　　　　　　　　　　　　　　　（　　）

7. 实际供电电压无论是在幅值、波形上还是在三相对称性上都与理想电压之间存在着偏差。　　　　　　　　　　　　　　　　　　　　　　　　　（　　）

8. 我国的 220 V/380 V 和 110 kV 以上系统,都采用中性点直接接地,以大电流接地方式运行。　　　　　　　　　　　　　　　　　　　　　　（　　）

9. 负荷开关是另一种开关设备,能关合、承载、开断运行线路的正常电流。　（　　）

10. 我国配电网电压等级划分为:高压配电网电压,35 kV、66 kV、110 kV;中压配电网电压,10(20) kV;低压配电网电压,220 V/380 V。　　　　　　　　　（　　）

三、简答题

1. 按照时间对用电负荷分类可分为哪几类?

2. 什么叫供电可靠率? 它反映的是什么?

3. 产生高次谐波的原因是什么?

4. 电力系统的中性点运行方式有哪几种? 各有什么优缺点?

5. 电力系统运行的特点有哪些?

学习单元 1.2　直流电路基本知识

【学习目标】

(1)能够知道电路基本知识。

(2)能够掌握电磁感应和磁路的基本知识。

【学习任务】

电路基本知识,电磁感应和磁路。

【学习内容】

电路系统的基本知识很广泛,有电路的基本知识、磁路的基本知识和电磁感应现象,只有把这些相关的基本知识掌握后才能更好地进行电气线路的相关操作分析。

1.2.1　电路基本知识

1.2.1.1　电流和电路

1.电荷

失去电子或得到的电子的微粒称为正电荷或负电荷。带有电荷的物体称为带电体。电荷的多少用电量表示。其单位为 C(库或库仑)。常用的电量单位是 μC(微库或微库仑),1 C = 10^6 μC。

2.电流

单位时间内通过导体横截面的电荷量叫作电流,用符号 I 表示。如果在时间 t s 内通过导体横截面的电量是 Q,则

$$I = \frac{Q}{t} \tag{1-3}$$

电流的单位是 A(安培),计算微小电流时以 mA(毫安)或 μA(微安)为单位,1 A = 10^3 mA = 10^6 μA。

当电流值很大时,以 kA(千安)为单位,1 kA = 10^3 A。

电流是带电微粒的定向移动。通常以正电荷移动的方向作为电流的正方向。大小和方向不随时间变化的电流称为直流电流;大小和方向随时间做周期性变化的电流称为交流电流。

3. 电路

在电的实际应用中,从最简单的手电筒的工作到复杂的电子计算机的运算,都是由电路来完成的。

电路就是电流所流经的路径,它由电路元件组成。当合上电动机的刀闸开关时,电动机立即就转动起来,这是因为电动机通过导线经开关与电源接成了电流的通路,并将电能转换成机械能。电动机、电源等称为电路元件,电路元件大体可分为四类,即电源、负载、控制电器和保护电器、导线。

电路的作用是产生、分配、传输和使用电能。

电路的状态包括通路、短路、断路。

1.2.1.2 电场、电场强度

1. 电场

电场存在于带电体周围,能对位于该电场中的电荷产生作用力——电场力,电场力的大小与电场的强弱有关,又与带电体所带的电荷量多少有关。

2. 电场强度

电场强度是衡量电场强弱的一个物理量,既有大小又有方向。

电场中任意一点的电场强度,在数值上等于放在该点的单位正电荷所受电场力的大小,其方向是正电荷受力的方向,即

$$E = \frac{F}{Q} \tag{1-4}$$

式中　E——电场强度,$e = N\left|\dfrac{\Delta\Phi}{\Delta t}\right|$;

　　　F——电荷所受的电场力,N;

　　　Q——正电荷的电量,C。

1.2.1.3 电位、电压、电动势

1. 电位

在电场力作用下,单位正电荷由电场中某一点移到参考点(电位为零)所做的功叫该点的电位。

2. 电压

电场力把单位正电荷由高电位点移到低电位点所做的功叫这两点间的电压。电压也是指电场中某两点之间的电位差。即

$$U = \frac{W}{Q} \tag{1-5}$$

式中　W——电荷所做的功,J;

　　　Q——正电荷的电量,C。

电压的单位是 V(伏特)。

3. 电动势

要使电流持续不断地沿电路流动,就需要一个电源,把正电荷从低电位移向高电位,这种使电路两端产生并维持一定电位差的能力,叫作电动势,单位是 V(伏特)。

1.2.1.4 导体、绝缘体与电阻

1. 导体

能够传导电流的物体为导体。常用的导体是金属,如银、铜、铝等。金属中存在着大量的自由电子。当导体与电源接成闭合回路时,这些自由电子就会在电场力的作用下朝一定方向运动形成电流。

2. 绝缘体

能够可靠地隔绝电流的物体叫作绝缘体。如橡胶、塑料、陶瓷、变压器油、空气等都是很好的绝缘体。导体和绝缘体并没有绝对的界限,在一般状态下是很好的绝缘体,当条件改变时也可能变为导体。例如,干燥的木头是很好的绝缘体,但把木头弄湿后,它就变得容易导电了。

3. 电阻

在导体两端加上电压,导体中就会产生电流。从物体的微观结构来说,电子在运动时必然要和导体中的分子或原子发生碰撞,使电子在导体中的运动受到一定阻力,导体对于电流的阻碍作用,称为电阻。

不同材料的导体,对电流的阻碍作用是不尽相同的。有的导体电阻很小,则表示它的导电能力好;有的导体电阻很大,则表示它的导电能力差。电阻用 R 表示,单位是欧姆,其符号为 Ω。常用的单位还有 $k\Omega$(千欧)和 $M\Omega$(兆欧)。

在实验中发现各种材料的电阻率会随温度而变化。一般金属的电阻率随温度的升高而增大,人们常利用金属的这种性质制作电阻温度计。但有些合金,例如康铜和锰铜的电阻率随温度变化特别小,用这些合金制作的导体,其电阻受温度影响也特别小,所以常用作标准电阻。

1.2.1.5 欧姆定律

在电路中,电压可理解为产生电流的能力。欧姆定律是表示电路中电压、电流和电阻这三个物理量之间关系的定律。该定律指出,在图 1-2 所示的局部电路中,流过电阻 R 的电流 I 与加在电阻两端的电压 U 成正比,而与电阻成反比。其表达式为

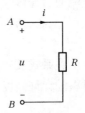

$$U = IR \quad 或 \quad I = \frac{U}{R} \quad 或 \quad R = \frac{U}{I} \quad (1\text{-}6)$$

图1-2 局部电路的欧姆定律

式中 U——电路上的电压,V;

I——流经电路的电流,A;

R——电路的电阻,Ω。

从欧姆定律可知,在电路中如果电压保持不变,电阻越小则电流越大,而电阻越大则电流越小。当电阻趋近于零时,电流很大,这种电路状态称为短路;当电阻趋近于无穷大

时,电流几乎为零,这种电路状态称为开路。

全电路欧姆定律表明,在闭合电路中,电流与电源电动势成正比,与电路中电源内阻和负载电阻之和成反比。

1.2.1.6 电功、电功率与热效应

1. 电功

将电能转换成其他形式的能时,电流都要做功,电流所做的功叫作电功,根据公式 $I = \dfrac{Q}{t}$ 及 $U = \dfrac{A}{Q}$ 和欧姆定律可得,电功 A 的数学式为

$$A = UQ = IUt \tag{1-7}$$

或

$$A = I^2Rt = \frac{U^2}{R}t \tag{1-8}$$

电功的单位是 J(焦耳)。

2. 电功率

单位时间内电流所做的功叫作电功率,用字母 P 表示,其表达式为

$$P = \frac{A}{t} \tag{1-9}$$

由部分电路欧姆定律可得常见功率的计算式,即

$$P = UI = I^2R = \frac{U^2}{R} \tag{1-10}$$

电功率的单位是 W(瓦特)。在实际工作中,功率的常用单位还有 kW(千瓦)、mW(毫瓦),它们之间的关系为 $1\ kW = 10^3\ W = 10^6\ mW$。

电源的电功率等于电源的电动势和电流的乘积,即

$$P_1 = EI \tag{1-11}$$

负载功率等于负载两端电压和通过负载的电流乘积,即

$$P_2 = UI \tag{1-12}$$

3. 热效应

电流通过导体时所产生的热量和电流值的平方、导体本身的电阻值以及电流通过的时间成正比,用公式表达就是

$$Q = I^2Rt \tag{1-13}$$

这个关系式又叫楞次 - 焦耳定律,热量 Q 的单位是 J。为了避免设备过度发热,根据绝缘材料的允许温度,对于各种导线规定了不同截面下的最大允许电流值,又称之为安全电流。

1.2.1.7 串联电路与并联电路

1. 串联电路

在电路中,两个或两个以上的电阻按顺序连成一串,使电流只有一条通路,这种连接方式叫电阻的串联,如图 1-3 所示。

串联电路的特点如下:

(1)串联电路中流过每个电阻的电流都相等且等于总电流,即

$$I = I_1 = I_2 = I_3 = \cdots = I_n \tag{1-14}$$

式中的角标1、2、…、n代表第1、第2、第n个电阻(以下表示相同)。

(2)电路两端的总电压等于各个电阻两端的电压之和,即

$$U = U_1 + U_2 + U_3 + \cdots + U_n \qquad (1\text{-}15)$$

(3)串联电路的等效电阻(即总电阻)等于各串联电阻之和,即

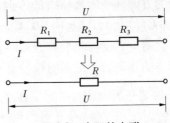

图1-3 电阻的串联

$$R = R_1 + R_2 + R_3 + \cdots + R_n \qquad (1\text{-}16)$$

2. 并联电路

在电路中,两个或两个以上的电阻一端连在一起,另一端也连在一起,使每一电阻两端都承受同一电压的作用,这种连接方式叫并联,如图1-4所示。

并联电路的特点如下:

(1)并联电路中各电阻两端的电压相等且等于电路两端的电压,即

$$U = U_1 = U_2 = U_3 = \cdots = U_n \qquad (1\text{-}17)$$

(2)并联电路中的总电流等于各电阻中的分电流之和,即

$$I = I_1 + I_2 + I_3 + \cdots + I_n \qquad (1\text{-}18)$$

(3)并联电路的等效电阻值(即总电阻值)的倒数,等于各电阻阻值倒数之和,即

$$\frac{1}{R} = \frac{1}{R_1} + \frac{1}{R_2} + \frac{1}{R_3} + \cdots + \frac{1}{R_n} \qquad (1\text{-}19)$$

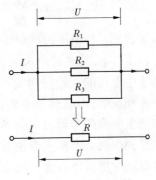

图1-4 电阻的并联

如果有n个相同的电阻并联,则总等效电阻值$R = \dfrac{R_n}{n}$。由此可见,并联等效电阻值总比任何一个支路的电阻值小。

(4)在电阻并联电路中,各部分分配的电流与该支路的电阻值成反比,即

$$I_n = \frac{R}{R_n}I \qquad (1\text{-}20)$$

式(1-20)称为分流公式,$\dfrac{R}{R_n}$称为分流比。

1.2.2 电磁感应和磁路

1.2.2.1 电磁感应

电磁感应现象就是电产生磁、磁产生电的现象。电磁感应技术在变压器、电动机、电度表、无线电设备等电气设备中得到了广泛的应用。

1. 电流的磁场

磁场是一种看不见的、没有不可进入性的空间。磁场的表现是引进场域内的磁针发生偏转和取向,引进场域内的电流受到力的作用。磁感应强度是表征磁场强弱及其方向的物理量。其大小为单位长度的单位直线电流在均匀磁场中所受到的作用力,其方向与

受力的方向和载流直导线的方向垂直。磁感应强度的符号是 B，其常用单位是 T（特斯拉）和 G（高斯），1 T = 1 × 10⁴ G。

　　磁感应强度与磁场前进方向上某一面积的乘积叫作磁通。磁通是磁路中与电路中电流相当的物理量。磁通的符号是 Φ，单位是 Wb（韦伯）和 Mx（麦克斯韦），1 Wb = 1 × 10⁸ Mx。如某一面积 S 与磁感应强度 B 垂直，则 $\Phi = BS$。因为 $B = \dfrac{\Phi}{S}$，所以磁感应强度也叫作磁通密度。

　　2. 电磁感应

　　如图 1-5 所示，当线圈内的磁通 Φ 发生变化时，线圈内即产生感应电动势 e。如果线圈不是开路的，线圈内即产生感应电流。线圈内感应电动势的大小与磁通变化的速率成正比。对于 N 匝的线圈，感应电动势的大小为

$$e = N \left| \frac{\Delta \Phi}{\Delta t} \right| \qquad (1\text{-}21)$$

这一规律即法拉第电磁感应定律。

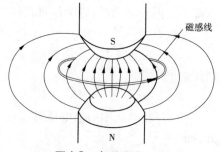

图 1-5　电磁感应

　　图 1-5 中，当磁通增大时，线圈中感应电动势和感生电流的实际方向与所表示的电动势的方向是相反的；而磁通减小时，线圈中感应电动势和感生电流的实际方向与所表示的电动势的方向是相同的。即感生电流的磁场总是力图阻止原磁场发生变化的这一规律称为楞次定律。

1.2.2.2 磁路

　　1. 磁路组成

　　磁路是磁通的闭合电路。依靠电磁感应原理工作的电气设备，如电动机、变压器、各种电磁铁都带有不同类型的磁路。图 1-6 所示为两种磁路的示意图。有的磁路由线圈和铁芯组成，有的磁路由线圈、铁芯和空气隙组成。

图 1-6　磁路

　　载流线圈是产生磁通的来源。线圈匝数 N 与线圈电流 I 的乘积 NI 称为磁动势。磁通在磁路中遇到的阻力称为磁阻。磁阻的符号是 R_m，单位是 $1/H$，磁阻的表达式为

$$R_m = \frac{l}{\mu S} \qquad (1\text{-}22)$$

式中　l、S——导磁体的长度和截面面积；

　　　　μ——材料磁导率。

一般情况下,空气隙的磁阻比铁芯的磁阻大得多。

2.磁路欧姆定律

在磁路中,当磁阻不变时,磁通 Φ 与磁动势 NI 成正比。这一规律就是磁路欧姆定律。其表达式为

$$NI = \Phi R_{\mathrm{m}} \tag{1-23}$$

思考与练习题

一、填空题

1.电流是带电微粒的_____移动。

2.交流电是指大小和方向都随_____做周期变化的电动势。

3.电阻的单位是_____。

4.欧姆定律是表示电路中_____、_____和_____之间关系的定律。

5.交流电可分为_____、_____。

6.电磁感应现象是_____、_____的现象。

7.三相交流电,即电路中的电源同时有三个交变电动势,这三个电动势为_____、_____、_____。

8.在磁路中,当磁阻不变时,磁通 Φ 与磁动势 NI 成_____比。

二、判断题

1.磁场是一种看不见的空间。　　　　　　　　　　　　　　　　　　　　（　　）

2.目前,我国的供电系统采用的交流电的频率是 52 Hz。　　　　　　　（　　）

3.电流的单位是安培。　　　　　　　　　　　　　　　　　　　　　　（　　）

4.在导体两端加上电压,导体中就会产生电流。　　　　　　　　　　　（　　）

5.电能不能转换为其他的能。　　　　　　　　　　　　　　　　　　　（　　）

6.电流的单位是伏特。　　　　　　　　　　　　　　　　　　　　　　（　　）

7.电阻的单位是安培。　　　　　　　　　　　　　　　　　　　　　　（　　）

8.楞次定律就是当磁通 Φ 增大时,线圈中感应电动势和感生电流的实际方向与所表示的电动势 e 的方向是相反的;而磁通 Φ 减小时,线圈中感应电动势和感生电流的实际方向与所表示的电动势 e 的方向是相同的。　　　　　　　　　　　　　　　　　（　　）

9.串联电路中流过每个电阻的电流都相等且等于总电流。　　　　　　　（　　）

10.并联电路中的总电流等于各电阻中的分电流之和。　　　　　　　　（　　）

三、简答题

1.简述欧姆定律。

2.电路可以有几种状态? 分别是什么?

3.并联电路的特点是什么?

4.串联电路的特点是什么?

5.电压与电动势之间的特点是什么?

学习单元1.3 交流电及三相交流电路

【学习目标】

(1)能够知道交流电的基本概念。

(2)能够掌握三相交流电的连接方法及注意事项。

(3)能够掌握交流电的基本物理量。

(4)能够知道三相交流电功率的计算方法。

【学习任务】

交流电的概念,正弦交流电的基本物理量,三相交流电路。

【学习内容】

在日常生活中,我们接触的负载,如电灯、电视机、电冰箱、电风扇等家用电器及单相电动机,它们工作时都是用两根导线接到电路中,都属于单相负载。在三相四线制供电时,多个单相负载应尽量均衡地分别接到三相电路中去,而不应把它们集中在三根电路中的一相电路里。如果三相电路中的每一根所接的负载的阻抗和性质都相同,就说三根电路中负载是对称的。

1.3.1 交流电的概念

所谓交流电,是指大小和方向都随时间做周期性变化的电压或电流。也就是说,交流电是交变电动势、交变电压和交变电流的总称。交流电又可分为正弦交流电和非正弦交流电两类。正弦交流电的电流(或电压、电动势)随时间按正弦规律变化,如图1-7所示。非正弦交流电的电流(或电压、电动势)随时间不按正弦规律变化。

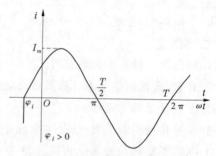

图1-7 正弦交流电的电流波形

交流电的用途极为广泛,在现代工农业生产中几乎所有电能都是以交流形式产生出来的。即使电机车运输、电镀、电信等行业所需要的直流电也可经过整流获得。这不仅因为交流电机比直流电机简单、成本低、工作可靠,更主要的是可用变压器来改变交流电的大小,便于远距离输电和向用户提供各种不同等级的电压。

1.3.2 正弦交流电的基本物理量

在讨论交流电路以前,应了解正弦交流电的几个基本物理量。正弦交流电的变化规律可用数学公式表示为

$$\begin{cases} i = I_m\sin(\omega t + \varphi_i) \\ e = E_m\sin(\omega t + \varphi_i) \\ P = P_a + P_b + P_c \end{cases} \tag{1-24}$$

上述数学表达式还可用正弦曲线(见图 1-8)表示为正弦交流的电动势波形图。

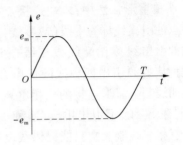

图 1-8　正弦交流电的电动势波形

1.3.2.1　瞬时值和最大值

由于正弦交流电的电流(或电压、电动势)是随时间按正弦规律不断变化的,所以每一时刻的值都是不同的,把每一时刻的值叫作交流电的瞬时值。正弦电流、电压及电动势的瞬时值分别用 i、u 和 e 表示。瞬时值中的最大值叫作交流电的最大值(或峰值、振幅),用 I_m、U_m 及 E_m 表示。

1.3.2.2　频率、角频率和周期

频率是指在 1 s 内交流电变化的次数,用 f 表示。其单位为赫兹(简称赫),用 Hz 表示。常用的单位还有 kHz(千赫)、MHz(兆赫),1 kHz = 10^3 Hz,1 MHz = 10^6 Hz。

正弦交流电表达式中的 ω 表示正弦交流电变化的快慢,称为角频率。因正弦交流电完成一次循环而相应的角度变化为弧度,如每秒完成 f 次循环,则相应的角度变化为弧度,即

$$\omega = 2\pi f \tag{1-25}$$

周期是指交流电变化一次所需要的时间,用 T 表示。单位是秒,用 s 表示。周期与频率是互为倒数的,即

$$f = \frac{1}{T} \tag{1-26}$$

目前,我国的供电系统采用的交流电的频率为 50 Hz,周期为 0.02 s。

1.3.2.3　相位和相位差

在正弦交流电的数学表达式中,$\omega t + \varphi_i$ 称为相位或相位角。因为它随时间而变化,所以在变化过程中能反映出正弦量瞬时值的大小。

$t = 0$ 时的相位角称为初相角或初相位,由它确定正弦量的初始值。当 $\varphi_i = 0$ 时,表达式 $i = I_m\sin(\omega t + \varphi_i)$ 可变为 $i = I_m\sin\omega t$,称之为正弦参考量。

相位差是指两个相同频率的正弦交流电的相位或初相位之差。它表示两个正弦量各自达到其最大值(或零值)时的时间差。若两个同频率的正弦交流电压 u_1 和 u_2 同时达到零值或最大值,则两者为同相位,相位差为零。

1.3.3　三相交流电路的接法

三相交流电,即电路中的电源同时有三个交变电动势,这三个电动势的最大值相等、频率相同、相位互差120°,也称为对称三相电动势。三相电源的三个绕组及三相负载,其常用的连接方式有两种:星形(Y)连接和三角形(△)连接。

1.3.3.1　三相电源星形(Y)接法

1. 星形(Y)接法

若将电源的三个绕组末端 X、Y、Z 连在一点 O,而将三个首端作为输出端,如图 1-9 所示,则这种连接方式称为星形接法。

在星形接法中,末端连接点称作中点,中点的引出线称为中线(或零线),三绕组首端的引出线称作端线或相线(俗称火线)。这种从电源引出四根线的供电方式称为三相四线制。星形连接的三相电源,有时只引出三根端线,不引出中线,这种供电方式称作三相三线制。它只能提供线电压,主要在高压输电时采用。

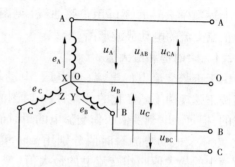

图1-9 三相电源星形接法

2. 星形(Y)接法的电压关系

在三相四线制中,端线与中线之间的电压 U_A、U_B、U_C 称为相电压,它们的有效值用 U_A、U_B、U_C 或 $U_相$ 表示。当忽略电源内阻抗时,$U_A = E_A$,$U_B = E_B$,$U_C = E_C$,且相位上互差120°,所以三相相电压是对称的。规定 $U_相$ 的正方向是从端线指向中线。

在三相四线制中,任意两根相线之间的电压 U_{AB}、U_{BC}、U_{AC} 称作线电压,其有效值用 U_{AB}、U_{BC}、U_{AC} 或 $U_线$ 表示,规定正方向由脚标字母的先后顺序标明。例如,线电压 U_{AB} 的正方向是由 A 指向 B,书写时顺序不能颠倒,否则相位上相差180°。从图1-9中可得出线电压和相电压之间的关系,其对应的矢量式为

$$\begin{cases} U_{AB} = U_A - U_B \\ U_{BC} = U_B - U_C \\ U_{CA} = U_C - U_A \end{cases} \tag{1-27}$$

根据矢量表示式可画出三相四线制的电压矢量图,如图1-10所示。从矢量图的几何关系可求得线电压有效值为

$$\begin{cases} U_{AB} = 2U_A\cos30° = \sqrt{3}\,U_A \\ U_{BC} = \sqrt{3}\,U_B \\ U_{CA} = \sqrt{3}\,U_C \end{cases} \tag{1-28}$$

或
$$U_线 = \sqrt{3}\,U_相 \tag{1-29}$$

式中　$U_线$——三相对称电源线电压;

　　　$U_相$——三相对称电源相电压。

从图1-10还可得出,三个线电压在相位上互差120°,故线电压也是对称的。

3. 三相电源星形接法的注意事项

在负载对称的条件下,因为各相电流间的相位彼此相差120°,所以在每一时刻流过中线的电流之和为零,把中线去掉,用三相三线制供电是可以的。但实际上多个单相负载接到三相电路中构成的三相负载不可能完全对称。在这种情况下中线显得特别重要,而不是可有可无。有了中线,每一相负载两端的电压总等于电源的相

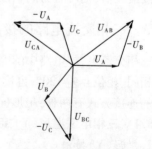

图1-10 三相电源星形接法
电压矢量

电压,不会因负载的不对称和负载的变化而变化,就如同电源的每一相单独对每一相的负载供电一样,各负载都能正常工作。若是在负载不对称的情况下又没有中线,就形成不对称负载的三相三线制供电。由于负载阻抗的不对称,相电流不对称,负载相电压也不能对称。有的相电压可能超过负载的额定电压,负载可能被损坏(灯泡过亮烧毁);有的相电压可能低些,负载不能正常工作(灯泡暗淡无光)。随着开灯、关灯等操作引起各相负载阻抗的变化,相电流和相电压随之而变化,灯光忽暗忽亮,其他用电器也不能正常工作,甚至被损坏。可见,在三相四线制供电的线路中,中线起到保证负载相电压对称不变的作用,对于不对称的三相负载,中线不能去掉,不能在中线上安装保险丝或开关,而且要用机械强度较好的钢线作中线。

1.3.3.2　三相电源三角形(△)接法

除星形连接外,电源的三个绕组还可以连接成三角形。即把一相绕组的首端与另一相绕组的末端依次连接,再从三个接点处分别引出端线,如图1-11所示。按这种接法,在三相绕组闭合回路中,有 $E_A + E_B + E_C = 0$,所以回路中无环路电流。若有一相绕组首、末端接错,则在三相绕组中将产生很大环流,致使发电机烧毁。

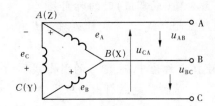

图1-11　三相电源三角形接法

注意:发电机绕组很少用三角形接法,但作为三相电源用的三相变压器绕组,星形和三角形两种接法都会用到。

1.3.4　三相交流电的优点

(1)在输送功率相等、电压相同、输电距离和线路损耗都相同的情况下,三相制输电比单相制输电节省输电线材料,输电成本低。

(2)与单相电动机相比,三相电动机结构简单,价格低廉,性能良好,维护和使用方便。

(3)在相同体积下,三相发电机输出功率比单相发电机大。

1.3.5　三相功率

电能使灯泡发光、电炉发热、电动机带动机器,这些都是电能做功的表现。做功的效果用电功率来衡量。所以,三相电路计算中除了要计算电流、电压、电阻等,常常还要计算电流的功率。

在实际工作中,很多电气设备都标出它们的功率值,以说明它们做功能力的大小。负载接在三相电源上,不论负载是星形连接还是三角形连接,它所消耗的总的有功功率必定等于各相有功功率之和,即

$$P = P_A + P_B + P_C \tag{1-30}$$

式中　P——三相电源总有功功率；

　　　P_A、P_B、P_C——A、B、C 相有功功率。

思考与练习题

一、填空题

1. 交流电可分为_____和_____两类。

2. 由于正弦交流电的电流(或电压、电动势)是随时间按_____不断变化的，所以每一时刻的值都是不同的，把每一时刻的值叫作交流电的_____。

3. 频率是指在_____内交流电变化的次数，用_____表示。其单位为_____，用 Hz 表示。

4. $t = 0$ 时的相位角称为_____或_____，由它确定正弦量的初始值。

5. 相位差是指两个_____频率的正弦交流电的相位或_____之差。它表示两个正弦量各自达到其最大值(或零值)时的时间差。

6. 三相电源的三个绕组及三相负载，其常用的连接方式有两种：_____连接和_____连接。

7. 在星形接法中，末端连接点称为中点，中点的引出线称为_____，三绕组首端的引出线称为_____。这种从电源引出四根线的供电方式称为_____。

8. 在三相四线制供电的线路中，中线起到保证负载相电压对称不变的作用，对于不对称的三相负载，中线不能去掉，不能在中线上安装_____或_____，而且要用机械强度较好的_____作中线。

9. 在相同体积下，三相发电机输出功率比单相发电机_____。

10. 在三相电源的三角形连接中，若有一相绕组首、末端接错，则在三相绕组中将产生很大_____，致使_____。

二、判断题

1. 非正弦交流电的电流(或电压、电动势)随着时间不按正弦规律变化。（　　）

2. 周期是指交流电变化一次所需要的时间，用 T 表示。（　　）

3. 目前，我国的供电系统采用的交流电的频率为 50 Hz，周期为 0.02 s。（　　）

4. 两个同频率的正弦交流电压 u_1 和 u_2 同时达到零值或最大值，则两者为同相位，相位差不为零。（　　）

5. 三相交流电，即电路中的电源同时有三个交变电动势，这三个电动势的最大值相等、频率相同、相位互差 120°，也称为对称三相电动势。（　　）

6. 将电源的三个绕组末端 X、Y、Z 连在一点 O，而将三个首端作为输出端，则这种连接方式称为星形接法。（　　）

7. 在三相四线制供电时，多个单相负载应尽量均衡地分别接到三相电路中去，而不应把它们集中在三根电路中的一相电路里。（　　）

8. 发电机绕组很少用三角形接法，但作为三相电源用的三相变压器绕组，星形和三角

形两种接法都会用到。　　　　　　　　　　　　　　　　　　　　　　（　　）

　　9.负载接在三相电源上,不论负载是星形连接或是三角形连接,它所消耗的总的有功功率必定等于各相有功功率之和。　　　　　　　　　　　　　　　　（　　）

　　10.在输送功率相等、电压相同、输电距离和线路损耗都相同的情况下,三相制输电比单相制输电节省输电线材料,输电成本低。　　　　　　　　　　　　（　　）

三、简答题

　　1.三相交流电的优点是什么?

　　2.三相电源三角形接法的注意事项是什么?

　　3.三相电源星形接法的注意事项是什么?

　　4.三相电源星形接法的电压关系是什么?

　　5.正弦交流电有哪几个物理量?分别表示什么?

学习单元 1.4　电工安全工具使用及维护

【学习目标】

　　(1)能够正确地进行电工安全工具的分类及掌握其使用方法。

　　(2)能够正确地使用各种电工安全工具及了解其使用场合。

　　(3)能够正确地对电工安全工具进行维护。

【学习任务】

　　电工安全工具使用,电工安全工具的维护和保养,电工安全工具的使用注意事项等。

【学习内容】

　　电工安全工(用)具是保证操作者安全地进行电气工作时必不可少的工具。电工安全工具包括绝缘安全工具和一般防护工具。绝缘安全工具分为基本绝缘安全工具和辅助绝缘安全工具,基本绝缘安全工具是指绝缘强度足以抵抗电气设备运行电压的安全工具,可分为高压基本安全工具和低压基本安全工具。高压基本安全工具主要有绝缘棒、绝缘夹钳、高压验电器等;低压基本安全工具主要有绝缘手套、带绝缘柄的工具、低压试电笔等。辅助绝缘安全工具是指绝缘强度不足以抵抗电气设备运行电压的安全工具。辅助绝缘安全工具分为高压设备的辅助绝缘安全工具和低压设备的辅助绝缘安全工具。高压设备的辅助绝缘安全工具主要有绝缘手套、绝缘鞋、绝缘垫、绝缘站台等,低压设备的辅助绝缘安全工具主要有绝缘站台、绝缘垫、绝缘鞋(靴)等。

1.4.1　绝缘安全用具

1.4.1.1　绝缘棒

　　绝缘棒又称操作杆、绝缘拉杆,俗称令克棒,如图 1-12 所示。绝缘棒一般用电木、胶木、塑料、环氧玻璃布棒或环氧玻璃布管制成,主要由工作部分、绝缘部分、手握部分组成。其主要用以操作高压跌落式熔断器、单极隔离开关、柱上油断路器及装卸临时接

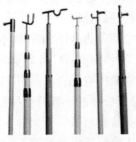

图 1-12　绝缘棒

地线等。电压等级有 500 V、10 kV、35 kV 三种,所对应的全长分别为 1 640 mm、2 000 mm、3 000 mm。

绝缘棒的使用与注意事项如下:

(1)使用前,应检查是否超过有效期,检查绝缘棒表面是否完好,各部分连接是否可靠。

(2)操作前,绝缘棒表面应用清洁的干布擦拭干净,使棒表面干燥、清洁。

(3)操作前的手握部位不得越过护环。

(4)绝缘棒的规格必须符合被操作设备的电压等级。

(5)为防止因绝缘棒受潮而产生较大的泄露电流,在使用绝缘棒拉合隔离开关和断路器时,必须戴绝缘手套。

(6)雨天户外使用绝缘棒时,应在绝缘棒上安装防雨罩,戴绝缘手套,穿绝缘鞋。

(7)当接地网接地电阻不符合要求时,晴天操作也应穿绝缘靴,以防止接触电压、跨步电压的伤害。

1.4.1.2 绝缘夹钳

绝缘夹钳主要由工作部分、绝缘部分和握手部分组成,如图 1-13 所示。

绝缘夹钳握手部分和绝缘部分用电木、硬塑料、胶木或玻璃钢以及环氧树脂管制成,其间用护环分开。配备不同工作部分的绝缘杆,可用来操作高压隔离开关、操作跌落式保险器、安装和拆除临时 JDX 系列接地线(棒)、安装和拆除避雷器,以及进行测量和试验等项工作。绝缘夹钳主要用来拆除和安装熔断器及其他类似工作。考虑到电力系统内部过电压的可能性,绝缘杆和绝缘夹钳的绝缘部分与握手部分的最小长度应符合要求。绝缘杆工作部分金属钩的长度,在满足工作需要的情况下,不宜超过 5~8 cm,以免操作时造成相间短路或接地短路。

图 1-13　绝缘夹钳

绝缘夹钳使用时的注意事项如下所述:

(1)操作前,夹钳表面应用清洁的干布擦净。

(2)操作时戴绝缘手套、穿绝缘靴及戴护目镜,且必须在切断负载的情况下进行操作。

(3)雨雪或潮湿天气操作时,应使用专门防雨夹钳。

(4)按规定进行定期试验。

1.4.1.3 验电器

验电器分为高压和低压两类,低压验电器又称为试电笔,其主要作用是检查电气设备或线路是否带有电压,高压验电器可以用于测量高频电场是否存在。验电器有一根由绝缘材料制成的空心管子,管子上端有金属制的工作触头,管内装有氖光灯泡和电容器。另外,绝缘部分和握手部分是用胶木或硬橡胶制成的。

1. 高压验电器

高压验电器用来检测 6~35 kV 的配电设备、架空线路及电缆等是否带电的专用工具。常用的高压验电器如图 1-14 所示。

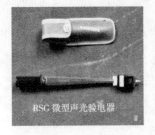

图 1-14　常用的高压验电器

高压验电器使用时的注意事项如下所述：

（1）验电前，先检查验电器外观有无损坏，将验电器在确有电源处试测，证明验电器确实良好。

（2）使用时，注意手握部位不得超过隔离环。

（3）验电时，不要用验电器直接触及设备的带电部分，应逐渐靠近带电体，直至灯亮或风轮转动或语音提示。应注意验电器受邻近带电体的影响。

（4）室外使用时，必须在天气条件良好的情况下使用，而在雪、雨、雾及湿度较大的情况下，不宜使用。

（5）验电时，必须三相逐一验电，不可图省事。

2. 低压验电器

低压验电器又称为试电笔，其主要作用是检查电气设备或线路是否带有电压。低压验电器除判断电气设备或线路是否带电外，还可以区分相线（火线）和地线（零线），氖光灯泡发亮的是相线，不亮的是地线。此外，还能区分交流电和直流电，交流电通过氖光灯泡时，两极都发亮，而直流电通过时仅一个电极发亮。常见的低压试电笔如图 1-15 所示。

低压试电笔使用时的注意事项如下所述：

（1）使用前，检查试电笔里有无安全电阻，再直观检查试电笔是否有损坏，有无受潮或进水。

（2）使用试电笔时，不能用手触及试电笔前端的金属探头，这样做会造成人身触电事故。

（3）使用试电笔时，一定要用手触及试电笔尾端的金属部分；否则，因带电体、试电笔、人体与大地没有形成回路，试电笔中的氖光灯泡不会发光，从而造成误判，认为带电体不带电。

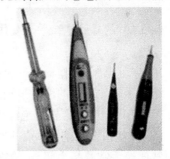

图 1-15　常见的低压试电笔

（4）在测量电气设备是否带电之前，先要找一个已知电源测一测试电笔的氖光灯泡能否正常发光，只有正常发光，才能使用。

（5）在明亮的光线下测试带电体时，应特别注意氖光灯泡是否真的发光（或不发光），必要时可用另一只手遮挡光线仔细判别。千万不要造成误判，将氖光灯泡发光判断为不发光，而将有电判断为无电。

1.4.1.4　绝缘手套和绝缘靴

绝缘手套和绝缘靴均由特种橡胶制成，一般作为辅助绝缘安全用具。但绝缘手套可以作为在低压带电设备或线路等工作的基本绝缘安全用具，而绝缘靴在任何电压等级下可以作为防护跨步电压的基本绝缘安全用具。

1. 绝缘手套

绝缘手套可以使人的两手与带电体绝缘,防止因人手触及同一电位带电体或同时触及同一电位带电体或同时触及不同电位带电体而触电,在现有的绝缘安全用具中,其使用范围最广,用量最多。按所用的原料可分为橡胶绝缘手套和乳胶绝缘手套两大类,如图 1-16 所示。

(a) 橡胶绝缘手套   (b) 乳胶绝缘手套

图 1-16   绝缘手套

绝缘手套的规格有 12 kV 和 5 kV 两种,12 kV 的绝缘手套试验电压达 12 kV,在 1 kV 以上的高压区作业时,只能用作辅助安全防护用具,不得接触带电设备;在 1 kV 以下带电作业区作业时,可用作基本安全用具,即带手套后,两手可以接触 1 kV 以下的有电设备(人身其他部分除外)。5 kV 绝缘手套,适用于电力工业、工矿企业和农村中一般低压电气设备。在 1 kV 以下的电压区作业时,用作辅助绝缘安全用具;在 250 V 以下电压作业区作业时,可作为基本绝缘安全用具,在 1 kV 以上的电压区作业时,严禁使用此种绝缘手套。

耐 5 kV 的橡胶绝缘手套是用绝缘橡胶片模压硫化成型的五指手套。规格:长度 380 mm,厚度 1.4 mm。适用于电力工业、工矿企业及农村中使用一般低压电气设备时戴用。在 1 kV 以下电压时,作辅助安全防护用品使用。

绝缘手套使用时的注意事项如下:

(1)使用经检验合格的绝缘手套后每半年检验一次。

(2)佩戴前要对绝缘手套进行气密性检查。具体方法:将手套从口部向上卷,稍用力将空气压至手掌及指头部分,检查上述部位有无漏气,如有则不能使用。

(3)使用时注意防止尖锐物体刺破手套。

(4)使用后注意存放在干燥处,并不得接触油类及腐蚀性药品等。

(5)绝缘手套使用前应进行外观检查。如发现有发黏、裂纹、破口(漏气)、气泡、发脆等损坏则禁止使用。

(6)进行设备验电、倒闸操作、装拆接地线等工作时应戴绝缘手套。

(7)使用绝缘手套时应将上衣袖口套入手套筒口内。

2. 绝缘鞋(靴)

绝缘靴采用特种橡胶制成,作用是使人体与大地绝缘,防止跨步电压,如图 1-17 所示。分 20 kV(试验电压)和 6 kV 两种。它的高度不小于 15 cm,而且上部另加高边 5 cm。必须按规定进行定期试验。

　　绝缘鞋有高低帮两种,多为5 kV,在明显处标有"绝缘"和耐压等级,作为1 kV以下辅助绝缘安全用具,1 kV以上禁止使用。

　　绝缘鞋(靴)使用时的注意事项如下:

　　(1)绝缘靴(鞋)有20 kV绝缘短靴、6 kV矿用长筒靴和5 kV绝缘鞋。

　　(2)20 kV绝缘靴的绝缘性能强,在1～220 kV高压区可用作辅助绝缘安全用具,但不能与有电设备接触,对1 kV以下电压也不能作为基本绝缘安全用具,穿靴后仍不能用手触及带电体。

图1-17　绝缘鞋(靴)

　　(3)6 kV矿用长筒靴适于井下采矿作业,在操作380 V及以下电压的电气设备时,可作为辅助绝缘安全用具。

　　(4)5 kV绝缘鞋适用于电工穿用,在1 kV以下电压区作为辅助绝缘安全用具,1 kV以上电压区禁止使用。在5 kV以下的户外变电所,可用于防跨步电压对人体的伤害。

1.4.1.5　绝缘站台、绝缘垫、绝缘毯

　　绝缘垫是一种辅助绝缘安全用具,一般铺在配电室的地面上,增强操作人员的对地绝缘,防止接触电压与跨步电压对人体的伤害,如图1-18所示。

　　绝缘站台是一种辅助绝缘安全用具,可用来代替绝缘垫或绝缘鞋,一般用干燥、木纹直且无节的木板拼成,可用于室内或室外的一切设备。

　　绝缘站台、绝缘垫、绝缘毯使用时的注意事项如下:

　　(1)绝缘站台用干燥的木板或木条制成,其站台的最小尺寸是0.8 m×0.8 m,四角用绝缘子做台脚,其高度不得小于10 cm。

凹凸筋骨强化断面图

图1-18　绝缘垫

　　(2)绝缘垫和绝缘毯用特种橡胶制成,其表面有防滑槽纹,厚度不小于5 mm。绝缘垫的最小尺寸为0.8 m×0.8 m,绝缘毯的最小宽度为0.8 m,长度依需要而定,它们一般用于铺设在高、低压开关柜前,作为固定的辅助绝缘安全用具。

　　(3)每半年应用低温肥皂水对绝缘垫清洗一次。

　　(4)每次使用前,均应检查绝缘垫有无安全隐患,有隐患则不能投入使用。

1.4.2　防护用具

1.4.2.1　携带型短路接地线

　　携带型短路接地线由短路各相和接地用的多股软铜线、将多股软铜裸线固定在各相导电部分和接地极上的专用线夹组成。一般要求多股软铜线的截面面积不小于25 mm²,如图1-19所示。其主要作用是对高压停电设备或进行其他工作时,为了防止停电设备突

然来电和邻近高压带电设备对停电设备所产生的感应电压对人体的危害,需用携带型接地线将停电设备的三相电源短路接地,同时将设备上的残余电荷对地放掉。

携带型短路接地线的装设要求如下:

(1)装设接地线必须由两人进行。若为单人值班,只允许使用接地刀闸接地,或使用绝缘棒和接地刀闸。

(2)装设时必须先接接地端,后接导体端,并应接触良好。

(3)拆除时先拆导体端,后拆接地端。

(4)装、拆接地线时均应使用绝缘棒或戴绝缘手套。

携带型短路接地线使用时的注意事项如下:

(1)接地线必须使用专用的线夹固定在导体上,严禁用缠绕的方法进行接地或短路。

(2)接地线在每次装设前应经过详细检查。损坏的接地线应及时修理或更换。禁止使用不符合规定的导线用作接地或短路。

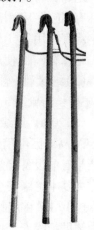

图1-19 携带型短路接地线

(3)对于可能送电至停电设备的各方面或停电设备可能产生感应电压的都要装设接地线,所装接地线与带电部分应符合安全距离的规定。

(4)检修部分若分为几个在电器上不相连接的部分(如分段母线用隔离开关(刀闸)或断路器(开关)隔开分成几段),则各段应分别验电接地短路。接地线与检修部分之间不得接断路器(开关)或熔断器(保险)。

1.4.2.2 安全腰带

安全腰带又称高处作业安全带,是防止高处作业人员发生坠落的安全用具,如图1-20所示。安全腰带是用皮革、帆布或化纤材料制成的,有一定的拉力,不允许用一般的绳带来代替。

图1-20 安全腰带

1. 安全带的品种分类

安全带按使用方式,分为围杆作业安全带和悬挂、攀登作业安全带两类。

围杆作业安全带适用于电工、电信工、园林工等杆上作业。主要品种有电工围杆带单腰式、电工围杆带防下脱式、通用Ⅰ型围杆绳单腰带式、通用Ⅱ型围杆绳单腰带式、电工围杆绳单腰带式和牛皮电工保安带等。

悬挂、攀登作业安全带适用于建筑、造船、安装、维修、起重、桥梁、采石、矿山、公路及铁路调车等高处作业。其种类较多,按结构分为单腰带式、双背带式、攀登式三种。其中,单腰带式有架子工Ⅰ型悬挂安全带、架子工Ⅱ型悬挂安全带、铁路调车工悬挂安全带、电工悬挂安全带、通用Ⅰ型悬挂安全带、通用Ⅱ型悬挂自锁式安全带等六个品种;双背带式有通用Ⅰ型悬挂双背带式安全带、通用Ⅱ型悬挂双背式安全带、通用Ⅲ型悬挂双背带式安全带、通用Ⅳ型悬挂双背带式安全带、全丝绳安全带等五个品种;攀登式有通用Ⅰ型攀登活动式安全带、通用Ⅱ型攀登活动式安全带和通用攀登固定式等三个品种。

2. 安全带的符号含义

D——电工;

DX——电信工;

J——架子工;

L——铁路调车工;

T——通用(油工、造船、机修工等);

W——围杆作业;

W1——围杆带式;

W2——围杆绳式;

X——悬挂作业;

P——攀登作业;

Y——单腰带式;

F——防下脱式;

B——双背带式;

S——自销式;

H——活动式;

G——固定式。

符号组合表示举例如下:

DW1Y——电工围杆带单腰带式;

TPG——通用攀登固定式。

高处作业安全带的使用方法及注意事项如下:

(1)安全带应系在腰下面、臀部上面的胯部位。

(2)安全带的小皮带系紧,这样在高处作业时,腰部不易受伤。

(3)安全带要高挂低用,注意防止摆动碰撞。

(4)使用中的安全带及后备绳应挂在结实牢固的构件上并要检查是否扣好。安全绳要系在同一作业面上,禁止挂在移动及带尖锐角不牢固的物件上,严禁低挂高用。

(5)使用中的安全带及后备绳的挂钩锁扣必须在锁好位置。

(6)由于作业的需要,安全绳超过3 m应加装缓冲器,这样一旦发生高处坠落,能减少1/4的冲击力,或者采用自锁加速差式自控器可以使坠落冲击距离限制在1.5 m以内。

(7)缓冲器、速差式装置和自锁钩可以串联使用。

(8)不准将绳打结使用,也不准将钩直接挂在安全绳上使用,应挂在连接环上使用。

1.4.2.3 护目镜

护目镜是一种防护眼镜,如图 1-21 所示。它既可以滤光,改变透过光的强度和光谱,避免辐射光对眼镜造成的损害,又能防止飞溅的固体颗粒、碎屑、火花、飞沫、热流、液体等对眼睛的伤害。为了有效地保护眼睛,根据防护对象的不同,护目镜可分为防碎屑打击、防有害物体飞溅、防烟雾灰尘、防辐射线等几种。

图 1-21　护目镜

护目镜的使用方法如下所述:

(1)护目镜类型的选择要正确。应根据工作性质、工作场合选择相应的护目镜。如进行电工作业,应戴防辐射镜;在室外阳光暴晒的地方作业时,应戴变色镜(防辐射镜的一种);在进行车、铣、刨及用砂轮磨工件时,应戴防打击护目镜等。

(2)护目镜的宽窄和大小要恰好适合使用者的自身要求。如果大小不合适,护目镜可能会滑落到鼻尖上,将起不到防护作用。

(3)护目镜要按出厂时标明的遮光编号或使用说明书使用,并保管在干净、不易碰触的地方。

(4)使用护目镜前应检查其表面,确定光滑,无气泡、杂质,以免影响使用者的视线。镜架应平滑,不可造成擦伤或有压迫感。同时,镜片与镜架的衔接要牢固。

思考与练习题

一、填空题

1.绝缘棒一般用_____、_____、_____、环氧玻璃布棒或环氧玻璃布管制成。主要由_____、_____、_____组成。

2.绝缘夹钳主要用来_____及其他类似工作。

3.验电器分为_____和_____两类,低压验电器又称为_____。

4.高压验电器是用来检测_____ kV 的配电设备、架空线路及电缆等是否带电的专用工具。

5.绝缘手套和绝缘靴均用特种橡胶制成,一般作为_____用具。

6.绝缘手套的规格有_____和_____两种,_____的绝缘手套试验电压达 12 kV,在_____以上的高压区作业时,只能用作辅助安全防护用具,不得_____设备。

7.安全腰带按结构分为_____、_____、_____三种。

8.绝缘夹钳主要由_____、_____和_____组成。

9.低压验电笔还能区分交流电和直流电,交流电通过氖光灯泡时,_____发亮;而直流电通过时,_____发亮。

二、判断题

1.绝缘棒使用前,应检查是否超过有效期,检验绝缘棒表面是否完好,各部分连接是否可靠。　　　　　　　　　　　　　　　　　　　　　　　　　　(　　)

2.绝缘棒操作时应戴绝缘手套、穿绝缘靴或站在绝缘站台(垫)上,并注意防止碰伤表面绝缘层。   (   )

3.绝缘夹钳操作时应戴绝缘手套、穿绝缘靴及戴护目镜,并必须在切断负载的情况下进行操作。   (   )

4.高压验电器是用来检测 6~35 kV 的配电设备、架空线路及电缆等是否带电的专用工具。   (   )

5.使用高压验电器时注意手握部位可以超过隔离环。   (   )

6.低压试电笔使用前,检查试电笔里有无安全电阻,再直观检查试电笔是否有损坏,有无受潮或进水。   (   )

7.绝缘手套的规格有 12 kV 和 5 kV 两种,12 kV 的绝缘手套试验电压达 12 kV,在 1 kV 以上的高压区作业时,只能用作辅助安全防护用具,可以接触带电设备。   (   )

8.绝缘鞋有高低帮两种,多为 5 kV,在明显处标有"绝缘"和耐压等级,作为 1 kV 以下辅助绝缘安全用具,1 kV 以上禁止使用。   (   )

9.绝缘垫是一种辅助绝缘安全用具,一般铺在配电室的地面上,增强操作人员的对地绝缘,防止接触电压与跨步电压对人体的伤害。   (   )

10.装设接地线必须由两人进行。若为单人值班,只允许使用接地刀闸接地,或使用绝缘棒合接地刀闸。   (   )

三、简答题

1.绝缘夹钳使用的时候应该注意些什么?

2.高压验电器使用的时候应该注意些什么?

3.低压验电器使用的时候应该注意些什么?

4.携带型短路接地线的装设要求是什么?

学习单元 1.5　安全标志

【学习目标】

(1)能够明白安全色的表示含义。

(2)能够掌握安全标志的图形意思及表达意义。

(3)能够明白提示标志的作用及其组成形式。

(4)能够明白指令标志的作用及其组成形式。

【学习任务】

禁止标志,警告标志,指令标志,提示标志。

【学习内容】

安全标志是提醒人员注意或按标志上注明的要求去执行,保障人身和设施安全的重要措施。它一般应设在光线充足、醒目、稍高于视线的地方。安全标志由安全色、几何图形和图形符号构成,用以表达特定的安全信息的标记。它一般分为禁止标志、警告标志、指令标志和提示标志四大类。

1.5.1 禁止标志

禁止标志是禁止或者制止人们不安全行为的图形标志,其基本形状为带斜杠的圆边框。圆环和斜杠都用红色表示,图形符号为黑色,衬底为白色。常见的禁止标志如图1-22所示。

图 1-22 常见的禁止标志

1.5.2 警告标志

警告标志是提醒人们对周围环境引起注意,以避免可能发生危险的图形标志,其基本形状为正三角形边框,顶角朝上。正三角形边框及图形符号为黑色,衬底为黄色。常见的警告标志如图1-23 所示。

图 1-23 常见的警告标志

1.5.3 指令标志

指令标志是强制人们必须做出某种动作或者采取防范措施的图形标志,其基本形状为圆形图案。图形符号为白色,衬底为蓝色。常见的指令标志如图1-24所示。

图1-24 常见的指示标志

1.5.4 提示标志

提示标志是向人们提供某种信息的图形标志,其基本形状是方形边框。图形符号为白色,衬底为绿色。常见的提示标志如图1-25所示。

图1-25 常见的提示标志

思考与练习题

一、填空题

1. 禁止标志是禁止或者制止人们不安全行为的图形标志,其基本形状为_____边框。圆环和斜杠都用_____色表示,图形符号为_____色,衬底为_____色。

2. 警告标志是提醒人们对周围环境引起注意,以避免可能发生危险的图形标志,其基本形状为_____边框,顶角朝上。正三角形边框及图形符号为_____色,衬底为_____色。

3. 指令标志是强制人们必须做出某种动作或者采取防范措施的图形标志,其基本形状为_____图案。图形符号为_____色,衬底为_____色。

4. 提示标志是向人们提供某种信息的图形标志,其基本形状是_____边框。图形符号为_____色,衬底为_____色。

二、识图题

说出图 1-26 所示图形所表示的意思。

(a)　　　　(b)　　　　(c)　　　　(d)

(e)　　　　(f)　　　　(g)　　　　(h)

图 1-26

学习情境2 防触电技术基本知识

学习单元2.1 电气安全管理的管理措施和技术措施

【学习目标】
(1)能够正确实施电气安全管理的管理措施。
(2)能够准确实施电气安全检修操作票填写。
(3)能够正确理解电流对人体产生的影响。
(4)能够正确实施预防直接与间接触电的技术措施。
(5)能够正确实施电力施工现场的安全措施。

【学习任务】
电气安全管理的基本知识,触电事故的种类和规律认知,电流对人体的影响认知,电气倒闸操作相关技术标准。

【学习内容】
电气事故产生的原因很复杂,但总的来说可以归纳为两大方面:安全组织措施不健全和安全技术措施不完善。安全组织措施是指在电气操作或施工中的人为因素,领导的安全管理措施,规章制度的健全、操作者的安全意识、操作中的安全组织方法等。而安全技术措施是指从技术上通过某种设备或采用某种技术从而防止安全事故发生。

生产经营单位必须遵守有关安全法律法规,加强生产管理,建立健全安全生产责任制,生产单位的从业人员有依法获得安全生产保障的权利,并依法履行安全生产义务。

电力生产单位应规范生产安全事故报告和调查处理,落实生产安全事故责任追究制度,防止和减少生产安全事故发生。生产单位、事故现场有关人员均有及时向有关上级部门报告的义务。

2.1.1 电气安全的组织管理

电气安全的组织措施首先要有严密的管理机构。电工是个特殊的工种,属于高危工种,从事电工行业的人员文化程度良莠不齐,劳动者的素质也差别较大。

2.1.1.1 管理机构

电气安全管理的组织机构主要有地方安全生产监督局、生产单位的安全生产科、群众性电工安全管理组织等。

1.地方安全生产监督局

地方安全生产监督管理局的主要职责有:

(1)综合管理本市的安全生产工作,分析、预测安全生产形势,拟订安全生产工作规划,依法履行安全生产监督管理职责。

(2)研究起草本市安全生产方面的地方性法规、规章草案,制定相关政策并组织实施;负责安全生产重大问题的调查研究,并提出对策建议。

(3)负责统计本市生产安全事故,发布安全生产信息;依法组织调查处理安全生产事故,提出安全生产事故责任追究的意见并监督事故查处的落实情况;组织、协调安全生产事故应急救援工作。

(4)依法监督检查本市新建、改建、扩建工程项目的安全设施与主体工程同时设计、同时施工、同时投产使用(简称"三同时")情况。

(5)依法监督检查本市生产经营单位贯彻执行安全生产方面法律法规情况、作业场所职业卫生情况和重大危险源监控、重大事故隐患的整改工作,及其安全生产条件和有关设备设施(特种设备除外)、劳动防护用品的安全管理工作,依法查处不具备安全生产条件的生产经营单位。

(6)负责本市从事安全生产评价、咨询、检测、检验等社会中介组织的资源管理,并进行监督检查。

(7)负责组织本市安全生产宣传教育,依法负责安全生产方面的培训、考核工作;负责注册安全工程师执行资格的有关工作。

(8)负责综合监督管理本市危险化学品和烟花爆竹的安全生产工作。

(9)负责拟订本市安全生产科技规划,组织指导安全生产科学技术研究和新技术的推广工作。

(10)开展本市安全生产方面的国际交流与合作。

2. 生产单位的安全生产科

生产单位的安全生产科的工作职责是认真贯彻落实国家有关安全生产的法律法规和上级有关部署安排,切实加强安全生产工作,完善制度,强化措施,实现安全生产工作的制度化、规范化、科学化。按照"一岗双责"的要求,建立健全本单位安全生产责任制度,明确各岗位的责任人员、责任内容和考核奖惩等;组织与各科室签订安全生产责任书,将安全责任层层落实,严格执行,做到"考核、总结、评比、兑现"四落实;做好年终考核奖惩工作,及时兑现风险抵押金。根据工作职责,制定完善的安全管理规章制度、安全生产操作规程,安全工作逐步达到规范化、科学化;制订安全生产事故应急救援总体预案,并针对本单位的特殊环节、岗位、场所等实际情况协助相关部门制订专项预案,并定期组织演练。及时召开安全生产会议,研究和分析安全生产中的重大问题,提出工作意见和措施。每年召开一次安全生产工作会议,总结部署工作;每季度至少召开一次领导小组会议,研究解决存在的问题;根据工作需要和上级要求,及时召开安全专题会议,落实工作。定期组织全员进行安全生产培训,制订培训计划,编写培训教材,保证从业人员具备必要的安全生产知识,熟悉有关的安全生产规章制度和安全操作规程,掌握本岗位的安全操作、自救互救以及应急处置等知识和技能。强化安全生产宣传,开展安全生产月、百日安全竞赛等安全生产活动,使全员牢固树立"安全第一""安全责任重于泰山"的思想,营造浓厚的安全生产氛围,提高从业人员防范意识、忧患意识。及时、准确、完整地报告安全生产事故,会同有关部门依法组织安全生产事故的调查处理工作,并提出事故处理和责任追究的建议。建立安全生产管理档案,完善各项内业资料,各种资料归档及时、完整。及时报送各种总结、报告、报表等材料,做到内容真实、全面。

　　3. 群众性电工安全管理组织

　　群众性电工安全管理组织主要是配合相关安全部门并在其协助下开展工作,组织成员一般是自愿参加,管理者为技术骨干或经验丰富的老员工。定期召开会议,举办兴趣讲座,开展相关知识活动或竞赛。安全部门可提供必要的经费和人员支持。

2.1.1.2　规章制度

　　电气安全的规章制度主要有公司安全管理规定、各种安全操作规程、设备运行管理和维护检修规定等。例如,公司电力生产安全规定、变电室值班安全操作规程、电气试验安全操作规程、变压维护操作安全规定、检修工作中的工作制度和工作监护制度。

2.1.1.3　安全检查

　　安全检查包括安全生产监督部门对生产单位的检查:主要检查生产单位是否配备了相应的专业安全生产机构和人员,组织管理是否完善,是否采取了必要的安全技术措施。生产单位电气检查和设备定期巡视制度:主要检查电气设备绝缘是否破损,设备裸露部分是否有防护,保护装置是否符合要求,安全用具和电气灭火器材是否齐全等。设备定期巡视包括日巡视、周巡视、月巡视和特殊巡视,有时还要专门进行夜间巡视。部分设备的定期测量和试验:使用中的电气设备,应定期进行绝缘测试,对电气设备的接地装置定期进行接地电阻测试,部门设备还要定期进行耐压试验。

2.1.1.4　安全教育

　　电气安全教育是为了使工作人员懂得电的基本知识,认识安全用电的重要性,掌握安全用电的基本方法,从而能安全地、有效地进行工作。新入厂的工作人员要接受厂、车间、生产小组等三级安全教育。对一般职工应要求懂得电和安全用电的一般知识;对使用电气设备的一般生产工人除懂得一般电气安全知识外,还应懂得有关的安全规程;对于独立工作的电气工作人员,更应该懂得电气装置在安装、使用、维护、检修过程中的安全要求,应熟知电气安全操作规程,学会电气灭火的方法,掌握触电急救的技能,并应通过考试,取得合格证明。新参加电气工作的人员、实习人员和临时参加劳动的人员(干部和临时工等),必须在经过安全知识教育后,方可到现场随同参加指定的工作,但不得单独工作。

2.1.1.5　安全资料

　　安全资料包括相关安全管理制度资料、设备日常运行管理巡视记录资料、设备事故和人身事故记录资料、重要设备的检修和试验记录资料等。这些资料对安全工作非常重要,应注意收集和保存,以便随时查对。

2.1.2　保证电气安全的组织措施

　　保证电气安全的组织措施主要有工作票制度,工作许可制度,工作监护制度和工作间断、转移和终结制度。

2.1.2.1　工作票制度

　　1. 工作票签发人职责

　　一般由熟悉安全规程的生产领导、技术人员或经主管单位批准授权的人员担任,名单应书面公布。其他人员签发的工作票无效。主要负责审核或制定工作票上所填安全措施是否正确完备,所派工作负责人和工作班成员是否适当和充足。

2．工作许可人职责

发电厂变电站一般由运行班长担任,也可由公司或单位批准的授权人员担任。负责审查工作票所列安全措施是否正确、完备,是否符合现场条件,工作现场布置的安全措施是否完善,必要时予以补充。负责检查检修设备有无突然来电的危险。对工作票所列内容即使产生很小疑问,也应向工作票签发人询问清楚,必要时应要求作详细补充。

3．工作负责人职责

工作负责人应由在业务技术上和组织能力上能胜任保证安全、保证质量完成工作任务的人员担任(工作班组长)。工作票签发人不得兼任工作负责人。见习期员工、初级工不得担任工作负责人。工作负责人负责检查工作票所列安全措施是否正确、完备,是否符合现场实际条件,必要时予以补充。工作前对工作班成员进行危险点告知,交待安全措施和技术措施,并确认每一个工作班成员都已知晓。严格执行工作票所列安全措施。督促、监护工作班成员遵守本规程,正确使用劳动防护用品和执行现场安全措施。关注工作班成员精神状态是否良好,变动是否合适。同时,工作负责人还是专责监护人。明确被监护人员和监护范围。工作前对被监护人员交待安全措施,告知危险点和安全注意事项。监督被监护人员遵守本规程和现场安全措施,及时纠正不安全行为。

4．工作班成员

熟悉工作内容、工作流程,掌握安全措施,明确工作中的危险点,并履行确认手续。严格遵守安全规章制度、技术规程和劳动纪律,对自己在工作中的行为负责,互相关心工作安全,并监督本规程的执行和现场安全措施的实施。正确使用安全工器具和劳动防护用品。

5．工作票

1）概述

在电气设备上工作,应填写工作票或按命令执行,主要方式有以下三种:第一种工作票、第二种工作票、口头或电话命令。

填用第一种票的工作为:

(1)高压设备上需要全部停电或部分停电者。

(2)高压室内的二次接线和照明等回路上的工作,需要将高压设备停电或做安全措施者。

填用第二种工作票的工作为:

(1)带电作业和在带电设备外壳上的工作。

(2)控制盘和低压配电盘、配电箱、电源干线上的工作。

(3)二次接线回路的工作,无须将高压设备停电者。

(4)转动中的发电机的励磁回路上的工作。

(5)非当值值班员用绝缘棒和电压互感器定相或用钳形电流表测量高压回路的电流。

其他工作或口头、电话命令必须清楚、正确,值班员应将发令人、负责人及工作任务详细记入操作记录簿中,并向发令人复诵核对一遍。

工作票应使用黑色或蓝色的钢(水)笔或中性笔填写与签发,一式两份,内容应正确,填写应清楚,不得任意涂改。用计算机生成或打印的工作票应使用统一的票面格式,由工作票签发人审核无误,手工或电子签名后方可执行。工作票一份应保存在工作地点,由工作负责人收执;另一份由工作许可人收执,按值移交。工作许可人应将工作票的编号、工作任务、许可及终结时间记入运行日志。一张工作票中,工作票签发人、工作负责人和工作许可人三者不得互相兼任。工作票由工作负责人填写,并送交工作票的审核、签发。

一个工作负责人不能同时执行多张工作票,工作票上所列的工作地点以一个电气连接部分为限。所谓一个电气连接部分是指:①电气装置中,可以用隔离开关同其他电气装置分开的部分;②直流双极停用,换流变压器及所有高压直流设备均可视为一个电气连接部分;③直流单极运行,停用极的换流变压器,阀厅,直流场设备、水冷系统可视为一个电气连接部分。双极公共区域为运行设备。

全部工作完成后,工作班应清扫整理现场。工作负责人应先周密地检查,待全体工作人员撤离工作点后,再向值班人员讲清所修项目、发现的问题等,并与值班人员共同检查设备状况,有无遗留物件,是否清洁等。然后在工作票上填明工作终结时间,经双方签名后,工作票方可终结。已结束的工作票应盖上"已执行"章,最少保存3个月。

值长在向班长或班长在向监护人、操作人下达命令时,一定要讲清楚操作任务、目的和有关注意事项,明确以下六方面:即为什么操作,操作什么,什么时间操作,在什么地点操作,操作中可能发生什么变化和问题以及发生异常情况如何处理,使有关人员全部达到目的明确、内容清楚,以保证操作安全准确。

操作票由操作人填写,根据操作任务,首先核对系统图或模拟图,必要时还应到现场校对。然后依照票面格式要求,根据规程和有关要求,依次填写操作内容。填写的字迹应工整。为了保证操作票填写的正确性,填写完成后应再审查一遍。最后逐级交监护人、班长、值长审批签名。在审校过程中如发现错误,应予以作废,重新填写。

操作人员在操作中首先要核准操作对象,做好安全措施。如核对设备名称、编号、表计和信号指示,佩戴防护眼镜或绝缘手套,穿绝缘靴等。然后要唱票预演。每项操作前,监护人应按操作票上填写的内容高声唱票,操作人员核对无误且要复诵将要操作的内容,并用手指明将要操作的对象,做假动作预演。只有当监护人确认无误后,发出"对,执行!"的操作命令后,操作人员才可以进行操作。操作完毕后在项目前打"√",并填入操作时间。每份操作票只能填写一个操作内容。高压设备重大操作,必须经过"五防"程序检验后,用电子钥匙进行操作。防误闭锁的解锁钥匙两把放主控,应妥善保管,特殊情况下经值长批准后方可使用,不许乱用。操作中如产生疑问,应立即停止操作并向班长或值长汇报,弄清原因后,再进行操作。不得擅自更改操作票。操作票中出现下列现象之一的为不合格票:

(1)操作内容与操作任务不相符者。

(2)遗漏主要操作步骤及内容者。

(3)有错字、漏字、涂改现象者。

(4)操作票乱写乱画,严重损坏,票面不整洁。

(5)操作完后未及时打"√"。

(6)操作票执行完未盖"已执行"章。

(7)废票未盖"作废"章。

(8)操作票上有漏签名。

2）第一种操作票样票

广东省××××发电有限公司　已结束

编号：1DQ-1-06-0001

1. 工作负责人(监护人)：＿＿＿＿＿＿＿，班组：＿＿＿＿＿＿＿＿

2. 工作人员(不包括工作负责人)共＿＿＿人，班组编号＿＿＿＿＿＿＿

3. 工作内容及工作地点：＿＿＿＿＿＿＿

4. 计划工作时间：自＿＿＿＿＿年＿＿＿月＿＿日＿＿时＿＿分
　　　　　　　　　至＿＿＿＿＿年＿＿＿月＿＿日＿＿时＿＿分

5. 安全措施：＿＿＿＿＿＿＿＿＿＿＿＿＿

下列由工作票签发人填写	下列由工作许可人(值班员)填写
应拉断路器(开关)和隔离开关(刀闸)，包括填写前已拉断路器(开关)和隔离开关(刀闸)(注明编号)	已拉断路器(开关)和隔离开关(刀闸)(编号)
1.断开6 kV Ⅰ C 段母线工作电源进线开关，拉开其控制和保护电源开关，并将小车开关移至"检修"位置。	1.已断开6 kV Ⅰ C 段母线工作电源进线开关，已拉开其控制和保护电源开关，并已将小车开关移至"检修"位置。
2.断开6 kV Ⅰ C 段母线备用电源进线开关，拉开其控制和保护电源开关，并将小车开关移至"检修"位置。	2.已断开6 kV Ⅰ C 段母线备用电源进线开关，已拉开其控制和保护电源开关，并已将小车开关移至"检修"位置。
3.断开1#输煤电源开关，拉开其控制和保护电源开关，并将小车开关拉至"检修"位置。	3.已断开1#输煤电源开关，已拉开其控制和保护电源开关，并已将小车开关拉至"检修"位置。
4.断开6 kV 输煤 Ⅰ A 段电源进线开关，拉开其控制和保护电源开关，并将小车开关移至"检修"位置。	4.已断开6 kV 输煤 Ⅰ A 段电源进线开关，已拉开其控制和保护电源开关，并已将小车开关移至"检修"位置。
5.断开 Ⅰ A 段脱硫电源开关，拉开其控制和保护电源开关，并将小车开关拉至"检修"位置。	5.已断开 Ⅰ A 段脱硫电源开关，已拉开其控制和保护电源开关，并已将小车开关拉至"检修"位置。
6.断开 Ⅰ B 脱硫电源开关，拉开其控制和保护电源开关，并将小车开关拉至"检修"位置。	6.已断开 Ⅰ B 脱硫电源开关，已拉开其控制和保护电源开关，并已将小车开关拉至"检修"位置。
7.断开1#补水升压变电源开关，拉开其控制和保护电源开关，并将小车开关拉至"检修"位置。	7.已断开1#补水升压变电源开关，已拉开其控制和保护电源开关，并已将小车开关拉至"检修"位置。
8.断开办公楼变电源开关，拉开其控制和保护电源开关，并将小车开关拉至"检修"位置。	8.已断开办公楼变电源开关，已拉开其控制和保护电源开关，并已将小车开关拉至"检修"位置。
9.将6 kV Ⅰ C 段母线 PT 小车拉至"检修"位置。	9.已将6 kV Ⅰ C 段母线 PT 小车拉至"检修"位置。
10.将6 kV Ⅰ C 段母线上所有负荷开关全部拉至"检修"位置，并拉开其控制和保护电源开关	10.已将6 kV Ⅰ C 段母线上所有负荷开关全部拉至"检修"位置，并已拉开其控制和保护电源开关

应装接地线或应合接地刀闸(注明确实地点)	已装接地线或应合接地刀闸(注明接地线编号和装设地点或接地刀闸编号)
1. 在 6 kVⅠC 段母线上安装接地线一组。 2. 合上 6 kVⅠC 段母线上所有负荷开关柜接地刀闸	1. 已在 6 kVⅠC 段母线上安装接地线一组。 2. 已合上 6 kVⅠC 段母线上所有负荷开关柜接地刀闸
应设遮栏、应挂标志牌 1. 在 6 kVⅠC 段工作电源进线开关操作把手上挂"禁止合闸,有人工作"标示牌。 2. 在 6 kVⅠC 段备用电源进线开关把手上挂"禁止合闸,有人工作"标示牌。 3. 在 6 kVⅠC 段母线上所有负荷开关柜上挂"禁止合闸,有人工作"标示牌。 4. 在 6 kVⅠA、ⅠB 段开关柜上装设"设备在运行"围栏。 5. 在 6 kVⅠC 段备用电源进线开关柜上挂"设备在运行"标示牌。 6. 在 6 kVⅠC 段母线上挂"在此工作"标示牌	已设遮栏、已挂标志牌(注明地点) 1. 已在 6 kVⅠC 段工作电源进线开关操作把手上挂"禁止合闸,有人工作"标示牌。 2. 已在 6 kVⅠC 段备用电源进线开关把手上挂"禁止合闸,有人工作"标示牌。 3. 已在 6 kVⅠC 段母线上所有负荷开关柜上挂"禁止合闸,有人工作"标示牌。 4. 已在 6 kVⅠA、ⅠB 段开关柜上装设"设备在运行"围栏。 5. 已在 6 kVⅠC 段备用电源进线开关柜上挂"设备在运行"标示牌。 6. 已在 6 kVⅠC 段母线上挂"在此工作"标示牌
	工作地点保留带电部分和补充安全措施 1. 6 kVⅠC 段母线上开关柜中带有 110 V 直流控制电源 2. 6 kVⅠC 段备用电源进线开关电源侧带电
工作票签发人签名: 收到工作票时间: 　2006 年 5 月 5 日 15 时 20 分	工作许可人签名: 值班负责人签名:

值长签名:

6. 许可开始工作时间:2006 年 5 月 6 日 10 时 15 分
　　工作许可人签名:　　　　工作负责人签名:
7. 工作负责人变动:
　　原工作负责人_____离去,变更_____为工作负责人
　　变动时间:_____年____月____日____时____分,工作票签发人签名:_____
8. 工作票延期,有效期延长到_____年____月____日____时____分
　　工作负责人签名:_____　　值长签名:_____
9. 工作终结:工作班人员已全部撤离,现场已清理完毕
　　全部工作于 2006 年 5 月 7 日 15 时 20 分结束
　　工作负责人签名:_____　　工作许可人签名:_____
　　接地线(接地刀闸)共12组已拆除(拉开)
　　　　　　　　值班负责人签名:_____
10. 备注:_____

3)变电站第二种工作票样票

单位:＿＿＿＿＿＿＿＿＿＿ 编号:＿＿＿ 370910123 ＿＿＿＿

1. 工作负责人(监护人):＿＿＿＿＿ 班组:＿＿＿＿＿＿

2. 工作班人员(不包括工作负责人):＿＿＿＿＿＿＿,共＿＿＿＿人。

3. 工作的变、配电站名称及设备编号、名称:

    220 kV 苗庄变电站:110 kV2418# Ⅰ苗北线、110 kV2462# Ⅰ苗辛线

4. 工作任务:＿＿＿＿＿＿

5.

工作地点或地段	工作内容
填写工作具体地点或地段(区域)	对应填写具体工作内容
110 kV 室外设备区:110 kV# Ⅰ苗北间隔、110 kV# Ⅰ苗辛间隔	设备防腐

6. 计划工作时间:

自＿＿＿＿年＿＿月＿＿日＿＿时＿＿分至＿＿＿＿年＿＿月＿＿日＿＿时＿＿分

7. 工作条件(停电或不停电,或邻近及保留带电设备名称):

＿＿＿110 kV# Ⅰ苗北线、110 kV# Ⅰ苗辛线设备不停电＿＿＿＿＿＿

8. 注意事项(安全措施):

1)工作负责人加强监护,保证所有人员的工作都在监护范围内进行。

2)在 110 kV# Ⅰ苗北间隔、110 kV# Ⅰ苗辛间隔周围设置面向道路留有出口的开放式围栏,围栏各侧向内悬挂"止步,高压危险!"标志牌,围栏内设置"在此工作!"标志牌,围栏出口处设置"从此出入!"标志牌,工作人员不得在围栏外作业、逗留。

3)工作人员与带电部位最少应保持1.5 m以上的距离

工作票签发人签名:＿＿＿＿＿＿

签发日期:＿＿＿＿年＿＿月＿＿日＿＿时＿＿分

9. 补充安全措施(工作许可人填写)。

    工作人员只能在围栏内活动,因工作需要到围栏外,如取工具、材料等,应经工作负责人同意。

＿＿＿＿＿＿＿＿＿＿＿＿＿＿＿

10. 确认本工作票 1~8 项。

工作负责人签名:＿＿＿＿＿ 工作许可人签名:＿＿＿＿＿

2.1.2.2 工作许可制度

一个完整的检修工作必须填写操作票,必须经工作票签发人、工作许可人、工作负责人许可签名并确认安全措施完备后方可执行工作任务,手续未完善绝对不允许工作班人员工作。

2.1.2.3 工作监护制度

工作监护制度是指检修工作负责人带领工作人员到施工现场,布置好工作后,对全班人员不断进行安全监护,以防止工作人员误走(登)到带电设备上发生触电事故,误走到

危险的高空,发生摔伤事故,以及错误施工造成的事故。同时,工作负责人因事离开现场必须指定临时监护人。在工作地点分散,有若干个工作小组同时进行工作时,工作负责人必须指定工作小组监护人。监护人在工作中必须履行其职责,所有这种制度称为工作监护制度。

工作监护制度是保证人身安全及操作正确的主要措施。执行工作监护制度的目的是使工作人员在工作过程中有人监护、指导,以便及时纠正一切不安全的动作和错误做法,特别是在靠近有电部位及工作转移时更为重要。监护人应熟悉现场的情况,应有电气工作的实际经验,其安全技术等级应高于操作人。

(1)完成工作许可手续后,工作负责人(监护人)应向工作班人员交待现场安全措施、带电部位和其他注意事项;工作负责人(监护人)必须始终在工作现场对工作班人员的安全认真监护。

(2)所有工作人员(包括工作负责人)不许单独留在高压室内和室外变电所高压设备区内,如工作需要(如测量、试验等)且现场允许时,可准许有经验的一人或几人同时在他室进行工作,但工作负责人在事前应将有关安全注意事项予以详尽的指示。

(3)带电或部分停电作业时,应监护所有工作人员的活动范围,使其与带电部分保持安全距离,监护工作人员使用的工具是否正确、工作位置是否安全、操作方法是否正确等。

(4)监护人在执行监护时,不得兼做其他工作,但在下列情况下,监护人可参加工作班工作:在全部停电时;在变、配电所内部分停电并且安全措施可靠、人员集中在一个地点、总人数不超过3人时;所有室内外带电部分均有可靠的安全遮栏足以防止触电的可能,不致误碰导电部分时。

(5)工作负责人或工作票签发人应根据现场的安全条件、施工范围、需要等具体情况增设专人监护和批准被监护的人数,专责监护人不得兼做其他工作。

(6)工作期间,工作负责人若因故必须离开工作点,应指定代替人,交待清楚,并告知工作班人员;返回时,也应履行同样的交接手续;若工作负责人需长时间离开,应由原工作票签发人变更新的工作负责人,两工作负责人应做好必要的交接。

(7)值班员如发现工作人员违反安全规程或任何危及工作人员安全的情况,应向工作负责人提出改正意见,必要时可暂时停止工作,并立即报告上级。

2.1.2.4　工作间断、转移和终结制度

(1)工作间断时,工作班人员应从工作现场撤出,所有安全措施保持不动,工作票仍由工作负责人执存。间断后继续工作,无须通过工作许可人。每日收工,应清扫工作地点,开放已封闭的通路,并将工作票交回值班员。次日复工时,应得到值班员许可,取回工作票,工作负责人必须事前重新认真检查安全措施是否符合工作票的要求后,方可工作。若无工作负责人或监护人带领,工作人员不得进入工作地点。

(2)在未办理工作票终结手续以前,值班员不准将施工设备合闸送电。在工作间断期间,若有紧急需要,值班员可在工作票未交回的情况下合闸送电,但应先将工作班全班人员已经离开工作地点的确切信息通知工作负责人,在得到他们可以送电的答复后方可执行,并应采取下列措施:

①拆除临时遮栏、接地线和标示牌,恢复常设遮栏,换挂"止步,高压危险!"的标

示牌。

②必须在所有通路派专人守候，以便告知工作班人员"设备已经合闸送电，不得继续工作"，守候人员在工作票未交回以前，不得离开守候地点。

（3）检修工作结束前，若需将设备试加工作电压，可按下列条件进行：

①全体工作人员撤离工作地点。

②将该系统的所有工作票收回，拆除临时遮栏、接地线和标示牌，恢复常设遮栏。

③应在工作负责人和值班员进行全面检查无误后，由值班员进行加压试验。

（4）工作班若需继续工作，要重新履行工作许可手续。

（5）在同一电气连接部分用同一工作票依次在几个工作地点转移工作时，全部安全措施由值班员在开工前一次做完，不需再办理转移手续，但工作负责人在转移工作地点时，应向工作人员交待带电范围、安全措施和注意事项。

（6）全部工作完毕后，工作班人员应清扫、整理现场。工作负责人应先进行周密的检查，待全体工作人员撤离工作地点后，再向值班人员讲清所修项目、发现的问题、试验结果和存在问题等，并与值班人员共同检查设备状况，有无遗留物件、是否清洁等，然后在工作票上填明工作终结时间，经双方签名后，工作票方告终结。

（7）只有在同一停电系统的所有工作票结束，拆除所有临时遮栏、接地线和标示牌，恢复常设遮栏，并得到值班调度员或值班负责人的许可命令后，方可合闸送电。

（8）已结束的工作票，按月（季）装订成册，保存6个月。

2.1.3 电气安全的技术措施

在全部停电或部分停电的电气设备上工作，必须完成停电、验电、放电、装设临时接地线、悬挂标示牌和装设遮栏后，方能开始工作。上述安全措施由值班员实施，无值班职员的电气设备，由断开电源人执行，并应有监护人在场。

2.1.3.1 停电

工作地点必须停电的设备如下：

（1）待检验的设备。

（2）与工作职员在工作时正常活动范围的间隔小于表2-1规定值的设备。

表2-1 工作职员工作时正常活动范围与带电设备的安全间隔

电压等级（kV）	安全间隔（m）
10 及以下（13.8）	0.35
20～25	0.60
44	0.90
60～110	1.50
154	2.00
220	3.00
330	1.00

（3）在44 kV以下的设备上工作，安全间隔虽大于表2-1的规定，但小于表2-2的规

定,同时又无安全遮栏的设备。

表 2-2　设备不停电时的安全间隔

电压等级(kV)	安全间隔(m)
10 及以下(13.8)	0.70
20 ~ 35	1.00
44	1.20
60 ~ 110	1.50
154	2.00
220	3.00
330	4.00

(4)带电部分在工作人员后面或两侧无可靠安全措施的设备。

若将检验设备停电,必须把各方面的电源完全断开(任何运行中的星形接线设备的中性点,必须视为带电设备)。必须拉开电闸,使各方面至少有一个明显的断开点,与停电设备有关的变压器和电压互感器,必须从高、低压两侧断开,防止向停电检验设备反送电。禁止在只经开关断开电源的设备上工作,断开开关和刀闸的操纵电源,刀闸操纵把手必须锁住。

2.1.3.2　验电

验电时,必须用电压等级合适且合格的验电器。在检验设备的进出线两侧分别验电。验电前,应先在有电设备上进行试验,以确认验电器良好,例如在木杆、木梯或木架上验电,不接地线不能指示者,可在验电器上接地线,但必须经值班负责人许可。

高压验电必须戴绝缘手套。35 kV 以上的电气设备,在没有专用验电器的特殊情况下,可以使用绝缘棒代替验电器,根据绝缘棒棒端有无火花和放电声来判定有无电压。

2.1.3.3　放电

放电的目的是消除被检修设备中残存的静电,特别是较长的输电线、电缆,电抗器、电容设备等残余电荷较多,对人体威胁很大。所以,在停电检修前都必须放电。放电应采用专用放电铜丝辫进行,用绝缘棒进行操作。放电过程中注意人体不要和被放电体接触。必要时采用专用的放电器进行。

2.1.3.4　装设临时接地线

当验明确无电压后,应立即将检验设备接地并三相短路。这是保证工作职员在工作地点防止忽然来电的可靠安全措施,同时设备断开部分的剩余电荷,亦可因接地而放尽。

对于可能送电至停电设备的各部位或可能产生感应电压的停电设备都要装设接地线,所装接地线与带电部分应符合规定的安全间隔。

装设接地线必须由两人进行。若为单人值班,只应使用接地刀闸接地,或使用绝缘棒合接地刀闸。装设接地线必须先接接地端,后接导体端,并应接触良好。拆接地线的顺序与此相反。装、拆接地线均应使用绝缘棒或戴绝缘手套。

接地线应用多股软裸铜线,其截面面积应符合短路电流的要求,但不得小于 25 mm²。接地线在每次装设前应经过具体检查,损坏的接地线应及时修理或更换。禁止使用不符合规定的导线用作接地或短路。接地线必须用专用线夹固定在导体上,严禁用缠绕的方法进行接地或短路。

需要拆除全部或一部分接地线后才能进行的高压回路上的工作(如丈量母线和电缆的绝缘电阻,检查开关触头是否同时接触等)需经特别许可。拆除一相接地线、拆除接地线而保存短路线、将接地线全部拆除或拉开接地刀闸等工作必须征得值班员的许可(根据调度命令装设的接地线,必须征得调度员的许可)。工作完毕后立即恢复。

2.1.3.5 悬挂标示牌和装设遮栏

在工作地点、施工设备和一经合闸即可送电到工作地点或施工设备的开关和刀闸的操纵把手上,均应悬挂"禁止合闸,有人工作!"的标示牌。假如线路上有人工作,应在线路开关和刀闸操纵把手上悬挂"禁止合闸,线路有人工作!"的标示牌。标示牌的悬挂和拆除,应按调度员的命令执行。

部分停电的工作,安全间隔小于表 2-2 规定数值的未停电设备,应装设临时遮栏,临时遮栏与带电部分的安全间隔不得小于表 2-1 规定的数值。临时遮栏可用干燥木材、橡胶或其他坚韧绝缘材料制成,装设应牢固,并悬挂"止步,高压危险!"的标示牌。35 kV 及以下设备的临时遮栏,如因特殊工作需要,可用绝缘挡板与带电部分直接接触。但此种挡板必须具有高度的绝缘性能,符合耐压试验要求。

在室内高压设备上工作,应在工作地点两旁间隔和对面间隔的遮栏上和禁止通行的过道上悬挂"止步,高压危险!"的标示牌。

在室外地面高压设备上工作,应在工作地点四周用绳索做好围栏,围栏上悬挂适当数目的"止步,高压危险!"的标示牌,标示牌必须朝向围栏里面。在工作地点悬挂"在此工作!"的标示牌。

在室外构架上工作,应在工作地点邻近带电部分的横梁上悬挂"止步,高压危险!"的标示牌,此项标示牌在值班职员监护下,由工作人员悬挂。供工作人员上下用的铁架和梯子上,应悬挂"从此上下!"的标示牌,在邻近其他可能误登带电的构架上,应悬挂"禁止攀登,高压危险!"的标示牌。严禁工作人员在工作中移动或拆除遮栏、接地线和标示牌。

不停电检修工作在工业企业主要是在带电设备附近或外壳上进行的工作;在电业部门,常见的还有直接在不停电的带电体上进行的工作,如用绝缘杆工作、等电位工作、带电水冲洗等。随着科技的发展,目前用于不停电作业中较为成熟的带电作业项目有带电修补导线、带电更换避雷器、带电更换针式绝缘子、带电更换悬式绝缘子、带负荷更换高压跌落式熔断器、带电更换横担、带负荷更换高压隔离开关、带负荷更换柱上开关等。

高架绝缘斗臂车、合格的绝缘服、优质绝缘工具在配电网带电作业中的推广,均提高了带电作业的工作效率,降低了作业人员的劳动强度,增加了作业的安全性。常见的有绝缘杆作业法、绝缘平台法、绝缘斗臂车法、机器人作业法。

不停电检修工作必须严格执行监护制度;必须保证足够的安全距离,而且带电部分只能位于检修人员的一侧;不停电检修工作时间不宜太长,以免检修人员注意力分散而发生事故;不停电检修使用的工具应经过检查和试验;检修人员应经过严格训练,能熟练掌握不停电检修的技术。

低压带电检修工作应注意以下问题:

(1)应设专人监护,使用有绝缘柄的工具,工作时站在干燥的绝缘物上进行,并戴手套和安全帽。必须穿长袖衣工作,严禁使用锉刀、金属尺和带有金属的毛刷、毛掸等工具。

(2)高、低压线同杆架设,在低压带电线路上工作时,应先检查与高压线的距离,采取防止误碰带电高压部分的措施。

(3)在低压带电导线未采取绝缘措施时,工作人员不得穿越。在带电的低压配电装置上工作时,应采取防止相间短路和单相接地的隔离措施。

(4)上杆前应分清相线、零线,选好工作位置。断开导线时,应先断开相线,后断开零线。搭接导线时,顺序应相反。一般不应带负荷接线或断线。

(5)人体不得同时接触两根线头。

(6)带电部分只允许位于工作人员的一侧。

(7)严禁在雷、雨、雪天以及六级以上大风时进行户外带电作业。也不应在雷电时进行室内带电作业。

(8)在潮湿和潮气过大的室内,禁止带电作业;工作位置过于狭窄,禁止带电作业。

(9)在带电的低压配电装置上工作时,应采取防止相间短路和单相接地的绝缘隔离措施,同时要防止人体同时触及两根带电体与一根接地体。

思考与练习题

一、填空题

1. 工作票要用黑色或蓝色的钢(水)笔填写,一式_____份。

2. 两份工作票中的一份必须经常保存在_____,由工作负责人收执,另一份由_____收执,按值移交。

3. 一个工作负责人同一时间只能承担_____项工作任务。

4. 如工作票办理一次延期手续后工作未完必须再延期,应_____,并注明原因。

5. 低压带电工作应设专人监护,至少两人作业,其中一人_____,另一人_____。

二、简答题

1. 电气安全的组织管理的内容有哪些?

2. 工作票有哪两种? 各适合于哪种场合?

3. 全部停电和部分停电的检修工作有哪些安全措施?

4. 什么是不停电检修?

5. 在低压设备上和线路上带电作业的安全要求有哪些?

学习单元 2.2　触电事故的种类和规律

【学习目标】

(1)能够熟练掌握触电事故的种类,自觉提高防范意识。

(2)能够根据触电事故发生的规律,自觉增强防范意识和防止触电事故发生。

【学习任务】

了解关于触电事故种类的基本知识,熟悉触电事故发生的规律,为触电急救实施奠定基础,树立安全生产意识。

【学习内容】

电气事故是电气安全工程主要研究和管理的对象。掌握电气事故的特点和事故的分类情况,对做好电气安全工作具有重要的意义。

2.2.1　电气事故概况

众所周知,电能的开发和应用给人类的生产、生活带来了巨大的变革,大大促进了社会的进步和发展。在现代社会中,电能已被广泛应用于工农业生产和人民生活等各个领域。然而,在用电的同时,如果对电能可能产生的危害认识不足、控制和管理不当、防护措施不力,在电能的传递和转换的过程中,将会发生异常情况,造成电气事故。电气事故具有以下特点:

(1)电气事故危害大。

电气事故的发生伴随着危害和损失,严重的电气事故不仅带来重大的经济损失,甚至还可造成人员的伤亡。发生事故时,电能直接作用于人体,会造成电击;电能转换为热能作用于人体,会造成烧伤或烫伤;电能脱离正常的通道,会形成漏电、接地或短路,成为火灾、爆炸的起因。

电气事故在工伤事故中占有不小的比例,据有关部门统计,我国触电死亡人数占全部事故死亡人数的5%左右。

(2)电气事故危险直观识别难。

由于电既看不见、听不见,又闻不着,其本身不具备被人们直观识别的特征。由电所引发的危险不易被人们所察觉、识别和理解。因此,电气事故往往来得猝不及防。也正因如此,给电气事故的防护以及人员的教育和培训带来难度。

(3)电气事故涉及领域广。

这个特点主要表现在两个方面:一方面,电气事故并不仅仅局限在用电领域的触电、设备和线路故障等,在一些非用电场所,因电能的释放也会造成灾害或伤害。例如,雷电、静电和电磁场危害等,都属于电气事故的范畴。另一方面,电能的使用极为广泛,不论是生产还是生活,不论是工业还是农业,不论是科研还是教育文化部门,不论是政府机关还是娱乐休闲场所,都广泛使用电。哪里使用电,哪里就有可能发生电气事故,哪里就必须考虑电气事故的防护问题。

(4)电气事故的防护研究综合性强。

一方面,电气事故的机制除电学外,还涉及许多学科,因此针对电气事故,不仅要研究电学,还要与力学、化学、生物学、医学等许多其他学科的知识综合起来进行研究。另一方面,在电气事故的预防上,既有技术上的措施,又有管理上的措施,这两方面是相辅相成、缺一不可的。在技术方面,预防电气事故主要是进一步完善传统的电气安全技术,研究出现新电气事故的机制及其对策,开发电气安全领域的新技术等。在管理方面,主要是健全和完善各种电气安全组织管理措施。一般来说,电气事故的共同原因是安全组织措施不健全和安全技术措施不完善。实践表明,即使有完善的技术措施,如果没有相应的组织措施,仍然会发生电气事故。因此,必须重视防止电气事故的综合措施。

电气事故是具有规律性的,且其规律是可以被人们认识和掌握的。在电气事故中,大量的事故都具有重复性和频发性。无法预料、不可抗拒的事故毕竟是极少数。人们在长期的生产和生活实践中,已经积累了同电气事故做斗争的丰富经验,各种技术措施、各种安全工作规程及有关电气安全规章制度都是这些经验和成果的体现,只要依照客观规律办事,不断完善电气安全技术措施和管理措施,电气事故是可以避免的。

2.2.2　电气事故的类型

根据能量转移论的观点,电气事故是由电能非正常地作用于人体或系统造成的。根据电能的不同作用形式,可将电气事故分为触电事故、静电危害事故、雷电灾害事故、射频电磁场危害事故和电气系统故障危害事故等。

2.2.2.1　触电事故

1. 电击

电击是电流通过人体,刺激机体组织,使肌肉非自主地发生痉挛性收缩而造成的伤害,严重时会破坏人的心脏、肺部、神经系统的正常工作,形成危及生命的伤害。

电击对人体的效应是由通过的电流决定的,而电流对人体的伤害程度与通过人体电流的强度、种类、持续时间、通过途径及人体状况等多种因素有关。

按照人体触及带电体的方式,电击可分为以下几种情况:

(1)单相触电。是指人体接触到地面或其他接地导体的同时,人体另一部位触及某一相带电体所引起的电击,如图2-1所示。发生电击时,所触及的带电体为正常运行的带电体,则称为直接接触电击。而当电气设备发生事故(例如绝缘损坏,造成设备外壳意外带电的情况下),人体触及意外带电体所发生的电击称为间接接触电击。根据国内外的统计资料,单相触电事故占全部触电事故的70%以上。因此,防止触电事故的技术措施应将单相触电作为重点。

(2)两相触电。是指人体的两个部位同时触及两相带电体所引起的电击,如图2-2所示。在此情况下,人体所承受的电压为三相系统中的线电压,因电压相对较大,其危险性也较大。

(3)跨步电压触电。是指站立或行走的人体,受到出现于人体两脚之间的电压,即跨步电压作用所引起的电击,如图2-3所示。跨步电压是当带电体接地,电流自接地的带电体流入地下时,在接地点周围的土壤中产生的电压降形成的。

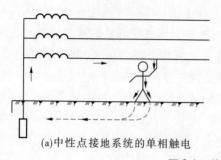 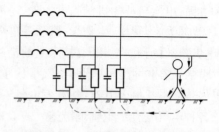

(a)中性点接地系统的单相触电　　　　(b)中性点不接地系统的单相触电

图 2-1　单相触电示意

图 2-2　两相触电示意

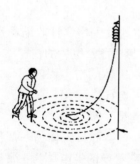 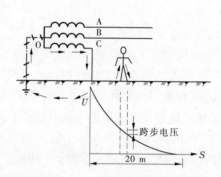

图 2-3　跨步电压触电示意

2. 电伤

电伤是电流的热效应、化学效应、机械效应等对人体所造成的伤害。此伤害多见于机体的外部,往往在机体表面留下伤痕。能够形成电伤的电流通常比较大。

电伤属于局部伤害,其危险程度取决于受伤面积、受伤深度、受伤部位等。电伤包括电烧伤、电烙印、皮肤金属化、机械损伤、电光眼等多种伤害。

(1)电烧伤是最为常见的电伤,大部分触电事故都含有电烧伤成分。电烧伤可分为电流灼伤和电弧烧伤。

电流灼伤是人体与带电体接触,电流通过人体时,因电能转换成的热能引起的伤害。由于人体与带电体的接触面积一般都不大,且皮肤电阻又比较高,因而产生在皮肤与带电体接触部位的热量就较多,因此使皮肤受到比体内严重得多的灼伤。电流愈大,通电时间愈长、电流途径上的电阻愈大,则电流灼伤愈严重。由于接近高压带电体时会发生击穿放电,因此电流灼伤一般发生在低压电气设备上。因电压较低,形成电流灼伤的电流不太大。但数百毫安的电流即可造成灼伤,数安的电流则会形成严重的灼伤。在高频电流下,因皮肤电容的旁路作用,有可能发生皮肤仅有轻度灼伤而内部组织却被严重灼伤的情况。

电弧烧伤是由弧光放电造成的烧伤。电弧发生在带电体与人体之间,有电流通过人体的烧伤称为直接电弧烧伤;电弧发生在人体附近,对人体形成的烧伤以及被熔化金属溅落的烫伤称为间接电弧烧伤。弧光放电时电流很大,能量也很大,电弧温度高达数千摄氏度,可造成大面积的深度烧伤,严重时能将机体组织烘干、烧焦。电弧烧伤既可以发生在高压系统,也可以发生在低压系统。在低压系统,带负荷(尤其是感性负荷)拉开裸露的闸刀开关时,产生的电弧会烧伤操作者的手部和面部;当线路发生短路,开启式熔断器熔断时,炽热的金属微粒飞溅出来会造成灼伤;因误操作引起短路也会导致电弧烧伤等。在高压系统,误操作会产生强烈的电弧,造成严重的烧伤;人体过分接近带电体,其间距小于放电距离时,直接产生强烈的电弧,造成电弧烧伤,严重时会因电弧烧伤而死亡。

在全部电烧伤的事故当中,大部分事故发生在电气维修人员身上。

(2)电烙印是电流通过人体后,在皮肤表面接触部位留下与接触带电体形状相似的斑痕,如同烙印。斑痕处皮肤呈现硬变,表层坏死,失去知觉。

(3)皮肤金属化是由高温电弧使周围金属熔化、蒸发并飞溅渗透到皮肤表层内部所造成的。受伤部位呈现粗糙、张紧。

(4)机械损伤多数是由于电流作用于人体,使肌肉产生非自主的剧烈收缩所造成的。其损伤包括肌腱、皮肤、血管、神经组织断裂以及关节脱位乃至骨折等。

(5)电光眼的表现为角膜和结膜发炎。弧光放电时辐射的红外线、可见光、紫外线都会损伤眼睛。在短暂照射的情况下,引起电光眼的主要原因是紫外线。

2.2.2.2　静电危害事故

静电危害事故是由静电电荷或静电场能量引起的。在生产过程中以及操作人员的操作过程中,某些材料的相对运动、接触与分离等导致了相对静止的正电荷和负电荷的积累,即产生了静电。由此产生的静电能量不大,不会直接使人致命。但是,其电压可能高达数十千伏乃至数百千伏,发生放电,产生放电火花。静电危害事故主要有以下几个方面:

(1)在有爆炸和火灾危险的场所,静电放电火花会成为可燃性物质的点火源,造成爆炸和火灾事故。

(2)人体因受到静电电击的刺激,可能引发二次事故,如坠落、跌伤等。此外,对静电电击的恐惧心理会对工作效率产生不利影响。

(3)某些生产过程中,静电的物理现象会对生产产生妨碍,导致产品质量不良,电子设备损坏,造成生产故障,乃至停工。

2.2.2.3　雷电灾害事故

雷电是大气中的一种放电现象。雷电放电具有电流大、电压高的特点。其能量释放出来可能形成极大的破坏力。其破坏作用主要有以下几个方面:

（1）直击雷放电、二次放电、雷电流的热量会引起火灾和爆炸。

（2）雷电的直接击中、金属导体的二次放电、跨步电压的作用及火灾与爆炸的间接作用，均会造成人员的伤亡。

（3）强大的雷电流、高电压可导致电气设备击穿或烧毁。发电机、变压器、电力线路等遭受雷击，可导致大规模停电事故。雷击可直接毁坏建筑物、构筑物。

2.2.2.4　射频电磁场危害事故

射频指的是无线电波的频率或者相应的电磁振荡频率，泛指 100 kHz 以上的频率。射频伤害是由电磁场的能量造成的。射频电磁场的危害主要有以下几个方面：

（1）在射频电磁场作用下，人体因吸收辐射能量会受到不同程度的伤害。过量的辐射可引起中枢神经系统的机能障碍，出现神经衰弱症候群等临床症状；可造成植物神经紊乱，出现心率或血压异常，如心动过缓、血压下降或心动过速、高血压等；可引起眼睛损伤，造成晶体浑浊，严重时导致白内障；可使睾丸发生功能失常，造成暂时或永久的不育症，并可能使后代产生疾患；可造成皮肤表层灼伤或深度灼伤等。

（2）在高强度的射频电磁场作用下，可能产生感应放电，会造成电引爆器件意外引爆。感应放电对具有爆炸、火灾危险的场所来说是一个不容忽视的危险因素。此外，当受电磁场作用感应出的感应电压较高时，会给人以明显的电击。

2.2.2.5　电气系统故障危害事故

电气系统故障危害是由于电能在输送、分配、转换过程中失去控制而产生的。断线、短路、异常接地、漏电、误合闸、误掉闸、电气设备或电气元件损坏、电子设备受电磁干扰而发生误动作等都属于电路故障。系统中电气线路或电气设备的故障也会导致人员伤亡及重大财产损失。电气系统故障危害主要体现在以下几方面：

（1）引起火灾和爆炸。线路、开关、熔断器、插座、照明器具、电热器具、电动机等均可能引起火灾和爆炸；电力变压器、多油断路器等电气设备不仅有较大的火灾危险，还有爆炸的危险。在火灾和爆炸事故中，电气火灾和爆炸事故占有很大的比例。就引起火灾的原因而言，电气原因仅次于一般明火而位居第二。

（2）异常带电。电气系统中，原本不带电的部分因电路故障而异常带电，可导致触电事故发生。例如，电气设备因绝缘不良产生漏电，使其金属外壳带电；高压电路故障接地时，在接地处附近呈现出较高的跨步电压，形成触电的危险条件。

（3）异常停电。在某些特定场合，异常停电会造成设备损坏和人身伤亡。如正在浇注钢水的吊车，因骤然停电而失控，导致钢水洒出，造成人身伤亡；医院手术室可能因异常停电而被迫停止手术，无法正常施救而危及病人生命；排放有毒气体的风机因异常停电而停转，致使有毒气体超过允许浓度而危及人身安全等；公共场所发生异常停电，会引起妨碍公共安全的事故；异常停电还可能引起电子计算机系统的故障，造成难以挽回的损失。

2.2.3　触电事故的分布规律

大量的统计资料表明，触电事故的分布是具有规律性的。触电事故的分布规律为制定安全措施，最大限度地减少触电事故发生率提供了有效依据。根据国内外的触电事故统计资料分析，触电事故的分布具有如下规律：

(1)触电事故季节性明显。

一年之中，二、三季度是事故多发期，尤其在6~9月最为集中。其原因主要是这段时间正值炎热季节，人体穿着单薄且皮肤多汗，相应增大了触电的危险性。另外，这段时间潮湿多雨，电气设备的绝缘性能有所降低。再有，这段时间许多地区处于农忙季节，用电量增加，农村触电事故也随之增加。

(2)低压设备触电事故多。

低压触电事故远多于高压触电事故，其原因主要是低压设备远多于高压设备，而且缺乏电气安全知识的人员多是与低压设备接触的。因此，应当将低压方面作为防止触电事故的重点。

(3)携带式设备和移动式设备触电事故多。

这主要是因为这些设备经常移动，工作条件较差，容易发生故障。另外，在使用时需用手紧握进行操作。

(4)电气连接部位触电事故多。

在电气连接部位机械牢固性较差，电气可靠性也较低，是电气系统的薄弱环节，较易出现故障。

(5)农村触电事故多。

这主要是因为农村用电条件较差，设备简陋，技术水平低，管理不严，电气安全知识缺乏等。

(6)冶金、矿业、建筑、机械行业触电事故多。

这些行业存在工作现场环境复杂，潮湿、高温，移动式设备和携带式设备多，现场金属设备多等不利因素，使触电事故相对较多。

(7)青年、中年人以及非电工人员触电事故多。

这主要是因为这些人员是设备操作人员的主体，他们直接接触电气设备，部分人还缺乏电气安全的知识。

(8)误操作事故多。

这主要是防止误操作的技术措施和管理措施不完备造成的。

触电事故的分布规律并不是一成不变的，在一定的条件下，也会发生变化。例如，对电气操作人员来说，高压触电事故反而比低压触电事故多。而且，通过在低压系统推广漏电保护装置，使低压触电事故大大降低，可使低压触电事故与高压触电事故的比例发生变化。上述规律对电气安全检查、电气安全工作计划、实施电气安全措施，以及电气设备的设计、安装和管理等工作提供了重要的依据。

思考与练习题

一、判断题

1.单相触电是指人体在地面或其他接地导体上，人体的某一部位触及一相带电体的触电事故。 （　　）

2.触电事故的规律中，高压设备触电事故多。 （　　）

3.电弧伤害可以直接视作直接接触触电。 （ ）

4.两相触电事故一般情况下比单相触电事故的伤害更大些。 （ ）

5.电击就是电流的热效应、化学效应、机械效应等对人体所造成的伤害。 （ ）

二、简答题

1.电气事故有哪些特点？

2.常见的直接接触触电有哪些形式？

3.常见的间接接触触电有哪些形式？

4.触电事故有哪些规律？

学习单元2.3 电流对人体的作用

【学习目标】

（1）能够熟练掌握通过人体电流产生的伤害程度与各种因素的关系。

（2）能够正确理解电流大小和通电时间之间以及其他因素之间的关系。

（3）能够根据设备的使用场合选择相应的安全电压等级。

【学习任务】

熟悉通过人体电流产生的伤害程度与电流大小、通电时间、电流途径、电流种类、人体状况等的关系的基本知识。熟悉安全电压相关知识及人体电阻与安全电压的关系，并学习不同场合选用相应安全电压等级的电气设备的相关案例。

【学习内容】

2.3.1 影响触电危险程度的因素

触电的危险程度与很多因素有关：①电流通过人体的大小；②电流通过人体的持续时间；③电流通过人体的不同途径；④电流的种类与频率的高低；⑤人体电阻的高低。其中，以电流的大小和触电时间的长短为主要因素。

2.3.1.1 电流通过人体的大小对人体的影响

通过人体的电流量对电击伤害的程度有决定性的作用。

通过人体的电流越大，人体的生理反应越明显，引起心室颤动所需的时间越短，致命的危险就越大。对于工频交流电，按照通过人体的电流大小不同，人体呈现不同的状态，可将电流划分为以下三级：

（1）感知电流。引起人感觉的最小电流称为感知电流。人对电流最初的感觉是轻微麻抖和刺痛。

（2）摆脱电流。电流大于感知电流时，发热、刺痛的感觉增强。电流大到一定程度时，触电者将因肌肉收缩、发生痉挛而紧抓带电体，不能自行摆脱电源。人触电后能自主摆脱电源的最大电流称为摆脱电流。

（3）致命电流。在较短时间内危及生命的电流称为致命电流。电击致死的主要原因，大都是电流引起心室颤动。心室颤动的电流与通电时间的长短有关。当时间由数秒到数分钟，通过电流达 30~50 mA 时即可引起心室颤动。

2.3.1.2　电流通过人体的持续时间对人体的影响

通电时间愈长,愈容易引起心室颤动,电击伤害程度就愈大,这是因为:

(1)通电时间愈长,能量积累增加,就更易引起心室颤动。

(2)在心脏搏动周期中,有约0.1 s的特定相位对电流最敏感。因此,通电时间愈长,与该特定相位重合的可能性就愈大,引起心室颤动的可能性愈大。

(3)通电时间愈长,人体电阻会因皮肤角质层破坏等而降低,从而导致通过人体的电流进一步增大,受电击的伤害程度亦随着增大。

2.3.1.3　电流通过人体不同途径对人体的影响

电流流经心脏会引起心室颤动而致死,较大的电流还会使心脏即刻停止跳动。在通电途径中,从手经胸到脚的通路最危险,从一只脚到另一只脚危险性较小。电流纵向通过人体要比横向通过人体时,更易发生心室颤动,因此危险性更大一些。电流通过中枢神经系统时,会引起中枢神经系统失调而造成呼吸抑制,导致死亡。电流通过头部,会使人昏迷,严重时会造成死亡。电流通过脊髓时会使人截瘫。

2.3.1.4　电流种类、频率对人体的影响

相对于220 V交流电来说,常用的50~60 Hz工频交流电对人体的伤害最为严重,频率偏离工频越远,交流电对人体的伤害越轻。在直流和高频情况下,人体可以耐受更大的电流值,但高压高频电流对人体依然是十分危险的,如表2-3所示。

表2-3　电流种类对人体的影响

电流 I (mA)	作用特征	
	50~60 Hz交变电流	恒定电流
0.6~1.5	开始有感觉——手轻微颤抖	无感觉
2~3	手指强烈颤抖	无感觉
5~7	手部痉挛	感觉痒和热
8~10	手已难以摆脱电极,但还能摆脱,手指尖到手腕剧痛	热感觉增强
20~25	手迅速麻痹,不能摆脱电极,剧痛,呼吸困难	热感觉大大增强,手部肌肉不强烈收缩
50~80	呼吸麻痹,心室开始震颤	强烈的热感觉,手部肌肉收缩、痉挛,呼吸困难
90~100	呼吸麻痹,延续3 s就会造成心脏麻痹	呼吸麻痹
300以上	作用0.1 s以上时,呼吸和心脏麻痹,机体组织遭到电流的热破坏	

2.3.1.5　人体电阻高低对人体的影响

人体触电时,流过人体的电流(接触电压一定时)由人体的电阻值决定,人体电阻越小,流过人体的电流越大,也就越危险。

人体电阻包括体内电阻和皮肤电阻。体内电阻基本上不受外界影响,其数值一般不

低于 500 Ω。皮肤电阻随条件不同而有很大的变化,使人体电阻也在很大范围内有所变化。一般人的平均电阻是 1 000 ~ 1 500 Ω。

2.3.1.6 人体状况

人体的健康状况和精神状态是否正常,对于触电伤害的程度是不同的。患有心脏病、结核病、精神病、内分泌器官疾病及酒醉的人,触电引起的伤害程度更加严重。在带电体电压一定的情况下,触电时人体电阻越大,通过人体的电流就越小,危险程度也越小;反之,危险程度增加。在正常情况下,人体的电阻为 10 ~ 100 kΩ,人体的电阻不是一个固定值。当皮肤角质有损伤,皮肤处于潮湿或带有导电性粉尘时,人体的电阻就会下降到 1 kΩ 以下(人体体内电阻约 500 Ω),人体触及带电体的面积愈大,接触愈紧密,则电阻愈小,危险程度也增加。

2.3.2 安全电压

在摆脱电流范围内,人触电以后能自主地摆脱带电体,解除触电危险。一般情况下,可以把摆脱电流看作是允许的电流。在装有防止触电的速断保护装置的场合,人体允许电流按 30 mA 考虑。在空中、水面等可能因电击引起严重二次事故的场合,人体允许电流应按不引起强烈痉挛的 5 mA 考虑。要注意,这里所说的人体电流并不是人体长时间能够承受的电流。

一般在干燥环境中,人体电阻为 2 kΩ ~ 20 MΩ;皮肤出汗时,约为 1 kΩ;皮肤有伤口时,约为 800 Ω。人体触电时,皮肤与带电体的接触面积越大,人体电阻越小。当人体接触带电体时,人体就被当作一电路元件接入回路。人体阻抗通常包括外部阻抗(与触电当时所穿衣服、鞋袜以及身体的潮湿情况有关,从几千欧到几十兆欧不等)和内部阻抗(与触电者的皮肤阻抗和体内阻抗有关)。人体阻抗不是纯电阻,主要由人体电阻决定。人体电阻也不是一个固定的数值。一般认为干燥的皮肤在低电压下具有相当高的电阻,约 10 万 Ω。当电压为 500 ~ 1 000 V 时,这一电阻便下降为 1 000 Ω。表皮具有这样高的电阻是因为它没有毛细血管。手指某部位的皮肤还有角质层,角质层的电阻值更高,而不经常摩擦部位的皮肤的电阻值是最小的。皮肤电阻还同人体与带电体的接触面积及压力有关。当表皮受损暴露出真皮时,人体内因布满了输送盐溶液的血管而带很低的电阻。一般认为,接触到真皮里,一只手臂或一条腿的电阻大约为 500 Ω。因此,由一只手臂到另一只手臂或由一条腿到另一条腿的通路相当于一只 1 000 Ω 的电阻。假定一个人用双手紧握带电体,双脚站在水坑里而形成导电回路,这时人体电阻基本上就是体内电阻,约为 500 Ω。一般情况下,人体电阻可按 1 000 ~ 2 000 Ω 考虑。

把可能加在人身上的电压限制在某一范围之内,使得在这种电压下通过人体的电流不超过允许的范围。这种电压就称作安全电压,也称作安全特低电压。但应注意,任何情况下都不能把安全电压理解为绝对没有危险的电压。具有安全电压的设备属于Ⅲ类设备。

我国确定的安全电压标准是 42 V、36 V、24 V、12 V、6 V。特别危险环境中使用的手持电动工具应采用 42 V 安全电压;有电击危险环境中,使用的手持式照明灯和局部照明灯应采用 36 V 或 24 V 安全电压;金属容器内、特别潮湿处等特别危险环境中使用的手持式照明灯应采用 12 V 安全电压;在水下作业等场所工作应使用 6 V 安全电压。

当电气设备采用超过 24 V 的安全电压时,必须采取防止直接接触带电体的保护措施。

思考与练习题

一、选择题

1.感知电流是指(　　)。

    A.引起人有感觉的最小电流　　　　　　B.引起人有感觉的电流

    C.引起人有感觉的最大电流　　　　　　D.不能够引起人有感觉的最大电流

2.心室颤动电流一般认为是(　　)。

    A.5 mA　　　　　　B.20 mA　　　　　　C.30 mA　　　　　　D.60 mA

3.我国规定适用于一般环境的安全电压为(　　)。

    A.6 V　　　　　　B.12 V　　　　　　C.24 V　　　　　　D.36 V

二、简答题

1.电流对人体伤害程度与电流大小有什么关系?

2.电流对人体伤害程度与通电时间有什么关系?

3.电流对人体伤害程度与电流途径和电流种类有哪些关系?

4.安全电压值是怎么核算得来的?

5.人体电阻有什么特点?

学习单元2.4　防直接触电的技术措施

【学习目标】

    (1)能够熟练掌握各种防直接触电的技术措施。

    (2)能够根据实际情况采取相应的防直接触电的技术措施。

【学习任务】

    通过对防直接触电的技术措施的学习,学会根据实际情况选择不同的防直接触电技术措施,并且熟悉实施过程中应当注意的事项。

【学习内容】

    为了达到安全用电的目的,必须采取可靠的技术措施,防止触电事故发生。绝缘、安全间距、漏电保护、安全电压、遮栏及阻挡物等都是防止直接触电的防护措施。保护接地、保护接零是间接触电防护措施中最基本的措施。所谓间接触电防护措施,是指防止人体各个部位触及正常情况下不带电而在故障情况下才变为带电的电器金属部分的技术措施。

    专业电工人员在全部停电或部分停电的电气设备上工作时,在技术措施上,必须完成停电、验电、装设接地线、悬挂标示牌和装设遮栏等工序后,才能开始工作。

2.4.1 绝缘

2.4.1.1 绝缘的作用

绝缘是用绝缘材料把带电体隔离起来,实现带电体之间、带电体与其他物体之间的电气隔离,使设备能长期安全、正常地工作,同时可以防止人体触及带电部分,避免发生触电事故,所以绝缘在电气安全中有着十分重要的作用。良好的绝缘是设备和线路正常运行的必要条件,也是防止触电事故发生的重要措施。

绝缘具有很强的隔电能力,被广泛地应用在电气设备、装置及电气工程上,如胶木、塑料、橡胶、云母及矿物油等都是常用的绝缘材料。

2.4.1.2 绝缘破坏

绝缘材料经过一段时间的使用会发生绝缘破坏。绝缘材料除因在强电场作用下被击穿而破坏外,自然老化、电化学击穿、机械损伤、潮湿、腐蚀、热老化等也会降低其绝缘性能或导致绝缘破坏。

绝缘体承受的电压超过一定数值时,电流穿过绝缘体而发生放电的现象称为电击穿。

气体绝缘在击穿电压消失后,绝缘性能还能恢复;液体绝缘多次击穿后,将严重降低绝缘性能;固体绝缘击穿后,将不能再恢复绝缘性能。

在长时间存在电压的情况下,由于绝缘材料的自然老化、电化学作用、热效应作用,使其绝缘性能逐渐降低,有时电压并不是很高也会造成电击穿。所以,绝缘需定期检测,以保证电气绝缘的安全可靠。

2.4.1.3 绝缘安全用具

在一些情况下,手持电动工具的操作者必须戴绝缘手套、穿绝缘鞋(靴)或站在绝缘垫(台)上工作,采用这些绝缘安全用具使人与地面,或使人与工具的金属外壳,其中包括与其相连的金属导体,隔离开来。这是目前简便可行的安全措施。

为了防止机械伤害,使用手电钻时不允许戴线手套。绝缘安全用具应按有关规定进行定期耐压试验和外观检查,凡是不合格的安全用具严禁使用,绝缘用具应由专人负责保管和检查。

常用的绝缘安全用具有绝缘手套、绝缘靴、绝缘鞋、绝缘垫和绝缘站台等。绝缘安全用具可分为基本安全用具和辅助安全用具。基本安全用具的绝缘强度能长时间承受电气设备的工作电压,使用时,可直接接触电气设备的有电部分。辅助安全用具的绝缘强度不足以承受电气设备的工作电压,只能加强基本安全用具的保护作用,必须与基本安全用具一起使用。在低压带电设备上工作时,绝缘手套、绝缘鞋(靴)、绝缘垫可作为基本安全用具使用,在高压情况下,只能用作辅助安全用具。

2.4.2 屏护

屏护是指采用遮栏、围栏、护罩、护盖或隔离板等把带电体同外界隔绝开来,以防止人体触及或接近带电体所采取的一种安全技术措施。除防止触电的作用外,有的屏护装置还能起到防止电弧伤人、防止弧光短路或便于检修等作用。配电线路和电气设备的带电部分,如果不便加强绝缘或绝缘强度不足,就可以采用屏护措施。

开关电器的可动部分一般不能加包绝缘,而需要屏护。其中,防护式开关电器本身带有屏护装置,如胶盖闸刀开关的胶盖、铁壳开关的铁壳等;开启式石板闸刀开关需要另加屏护装置。起重机滑触线以及其他裸露的导线也需另加屏护装置。对于高压设备,由于全部加包绝缘往往有困难,而且当人接近至一定程度时,即会发生严重的触电事故。因此,不论高压设备是否已加包绝缘,都要采取屏护或其他防止接近的措施。

　　变配电设备,凡安装在室外地面上的变压器以及安装在车间或公共场所的变配电装置,都需要设置遮栏或栅栏作为屏护。邻近带电体的作业中,在工作人员与带电体之间及过道、入口等处应装设可移动的临时遮栏。

　　屏护装置不直接与带电体接触,对所用材料的电性能没有严格要求。屏护装置所用材料应当具有足够的机械强度和良好的耐火性能。但是金属材料制成的屏护装置,为了防止其意外带电造成触电事故,必须将其接地或接零。

　　屏护装置的种类,有永久性屏护装置,如配电装置的遮栏、开关的罩盖等;临时性屏护装置,如检修工作中使用的临时屏护装置和临时设备的屏护装置;固定屏护装置,如母线的护网;移动屏护装置,如跟随天车移动的天车滑线的屏护装置等。

　　使用屏护装置时,还应注意以下几点:

　　(1)屏护装置与带电体之间应保持足够的安全距离。

　　(2)被屏护的带电部分应有明显标志,标明规定的符号或涂上规定的颜色。遮栏、栅栏等屏护装置上应有明显的标志,如根据被屏护对象挂上"止步,高压危险!""禁止攀登,高压危险!"等标示牌,必要时还应上锁。标示牌只应由担负安全责任的人员进行布置和撤除。

　　(3)遮栏出入口的门上应根据需要装锁,或采用信号装置、联锁装置。前者一般是用灯光或仪表指示有电;后者是采用专门装置,当人体超过屏护装置而可能接近带电体时,被屏护的带电体将会自动断电。

2.4.3　漏电保护器

　　漏电保护器是一种在规定条件下电路中漏(触)电流达到或超过其规定值时能自动断开电路或发出警报的装置。

　　漏电是指电器绝缘损坏或其他原因造成导电部分碰壳时,如果电器的金属外壳是接地的,那么电就由电器的金属外壳经大地构成通路,从而形成电流,即漏电电流,也称作接地电流。当漏电电流超过允许值时,漏电保护器能够自动切断电源或报警,以保证人身安全。

　　漏电保护器动作灵敏,切断电源时间短,因此只要能够合理选用和正确安装、使用漏电保护器,除保护人身安全外,还有防止电气设备损坏及预防火灾的作用。

　　必须安装漏电保护器的设备和场所有:

　　(1)属于Ⅰ类的移动式电气设备及手持式电气工具。

　　(2)安装在潮湿、强腐蚀性等恶劣环境场所的电气设备。

　　(3)建筑施工工地的电气施工机械设备,如打桩机、搅拌机等。

　　(4)临时用电的电气设备。

（5）宾馆、饭店、招待所客房内及机关、学校、企业、住宅等建筑物内的插座回路。

（6）游泳池、喷水池、浴池的水中照明设备。

（7）安装在水中的供电线路和设备。

（8）医院内直接接触人体的电气医用设备。

（9）其他需要安装漏电保护器的场所。

漏电保护器的安装、检查等应由专业电工负责进行。对电工应进行有关漏电保护器知识的培训、考核。内容包括漏电保护器的原理、结构、性能、安装使用要求、检查测试方法、安全管理等。

2.4.4 安全间距

安全间距是指在带电体与地面之间，带电体与其他设施、设备之间，带电体与带电体之间保持的一定安全距离，简称间距。设置安全间距的目的是：防止人体触及或接近带电体造成触电事故；防止车辆或其他物体碰撞或过分接近带电体造成事故；防止电气短路事故、过电压放电和火灾事故；便于操作。安全间距的大小取决于电压高低、设备类型、安装方式等因素。

2.4.4.1 线路间距

架空线路导线与地面或水面的距离不应低于表2-4所列的数值。

表2-4　导线与地面或水面的最小距离　（单位：m）

线路经过地区	线路电压（kV）		
	1以下	10	35
居民区	6	6.5	7
非居民区	5	5.5	6
交通困难地区	4	4.5	5
不能通航或浮运的河、湖冬季水面（或冰面）	5	5	5.5
不能通航或浮运的河、湖最高水面（50年一遇的洪水水面）	3	3	3

架空线路应避免跨越建筑物。架空线路不应跨越可燃材料作屋顶的建筑物。架空线路必须跨越建筑物时，应与有关部门协商并取得有关部门的同意。架空线路导线与建筑物的距离不应小于表2-5所列的数值。

表2-5　导线与建筑物的最小距离　（单位：m）

线路电压（kV）	1以下	10	35
水平距离	1.0	1.5	3.0
垂直距离	2.5	3.0	4.0

架空线路导线与街道或厂区树木的距离不应低于表2-6所列的数值。

表2-6 导线与树木的最小距离 （单位：m）

线路电压(kV)	1以下	10	35
水平距离	1.0	2.0	—
垂直距离	1.0	1.5	3.0

架空线路导线也应与有爆炸危险的厂房或有火灾危险的厂房保持必要的防火间距。架空线路导线与铁道、道路、索道及其他架空线路导线之间的距离应符合有关规定。

2.4.4.2 设备间距

配电装置的布置应考虑到设备搬运、检修、操作和试验的方便性。为了工作人员安全，配电装置以外需要保持必要的安全通道。如在配电室内，低压配电装置正面通道宽度，单列布置时应不小于1.5 m。室内变压器与四壁应留有适当距离。

2.4.4.3 检修间距

检修间距是指在维护和检修中人体及所带工具与带电体之间必须保持的足够的安全距离。在低压工作中，人体及所携带的工具与带电体距离不应小于0.1 m。

起重机械在架空线路附近进行作业时，要注意其与线路导线之间应保持足够的安全距离，可参考表2-7。

表2-7 起重机械与线路导线的最小距离 （单位：m）

线路电压(kV)	1以下	10	35
距离	1.5	2	4

思考与练习题

一、选择题

1. 不是绝缘材料的是( )。

    A. 玻璃   B. 自然界的水   C. 橡胶   D. 矿物油

2. 不是防止直接触电的措施的是( )。

    A. 绝缘   B. 屏护   C. 保护接地   D. 间隔

3. 新装和大修后的低压线路和设备，要求绝缘电阻不低于( )。

    A. 0.5 MΩ   B. 1 MΩ   C. 1.5 MΩ   D. 2 MΩ

4. 不是对屏护装置的要求的是( )。

    A. 良好的耐火性能   B. 机械强度

    C. 电的不良导体   D. 屏护装置网眼尺寸

5. 在低压工作中，人体或其所携带工具与带电体之间的距离不应小于( )。

    A. 0.7 m   B. 0.6 m   C. 0.4 m   D. 0.1 m

二、简答题

1. 有哪些因素会造成绝缘材料绝缘的破坏？

2. 绝缘的性能指标有哪些？

3. 什么是屏护？对屏护装置有哪些要求？

4. 检修工作中,对检修间距有什么要求？

学习单元 2.5　防间接触电的技术措施

【学习目标】

(1) 能够熟练掌握根据实际情况采取相应的防间接触电的技术措施的技能。

(2) 能够熟练运用接地电阻测试仪测量接地电阻。

(3) 能够按要求正确实施接地装置的施工。

【学习任务】

通过对保护接地和保护接零装置原理、接地电阻的计算和测试、接地和接零装置施工的学习,熟悉防间接触电的技术措施,掌握接地装置的测试技术及接地电阻的施工技术。能够根据实际情况选择防间接触电的技术措施,并熟悉保护接地与保护接零实施过程中的注意事项。

【学习内容】

在工厂里,使用的电气设备很多。为了防止触电,通常可采用绝缘、隔离等技术措施以保障用电安全。但工人在生产过程中经常接触的是电气设备不带电的外壳或与其连接的金属体。这样当设备发生漏电故障时,平时不带电的外壳就带电,并与大地之间存在电压,就会使操作人员触电。这种意外的触电是非常危险的。为了解决这个不安全的问题,采取的主要的安全措施,就是对电气设备的外壳进行保护接零或保护接地。

2.5.1　保护接零

2.5.1.1　保护接零的概念

在变压器中性点直接接地系统中,将电气设备在正常情况下不带电的金属外壳与变压器中性点引出的工作零线或保护零线相连接,这种方式称为保护接零。当某相带电部分碰触电气设备的金属外壳时,通过设备外壳形成该相线对零线的单相短路回路,该短路电流较大,足以保证在最短的时间内使熔丝熔断、保护装置或自动开关跳闸,从而切断电流,保障人身安全。保护接零的应用范围,主要是用于三相四线制中性点直接接地供电系统中的电气设备,在工厂里也就是用于 380 V/220 V 的低压设备。一旦设备出现外壳带电,接零保护系统能将漏电电流上升为短路电流,这个电流很大,是 TT 系统的 5.3 倍,实际上就是单相对地短路故障,熔断器的熔丝会熔断,低压断路器的脱扣器会立即动作而跳闸,使故障设备断电,这样就比较安全。

图 2-4 是保护接零示意图。

2.5.1.2　保护接零的三种方式

1. TN – C 方式供电系统

TN – C 方式供电系统是(见图 2-5(a))用工作零线兼作接零保护线,可以称作保护中性线,可用 NPE 表示。

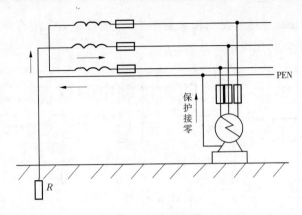

图2-4 保护接零

2. TN－S方式供电系统

TN－S方式供电系统(见图2-5(b))是把工作零线N和专用保护线PE严格分开的供电系统。TN－S供电系统的特点如下：

(1)系统正常运行时,专用保护线上没有电流,只是工作零线上有不平衡电流。PE线对地没有电压,所以电气设备金属外壳接零保护是接在专用的保护线PE上的,安全可靠。

(2)工作零线只用作单相照明负载回路。

(3)专用保护线PE不许断线,也不许接入漏电开关。

(4)干线上使用漏电保护器,工作零线不得有重复接地,而PE线有重复接地,但是不经过漏电保护器,所以TN－S系统供电干线上也可以安装漏电保护器。

(5)TN－S方式供电系统安全可靠,适用于工业与民用建筑等低压供电系统。在建筑工程开工前的"三通一平"(电通、水通、路通和地平),必须采用TN－S方式供电系统。

3. TN－C－S方式供电系统

在建筑施工临时供电中,如果前部分是TN－C方式供电,而施工规范规定施工现场必须采用TN－S方式供电系统,则可以在系统后部分现场总配电箱分出PE线。TN－C－S方式供电系统的特点如下：

(1)工作零线N与专用保护线PE相连,如图2-5(c)所示,ND这段线路不平衡电流比较大时,电气设备的接零保护受到零线电位的影响。D点至后面PE线上没有电流,即该段导线上没有电压降,因此TN－C－S系统可以降低电动机外壳对地的电压,然而不能完全消除这个电压,这个电压的大小取决于ND线的负载不平衡的情况及ND这段线路的长度。负载越不平衡,ND线又很长时,设备外壳对地电压偏移就越大。所以,要求负载不平衡电流不能太大,而且在PE线上应作重复接地。

(2)PE线在任何情况下都不能接入漏电保护器,因为线路末端的漏电保护器动作会使前级漏电保护器跳闸造成大范围停电。

(3)对PE线除在总箱处必须和N线相接外,其他各分箱处均不得把N线和PE线相连,PE线上不许安装开关和熔断器,也不得用大顾兼作PE线。

通过上述分析,TN－C－S方式供电系统是在TN－C系统上临时变通的做法。当三相电力变压器工作接地情况良好、三相负载比较平衡时,TN－C－S方式供电系统在施工用电实践中还是可行的。但是,在三相负载不平衡、建筑施工工地有专用的电力变压器时,必须采用TN-S方式供电系统。

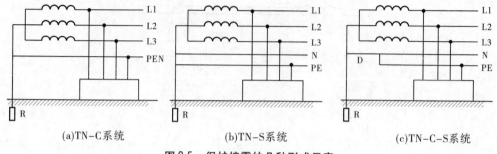

图2-5　保护接零的几种形式示意

2.5.1.3　重复接地

在中性点直接接地的低压配电系统中,为确保保护接零方式的安全可靠,防止零线断线所造成的危害,系统中除进行工作接地外,还必须在整个零线的其他部位再进行必要的接地。

重复接地的定义:在采用保护接零的中性点直接接地系统中,除在中性点做工作接地外,还必须在接地线上一处或多处重复接地,如图2-6所示。

重复接地的要求:按照《施工现场临时用电安全技术规范》(JGJ 46—2005)中第5.3.2条规定,保护零线除必须在配电室或总配电箱处做重复接地外,还必须在配电线路的中间和末端处重复接地。即在施工现场内,重复接地装置不应少于3处,每一处重复接地装置的接地电阻值应不大于10 Ω。

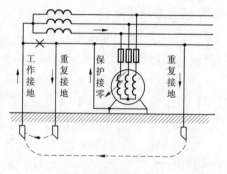

图2-6　重复接地示意

采用重复接地有以下作用:

(1)在有重复接地的低压供电系统中,当发生接地短路且在低压电网中已做了工作接地时,应采用保护接零,不应采用保护接地。因为在用电设备发生碰壳故障时,采用保护接地,故障点电流太小,对1.5 kW以上的动力设备不能使熔断器快速熔断,设备外壳将长时间有110 V的危险电压;而采用保护接零则能获取大的短路电流,保证熔断器快速熔断,避免触电事故。

(2)每台用电设备采用保护接地,其阻值达4 Ω,需要一定数量的钢材打入地下,费工费材料,而采用保护接零敷设的零线可以多次周转使用,经济上也是比较合理的。

但是在同一个电网内,不允许一部分用电设备采用保护接地,而另一部分用电设备采用保护接零,这样是相当危险的,如果采用保护接地的设备发生漏电碰壳时,将会导致采用保护接零的设备外壳同时带电。

采用了重复接地的TN-S系统接线示意如图2-7所示。

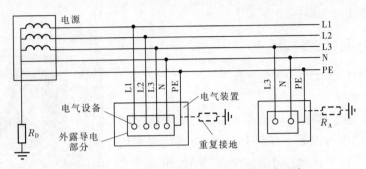

图2-7　采用了重复接地的 TN－S 系统接线示意

2.5.2　保护接地

所谓保护接地,就是将正常情况下不带电,而在绝缘材料损坏后或其他情况下可能带电的电器金属部分(与带电部分相绝缘的金属结构部分)用导线与接地体可靠连接起来的一种保护接线方式,如图2-8所示。接地保护一般用于配电变压器中性点不直接接地(三相三线制)的供电系统中,用以保证当电气设备因绝缘损坏而漏电时产生的对地电压不超过安全范围。当电气设备未采用接地保护,某一部分的绝缘损坏或某一相线碰及外壳时,家用电器的外壳将带电,人体触及该绝缘损坏的电器设备外壳(构架)时,就会有触电的危险,如图2-9(a)所示。相反,若将电器设备做了接地保护,单相接地短路电流就会沿接地装置和人体这两条并联支路分别流过,如图2-9(b)所示。一般地说,人体的电阻大于 1 000 Ω,接地体的电阻按规定不能大于 4 Ω,所以流经人体的电流就很小,而流经接地装置的电流就很大。这样就减小了电气设备漏电后人体触电的危险。

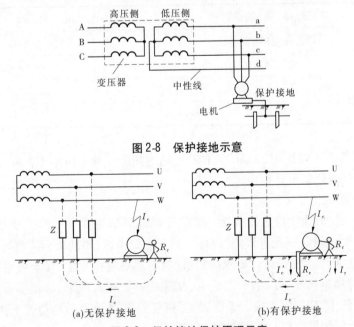

图2-8　保护接地示意

(a)无保护接地　　　　　　(b)有保护接地

图2-9　保护接地保护原理示意

接地装置实物如图 2-10 所示。

2.5.3 接地与接地装置

2.5.3.1 自然接地体和人工接地体

1. 自然接地体

利用自然接地体不但可以节约钢材,节省施工费用,还可以降低接地电阻。如果有条件,应当优先利用自然接地体,当自然接地体不能满足要求时,再装设人工接地体。但发电厂和变电站都要求有人工接地体。

图 2-10　接地装置实物

凡与大地有可靠接触的金属导体,除另有规定外,均可作为自然接地体,如:

(1)埋设在地下的金属管道,但不包括可燃和有爆炸物质的管道。

(2)金属井管。

(3)与大地有可靠接地的构筑物的钢筋混凝土基础、行车的钢轨等。

(4)与水工构筑物极其类似的构筑物的金属桩。

(5)直接埋设在地下的电缆金属外皮(铝外皮除外)。

2. 人工接地体

人工接地体最常用的为直径 50 mm、长 2.5 m 的钢管。利用自然接地体可以节约钢材,节省投资。除变电所外,一般就不必要再投入人工接地装置了。

人工接地体最小尺寸如表 2-8 所示。

表 2-8　人工接地体最小尺寸

接地体(极)的类别		最小尺寸(mm)
圆钢接地体(直径)		16
角钢接地体		40×40×4
钢管接地体	管壁厚度	2.5
	内径尺寸	13

垂直接地体长度不应小于 2.5 m,其相互之间的间距一般不应小于 5 m。接地极布置如图 2-11 所示,具体依据设计而定。

1)角钢接地极安装方法

(1)接地体(线)的连接应采用焊接。焊接处焊缝应饱满并有足够的机械强度,不得有夹渣、咬肉、裂纹、虚焊、气孔等缺陷,焊接处的药皮敲净后,刷沥青做防腐处理。

(2)接地体的加工。根据设计要求的数量、材料规格进行加工,接地极采用镀锌钢管或镀锌角钢,镀锌角钢长度不应小于 2.5 m。如采用钢管打入地下,应根据土质加工成一定的形状。遇松软土壤时,可切成斜面形,为了避免打入时受力不均使管子歪斜,也可加工成扁尖形;遇土质很硬时,可将尖端加工成锥形。

(3)挖沟。根据设计图要求,对接地体(网)的线路进行测量弹线,在此线路上挖掘深

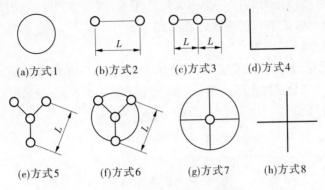

图 2-11 接地网形状图

为 0.8~1 m、宽为 0.5 m 的沟,沟上部稍宽,底部渐窄,沟底如有石子应清除。

(4)安装接地体(极)。沟挖好后,应立即安装接地体和敷设接地扁钢,防止土方倒塌。先将接地体放在沟的中心线上,然后打入地中,一般采用大锤打入,一人扶着接地体,另一人用大锤敲打接地体顶部。为了防止将接地钢管或角钢打劈,可加一护管帽套入接地体管端,角钢接地体可采用短角钢(约 10 cm)焊在接地角钢一端。使用大锤敲打接地体时要平稳,锤击接地体正中,不得打偏,应与地面保持垂直,当接地体顶端距离地面 600 mm 时停止打入。角钢接地极安装如图 2-12 所示。

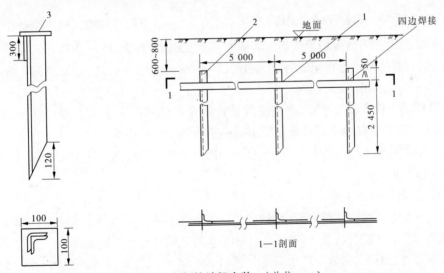

图 2-12 角钢接地极安装 (单位:mm)

(5)接地体间的扁钢敷设。扁钢敷设前应首先调直,然后将扁钢放置于沟内,依次将扁钢与接地体用电焊焊接。扁钢应侧放而不可平放,侧放时散流电阻较小。扁钢与接地钢管连接的位置距接地体最高点约 100 mm。焊接时应将扁钢拉直,焊好后清除药皮,刷沥青漆做防腐处理,并将接地线引出至需要位置,留有足够的连接长度,以待使用。接地断接卡子安装如图 2-13 所示。

(6)核验接地体(线)。接地体连接完毕后,首先应及时请质检部门进行隐蔽核验,接地体材质、位置、焊接质量等均应符合施工规范要求,然后方可进行回填,分层夯实。最后,将接地电阻测试数值填写在测试记录表上。

2)接地干线安装

(1)接地干线穿墙时,应加套管保护;跨越伸缩缝时,应做煨弯补偿,如图2-14所示。接地干线应设有为测量接地电阻而预备的断接卡子或测试点;一般采用暗盒装入,同时加装盒盖并做接地标记。

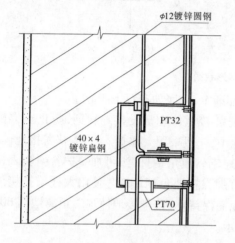

图 2-13 接地断接卡子安装示意

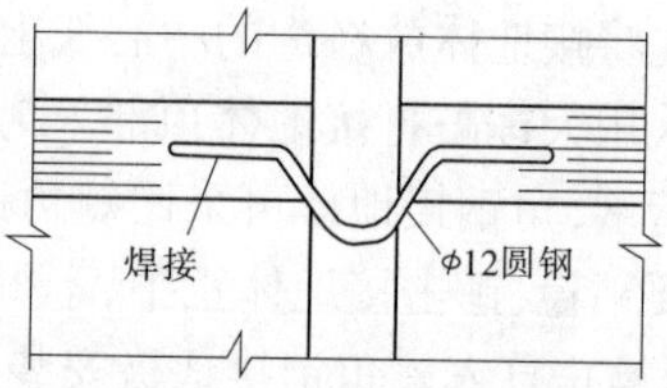

φ12镀锌圆钢

PT32

40×4
镀锌扁钢

PT70

焊接   φ12圆钢

图 2-14 接地干线伸缩缝做法

(2)变配电室明敷接地干线当沿墙壁水平敷设时,距地面250~300 mm,距墙面10~15 mm,应刷黄色和绿色相间的条纹,每段15~100 mm,油漆要均匀,无遗漏。应有不少于2处与接地装置引出线连接。

(3)接地干线敷设应平直,水平度及垂直度允许偏差不大于2/1 000,但全长不得超过10 mm。转角处接地干线弯曲半径不得小于扁钢厚度的2倍。

(4)明敷接地干线支持件应均匀,水平间距0.5~1.5 m,垂直间距1.5~3 m,转弯部分0.3~0.5 m。

3)防雷引下线敷设

(1)防雷引下线明敷设应符合下列规定:引下线的垂直度允许偏差为2/1 000。引下线必须调直后方可进行敷设,弯曲处弯曲角度应大于90°,并不得弯成死角。引下线除设计有特殊要求外,镀锌扁钢截面尺寸不得小于12 mm×4 mm,镀锌圆钢直径不得小于8 mm。

(2)引下线如为扁钢,可放在平板上用手锤调直;如为圆钢,可将圆钢放开,一端固定在牢固地锚的机具上,另一端固定在绞磨(或倒链)的夹具上进行冷拉直。

(3)将引下线用大绳提升到最高点,然后由上而下逐点固定,直至安装断接卡子处。如需接头或安装断接卡子,则应进行焊接。焊接后,清除药皮,局部调直,刷防锈漆及铅油(或银粉)。

(4)将接地线地面以上2 m段,套上保护管并卡固。用镀锌螺栓将断接卡子与接地体牢固连接。

4)避雷网安装

(1)避雷网安装应符合以下规定：避雷线应平直、牢固，不应有高低起伏和弯曲现象，距离建筑物应一致，平直度每 2 m 检查段允许偏差不大于 3/1 000。但全长不得超过 10 mm。

(2)避雷线弯曲处弯曲角度应大于 90°，并不得弯成死角，弯曲半径不得小于圆钢直径的 10 倍。遇有变形缝处应作煨弯补偿。

2.5.3.2 接地线和接零线

接地线和接零线均可利用以下自然导体：

(1)建筑物的金属结构(梁、柱子、桁架等)。

(2)生产用的金属结构(行车轨道、配电装置的外壳、设备的金属构架等)。

(3)配线的钢管。

(4)电缆的铅、铝包皮。

(5)上下水管、暖气管等各种金属管道(流经可燃或爆炸性介质的除外)均可用作 1 000 V 以下的电气设备的接地线和接零线。

如果车间电气设备较多，宜敷设接地干线或接零干线。各电气设备与接地干线或接零干线连接，而接地干线或接零干线与接地体连接。

接地干线宜采用 15 mm×4 mm～40 mm×4 mm 扁钢沿车间四周敷设，离地面高度由设计决定，并保持在 200～250 mm 以上，与墙之间应保持 15 mm 以上的距离。

2.5.3.3 接地装置和接零装置的安全要求

保护接地装置和保护接零装置可靠而良好地运行，对于保障人身安全有十分重要的意义。因此，对接地装置与接零装置有下述的安全要求：

(1)导电的连续性。

导电的连续性是要求接地装置或接零装置必须保证电气设备至接地体之间或电气设备至变压器低压中性点之间导电的连续性，不得有脱离现象。采用建筑物的钢结构、行车钢轨、工业管道、电缆金属外皮等自然导体做接地线时，在其伸缩缝或接头处应另加跨越接线，以保证连续可靠。

(2)连接可靠。

自然接地体与人工接地体之间必须连接可靠，并保证良好的接触。接地装置之间一般连接时均采用焊接。扁钢的搭焊长度为宽度的 2 倍，且至少在 3 个棱边进行焊接；圆钢搭焊长度为直径的 6 倍。若不能采用焊接，可采用螺栓和卡箍连接，但必须保证有良好的接触，在有振动的地方，应采取防松动的措施。

(3)足够的机械强度。

为了保证有足够的机械强度，并考虑到防腐蚀的要求，钢接零线、接地线和接地体最小尺寸和铜、铝接零线及接地线的最小尺寸都有严格的规定，一般宜采用钢接地线或接零线，有困难时可采用铜、铝接地线或接零线。地下不得采用裸铝导体作接地或接零的导线。对于便携式设备，因其工作地点不固定，因此其接地线或接零线应采用截面面积 0.75～1.5 mm^2 的多股铜芯软线。

(4)有足够的导电性和热稳定性。

采用保护接零装置时，为了能达到促使保护装置迅速动作的单相短路电流，零线应有足够的导电能力。在不利用自然导体作零线的情况下,保护接零装置的零线截面面积不宜低于相线的1/2。对于大接地短路电流系统的接地装置,应校核发生单相接地短路时的热稳定性,即校核其是否足以承受单相接地短路电流释放的大量热能的考验。

(5)防止机械损伤。

接地线或接零线应尽量安装在人不易接触到的地方,以免意外损坏,但是又必须安装在明显处,以便检查维护。接地线或接零线穿过墙壁时,应敷设在明孔、管道或其他保护管中;与建筑物伸缩缝交叉时,应弯成弧状或增设补偿装置;当与铁路交叉时,应加钢管或角钢保护或略加弯曲并向上拱起,以便在振动时有伸缩的余地,避免断裂。

(6)防腐蚀。

为防止腐蚀,钢制接地装置最好采用镀锌元件制成,焊接处涂以沥青油防腐。明设的接地线或接零线可涂以防锈漆。在有强烈腐蚀性土壤中,接地体应采用镀铜或镀锌元件制成,并适当增大其截面面积。当采用化学方法处理土壤时,应注意控制其对接地体的腐蚀性。

(7)足够的地下安装距离。

接地体与建筑物的距离不应小于 1.5 m,与独立避雷针的接地体之间的距离不应小于 3 m。

(8)接地支线不得串联。

为了提高接地的可靠性,电气设备的接地支线或接零支线应单独与接地干线或接零干线或接地体相连,而不应串联。接地干线或接零干线应有 2 处同接地体直接相连,以提高可靠性。

一般工矿企业的变电所接地,既是变压器的工作接地,又是高压设备的保护接地,还是低压配电装置的重复接地,有时又作为防雷装置的防雷接地,各部分应单独与接地体相连,不得串联。变配电装置最好也有 2 条接地线与接地体相连。

(9)足够的埋设深度。

为了减少自然因素对接地电阻的影响,接地体上端埋入地下的深度,一般不应小于600 mm,并应在冻土层以下。

思考与练习题

一、判断题

1. 等电位环境措施是属于防间接触电防护措施。　　　　　　　　　　　　　(　　)

2. 保护接地主要适用于变压器中性点接地系统。　　　　　　　　　　　　　(　　)

3. 1 000 V 以下的低压系统中,一般要求保护接地电阻小于等于 4 Ω。　　　(　　)

4. 电源中性点不接地的电力系统发生一相接地故障时,可以允许暂时运行 2 h。
　　　　　　　　　　　　　　　　　　　　　　　　　　　　　　　　　(　　)

5. 保护接零的保护原理就是通过使正常情况下不带电的设备外壳与零线接触,使漏电的设备外壳电位和零线的电位一致。　　　　　　　　　　　　　　　　　(　　)

6. 重复接地就是同一系统中既采用了保护接地又采用了保护接零。　　　　(　　)

7. 凡是埋设在地下的连续的金属管道均可以作为自然接地体。　　　（　　）

8. 如果车间电气设备较多,保护接地装置宜敷设接地干线。　　　（　　）

二、简答题

1. 什么是保护接地? 适用于什么场合?

2. 什么是保护接零? 适用于什么场合?

3. 在高土壤电阻率的地区,有哪些方法可以降低土壤电阻率?

4. 什么是重复接地?

学习单元2.6　电气安全装置

【学习目标】

(1)能够熟练掌握防止电气误操作的联锁装置的原理、结构和安全要求。

(2)熟练掌握漏电保护装置的选择、安全技术要求。

(3)熟练掌握各种电工安全用具的选用、使用安全要求与试验标准。

【学习任务】

通过对防止电气误操作的联锁装置、漏电保护装置、电工安全用具的原理、结构、操作要求的学习,培养学生安全操作意识。

【学习内容】

2.6.1　防止电气误操作装置

2.6.1.1　定义

防止电气误操作装置是指使某一开关或设备的操作取决于其他设备或开关的状态或操作的装置。主要目的是防止误操作,用以保证人身、设备和电力系统的安全。

2.6.1.2　分类

1. 机械类

(1)机械联锁。使用机械零部件(连杆、拐臂、轴、销、挡板等)将断路器、隔离开关、接地开关的操作机构和柜门按防止误操作程序的设计要求连接,使高压开关设备只能按规定程序进行正确操作,误操作被机械零部件或组合阻止。机械联锁装置与高压开关设备一体化,且不增加额外的操作,是一种比较理想的联锁装置,近距离元件(如金属封闭开关设备内)的联锁优先采用机械联锁。其缺点是不易实现远距离和设备横向间的联锁。

(2)程序锁。是一种按防误操作程序的设计要求制造,安装在高压开关设备联锁环节上的机械锁具。程序锁一般分为锁体、锁栓和钥匙三个组成部分。操作人员只有按规定程序对高压开关设备进行正确操作,才能在完成前一步的操作后从程序锁上取到下一步的操作钥匙,直到完成全部操作。误操作因取不到钥匙而无法开锁,被锁栓阻止。程序锁能满足设备纵向、横向间和较远距离等不同操作要求,但除设备的正常操作外,需要增加开、闭锁操作动作。

2. 电气类

(1)电气联锁。配电动操作机构的高压开关设备一般采用该装置,这种装置是根据不同电气接线高压开关设备的配置,按防止误操作程序的设计要求,用电缆连接断路器、隔离开关、接地开关等高压开关设备操动机构的二次回路辅助触点。只有当串接于二次回路的辅助触点均处于闭合状态时,才能接通操作回路,使高压开关设备只能按规定程序正确操作,误操作因操作电源的断开而得以防止。电气联锁原则上可实现任何电气主接线方案的联锁,且不增加额外的操作,但不适用于手动操作机构。

（2）电磁锁。是一种应用电磁学原理制造,安装在高压开关设备联锁环节上的电控机械锁具。电磁锁主要由锁体、电磁铁、线圈、弹簧、按钮、锁栓等部件组成,借助于高压开关设备提供的辅助开关、行程开关和高压带电显示装置等反映设备位置、状态的触点,对高压开关设备实现防误操作联锁。只有当串接于二次回路的辅助触点均处于闭合状态时,才能接通电磁锁操作回路,开锁操作高压开关设备。误操作因无操作电源而得以防止,同时操作机构被锁栓强制闭锁。电磁锁可灵活适应各种操作要求,无解锁钥匙,操作比较简单,但需增加操作电源和提供辅助触点。

（3）高压带电显示装置。是一种能显示高压开关设备及线路是否带电,或带电时同时闭锁隔离开关、接地开关和柜门操作的联锁装置。按功能可分为提示型和强制闭锁型,后者需与电气联锁或电磁锁配合使用。高压带电显示装置包括传感器和显示器两部分。

①传感器根据分压原理,有支柱绝缘子式、感应式和等电位式三种形式。

支柱绝缘子式:一端与一次回路高电压导体直接接触,另一端固定于地电位,同时作为支柱绝缘子使用。

感应式:不与高电压导体直接接触,通过接收高压带电体的电场信号传感。

等电位式:传感器与显示器集于一体,安装在一次回路高压导体上,共处于高电位。

②显示器的显示功能通过发光元件实现,有固定式和插拔式两种。现场人员能够通过发光元件直接观察到设备或线路的带电与否,起到提示防误操作的作用。为满足强制闭锁功能,须用强制闭锁型配用的电气联锁或电磁锁完成。

3.综合类

微机型防止电气误操作装置,简称微机防误装置。主接线复杂而且配手动操作机构的高压开关设备一般采用此装置,这是一种采用微型电子计算机控制,通过电脑钥匙开、闭高压开关设备在联锁环节设置的编码锁,保证高压开关设备按规定程序进行正确操作的联锁装置。误操作因电脑钥匙拒绝开锁高压开关设备不能被操作而得以防止。

微机防误装置通常由微机、模拟屏、电脑钥匙和各类编码锁组成。微机可预先编入正确操作程序,接收模拟屏模拟实际操作的程序后,经逻辑判断,将符合规定的程序向电脑钥匙传输。接收完毕,操作人按电脑钥匙显示屏显示的当前操作项和锁号,用电脑钥匙逐一打开锁号正确的编码锁,依次操作高压开关设备,直至完成操作票规定的全部操作内容。锁号错误,不能被电脑钥匙开启,防止了误操作的发生。电脑钥匙对锁具的识别是通过数字编码实现的,编码方式有触点、光电和磁电三种。

微机防误装置适用面广。通过一把电脑钥匙可控制上百个联锁环节,且一般无须机械或电气连接。编码锁结构比程序锁、电磁锁简单。通过电脑钥匙将操作步骤回传,可在模拟屏上显示高压开关设备当前分、合位置。尤其适用于远距离的防止误操作,可满足大型、枢纽和集控变电所及发电厂的复杂操作要求。与综合自动化装置接口,可实现资源共享,是 20 世纪 90 年代开始大量采用的新型联锁装置。不足之处是除高压开关设备的正常操作外,仍需开、闭锁操作。

2.6.2　漏电保护装置

漏电保护装置是用来防止人身触电和漏电引起事故的一种接地保护装置,当电路或用电设备漏电电流大于装置的整定值,或人、动物发生触电危险时,它能迅速动作,切断事故电源,避免事故的扩大,保障了人身和设备的安全。因此,漏电保护开关的正确选用和维护管理工作是搞好安全用电的主要技术、管理措施。

2.6.2.1　漏电保护装置的选用

漏电保护装置应根据系统的保护方式、使用目的、安装场所、电压等级、被控制回路的漏电电流以及用电设备的接地电阻数值等因素来确定。

1. 根据保护要求来选择

用于防止人身触电事故的漏电保护装置,一般根据直接接触保护和间接接触保护两种不同的要求选用,在选择动作特性时也应有所区别。

(1)直接接触保护是为了防止人体直接触及电气设备的带电导体而造成的触电伤亡事故。当人体和带电导体直接接触时,在漏电保护装置动作切断电源之前,通过人体的触电电流与漏电保护装置的动作电流选择无关,它完全由人体触电的电压和人体电阻决定,漏电保护装置不能限制通过人体的触电电流,所以用于直接接触保护的漏电保护装置,必须具有小于 0.1 s 的快速动作性能,或具有 IEC 漏电保护装置标准规定的反时限特性。

(2)间接接触保护是为了防止用电设备在发生绝缘损坏时,在金属外壳等外露金属部件上呈现危险的接触电压。漏电保护开关的动作电流 $I_{\Delta n}$ 的选择应与用电设备的接地电阻 R 和允许的接触电压 U 联系考虑,用电设备上的接触电压 U 要小于规定值。漏电保护装置的动作电流 $I_{\Delta n}$ 的选择:$I_{\Delta n} \leqslant U/R$,其中 U 为允许接触电压,R 为设备的接触电阻。一般对于额定电压为 220 V 或 380 V 的固定式电气设备,如水泵、磨粉机等容易与人体接触的电气设备,当用电设备金属外壳的接地电阻在 500 Ω 以下时,可选用 30 ~ 50 mA、0.1 s 以内动作的漏电保护装置;当用电设备金属外壳的接地电阻在 100 Ω 以下时,可选用 200 ~ 500 mA 的漏电保护装置;对于较重要的用电设备,为了减少瞬间的停电事故,也可选用动作延时为 0.2 s 的延时型保护装置。家庭使用的用电设备由于经常带有频繁插进拔出的插头,同时部分居民住宅没有考虑接地保护设施。当用电设备发生漏电碰壳等绝缘故障时,设备外壳可能呈现和工作电压相同的危险电压,极易发生触电伤亡事故,因此电气设备安装规程规定,必须在家庭进户线的电能表后面,安装动作电流为 30 mA、0.1 s 以内动作的高灵敏型漏电保护开关。

2. 根据使用场所来选择

一般在 380 V/220 V 的低压线路中,如果用电设备的金属外壳等金属部件容易被人触及,同时这些用电设备又不能按照我国用电规程要求使其接地电阻小于 4 Ω 或 10 Ω 时,则宜按照间接接触保护要求,在用电设备的供电回路中安装漏电保护装置,同时还应根据不同的使用场所,合理地选取不同动作电流的漏电开关。例如,在潮湿的工作场所,由于人体比较容易出汗或沾湿,皮肤的绝缘性能降低,人体电阻明显下降,当发生触电事故时,通过人体的电流必然会比干燥的场所大,危险性高,因此适宜安装动作电流 15～30 mA,并能在 0.1 s 内动作的漏电保护装置。

3. 根据正常泄漏电流来选择

(1)漏电保护装置的动作电流选择得越低,当然可以使开关的灵敏度越高。然而,任何供电回路和用电设备,绝缘电阻不可能无穷大,总会有一定的泄漏电流存在。所以,从保证电路的稳定运行和提供不间断的供电来讲,漏电保护装置的动作电流选择要受到电路正常泄漏电流的制约。

(2)由于泄漏电流必须有较复杂的测试方法或使用专用测试设备进行测量,为选用方便,可参照下列经验公式:

对于照明电路和居民生活用电的单相电路:$I_{\Delta n} \geq I_H/2\ 000$。

对于三相三线制或三相四线制的动力线路及动力和照明混合线路:$I_{\Delta n} \geq I_H/1\ 000$。

其中,$I_{\Delta n}$ 为漏电保护开关装置的动作电流;I_H 为电路的实际最大供电电流(一般家庭供电电路)。

如果使用 3 A 电能表的用户,正常情况下每户泄漏电流约为 1 mA。原则上,在家庭单相电路中的泄漏电流超过电路最大供电电流的 1/3 000 时,应对电路进行检修。

(3)我国农村低压电网的绝缘水平较低,泄漏电流较大。根据实测结果,泄漏电流的数值和配电变压器容量的大小关系不显著,但和低压电网中生活用电的居民户数有明显的关系,也就是说,不管变压器容量是多少,其中供给生活用电的户数越多,泄漏电流就越大。因此,农村电网中装置漏电开关时,应考虑到这点。一般而言,为了保护电网可靠运行,保证多级保护的选择性,下一级漏电保护动作电流应小于上一级漏电保护动作电流,各级漏电动作电流应有 1.2～2.5 倍的级差。

第一级漏电保护装置应安装在配电变压器低压侧主干线出线端,该级保护的线路较长,叠加的泄漏电流较大。其漏电动作电流在未完善多级保护时,最大不得超过 100 mA;在完善多级保护时,其漏电动作电流最大不得超过 300 mA。

第二级漏电保护装置应安装在各分支线的出线端,由于被保护线路较短,泄漏电流相对较小,其漏电动作电流应介于上、下级保护的漏电动作电流之间,一般取 30～75 mA。

第三级漏电保护装置(又称末级保护)用于保护用电设备及人身安全,被保护线路短,泄漏电流小,一般不超过 10 mA,漏电动作电流应按人体触电摆脱电流值(10～20 mA)选择,不应大于 30 mA,一般取 15～30 mA。

2.6.2.2　漏电保护开关投入运行后的管理

漏电保护开关投入运行后,必须进行有效的管理,确保漏电保护开关保持良好的运行状态,使其真正起到保护的作用。管理工作主要有以下几个方面:

(1)漏电保护开关在投入运行后,应自觉建立运行记录并健全相应的管理制度。

(2)漏电保护开关投入运行后,在通电状态下,每月须按动试验按钮一二次,检查漏电保护开关动作是否正常、可靠,尤其在雷雨季节应增加试验次数。

(3)定期分析漏电保护开关的运行情况,及时更换有故障的漏电保护开关。

(4)漏电保护开关的维修应由专业人员进行,运行中遇有异常现象时应找电工处理,以免扩大事故范围。

(5)雷雨或其他不明原因使漏电保护开关动作后,应作检查分析。

(6)漏电保护开关动作后,经检查未发现事故原因时,允许试合闸一次,如果再次动作,应查明原因,找出故障,必要时对其进行动作特性试验,不得连续强行送电。除经检查确认为漏电保护开关本身发生故障外,严禁私自撤除漏电保护开关强行送电。

(7)退出运行的漏电保护开关再次使用前,应按有关部门规定的项目进行动作特性试验。

(8)漏电保护开关的动作特性由制造厂整定,按产品说明书使用,使用中不得随意改动。

(9)在漏电保护开关的保护范围内发生意外电击伤亡事故后,应检查漏电保护开关的动作情况,分析未能起到保护作用的原因,在未调查前应保护好现场,不得拆动漏电保护开关。

(10)为检查漏电保护开关在运行中的动作特性及其变化,应定期进行动作特性试验。特性试验项目包括测试漏电动作电流值、测试漏电不动作电流值、测试分断时间。

(11)漏电保护开关进行动作特性试验时,应使用经国家有关部门检测合格的专用测试仪器,严禁利用相线直接触碰接地装置的试验办法。

(12)使用的漏电保护开关除按漏电保护特性进行定期试验外,对断路器部分应按低压电器有关要求定期检查和维护。

2.6.3　电工安全用具

2.6.3.1　绝缘安全用具

绝缘安全用具包括绝缘杆、绝缘夹钳、绝缘靴、绝缘手套、绝缘垫和绝缘站台。绝缘安全用具分为基本安全用具和辅助安全用具,前者的绝缘强度能长时间承受电气设备的工作电压,能直接用来操作带电设备,后者的绝缘强度不足以承受电气设备的工作电压,只能加强基本安全用具的保护作用。

(1)绝缘杆(见图2-15)和绝缘夹钳。绝缘杆和绝缘夹钳都是绝缘基本安全用具。绝缘夹钳只用于35 kV以下的电气操作。绝缘杆和绝缘夹钳都由工作部分、绝缘部分和握手部分组成。握手部分和绝缘部分用浸过绝缘漆的木材、硬塑料、胶木或玻璃钢制成,其间有护环分开。配备不同工作部分的绝缘杆,可用来操作高压隔离开关,操作跌落式保险器,安装和拆除临时接地线,安装和拆除避雷器,以及进行测量和试验等项工作。绝缘夹钳主要用来拆除和安装熔断器及其他类似工作。考虑到电力系统内部过电压的可能性,绝缘杆和绝缘夹钳的绝缘部分和握手部分的最小长度应符合要求。绝缘杆工作部分金属钩的长度,在满足工作要求的情况下,不宜超过5~8 cm,以免操作时造成相间短路或接地短路。

(2)绝缘手套和绝缘靴(见图2-16)。绝缘手套和绝缘靴用橡胶制成。两者都作为辅助安全用具,但绝缘手套可作为低压工作的基本安全用具,绝缘靴可作为防护跨步电压的基本安全用具。绝缘手套的长度至少应超过手腕10 cm。

(3)绝缘垫和绝缘站台(见图2-17)。绝缘垫和绝缘站台只作为辅助安全用具。绝缘垫用厚度5 mm以上、表面有防滑条纹的橡胶制成,其最小尺寸不宜小于0.8 m×0.8 m。绝缘站台用木板或木条制成。相邻板条之间的距离不得大于2.5 cm,以免鞋跟陷入;站

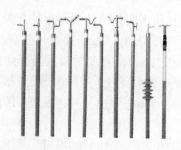

图 2-15　绝缘杆

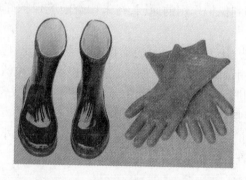

图 2-16　绝缘手套和绝缘靴

台不得有金属零件;台面板用支持绝缘子与地面绝缘,支持绝缘子高度不得小于 10 cm;台面板边缘不得伸出绝缘子之外,以免站台翻倾,人员摔倒。绝缘站台最小尺寸不宜小于 0.8 m×0.8 m,但为了便于移动和检查,最大尺寸也不宜大于 1.5 m×1.0 m。

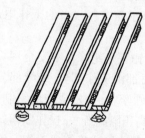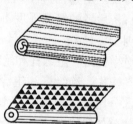

图 2-17　绝缘站台

2.6.3.2　携带式电压和电流指示器

1. 携带式电压指示器

携带式电压指示器可直观检验设备、线路是否有电,在高压上使用的称高压验电器(见图 2-18),能测 6～35 kV 电压;低压上使用的称试电笔,能测 100～500 V 电压。

图 2-18　携带式高压验电器

高压验电器在使用前按要求组装好,用干布擦拭干净,操作者要戴绝缘手套,室外还要穿绝缘靴;验电时要逐步靠近带电体,至灯亮或发出信号。验电器一般不用接地线,如果使用带接地线的,应注意防止由于接地线碰到带电体引起事故。

　　试电笔是低压验电的主要工具,用于 100～500 V 电压的检测,见图2-19。其内部构造由氖泡和 2 MΩ 碳精电阻组成。使用时笔头接触带电体,手指按住柄上金属部分,氖泡发亮说明有电。有的试电笔是由集成电路和发光二极管或数字显示屏组成的,能读出一定的电压范围。

　　对试电笔要注意保管,尤其是组合式试电笔(带改锥或其他工具的)。使用前先在带电部位试一下。另外,试电笔对低压电

图 2-19　试电笔

适用范围较广,使用时要根据氖泡亮暗程度做出准确判断。

　　2.携带式电流指示器

　　携带式电流指示器中最常用的就是钳形电流表(见图 2-20),它是根据内置的电流互感器的电磁感应的原理而工作的。其使用方法(见图 2-21)如下:

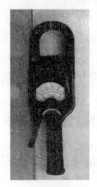

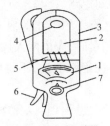

1—电流表;2—电流互感器;
3—铁芯;4—被测导线;
5—二次绕组;6—手柄;
7—量程选择开关

(a)实物图　　　(b)结构示图

图 2-20　钳形电流表实物及结构

图 2-21　钳形电流表使用

　　(1)正确选择钳型电流表的电压等级,检查其外观绝缘是否良好,有无破损,指针是否摆动灵活,钳口有无锈蚀等。根据电动机功率估计额定电流,以选择表的量程。

　　(2)在使用钳形电流表前应仔细阅读说明书,弄清是交流的还是交直流两用的。

　　(3)由于钳形电流表本身精度较低,在测量小电流时,可采用下述方法:先将被测电路的导线绕几圈,再放进钳形电流表的钳口内进行测量。此时钳形电流表所指示的电流值并非被测量的实际值,实际电流应当为钳形电流表的读数除以导线缠绕的圈数。

　　(4)钳形电流表钳口在测量时闭合要紧密,闭合后如有杂音,可打开钳口重合一次,若杂音仍不能消除,应检查磁路上各接合面是否光洁,有尘污时要擦拭干净。

　　(5)钳形电流表每次只能测量一相导线的电流,被测导线应置于钳形窗口中央,不可以将多相导线都夹入窗口测量。

　　(6)被测电路电压不能超过钳形电流表上所标明的数值,否则容易造成接地事故,或者引起触电危险。

　　(7)测量运行中笼型异步电动机工作电流,根据电流大小,可以检查判断电动机工作情况是否正常,以保证电动机安全运行,延长使用寿命。测量时,可以每相测一次,也可以三相测一次,此时表上数字应为零(因三相电流相量和为零),当钳口内有两根相线时,表上显示数值为第三相的电流值,通过测量各相电流可以判断电动机是否有过载现象(所测电流超过额定电流值),电动机内部或电源电压是否有问题,即三相电流不平衡是否超过 10% 的限度。

(8)测量前应先估计被测电流的大小,再决定用哪一量程。若无法估计,可先用最大量程挡然后适当换小些,以准确读数。不能使用小电流挡去测量大电流,以防损坏仪表。

钳形电流表在使用中有一定的危险性,在使用中应特别注意以下几点:

(1)在高压回路上测量时,禁止用导线从钳形电流表另接表计测量。测量高压电缆各相电流时,电缆头线间距离应在 300 mm 以上,且绝缘良好,待认为测量方便时,方能进行。

(2)观测表计时,要特别注意保持头部与带电部分的安全距离,人体任何部分与带电体的距离不得小于钳形电流表的整个长度。

(3)测量低压可熔保险器或水平排列低压母线电流时,应在测量前将各相可熔保险或母线用绝缘材料加以保护隔离,以免引起相间短路。

(4)使用高压钳形电流表时应注意钳形电流表的电压等级,严禁用低压钳形电流表测量高电压回路的电流。用高压钳形电流表测量时,应由两人操作,非值班人员测量还应填写第二种工作票。测量时应戴绝缘手套,站在绝缘垫上,不得触及其他设备,以防止短路或接地。

(5)钳形电流表测量结束后把开关拨至最大量程挡,以免下次使用时不慎过流。此外,应保存在干燥的室内。

(6)当电缆有一相接地时,严禁测量。防止出现因电缆头的绝缘水平低发生对地击穿爆炸而危及人身安全。

(7)钳形电流表测量时,对旁边靠近的导线电流也有影响,所以还要注意三相导线的位置要均等。

2.6.3.3 登高安全用具

登高作业安全用具包括梯子、高凳、安全腰带、脚扣(见图 2-22)、登高板(见图 2-23)等。

图 2-22 脚扣

图 2-23 登高板

(1)梯子和高凳。梯子和高凳可用木材制作,也可用竹料制作,但不应用金属材料制作。梯子和高凳应坚固可靠,应能承受工作人员及其所携带工具的总重量。梯子分人字梯和靠梯两种。为了避免靠梯翻倒,靠梯梯脚与墙之间的距离不应小于梯长的 1/4;为了避免滑落,其间距离不得大于梯长的 1/2。为了限制人字梯和高凳的开脚度,其两侧之间应加拉链或拉绳。为了防滑,在光滑坚硬的地面上使用的梯子的梯脚应加橡胶套或橡胶垫。在泥土地面上使用的梯子的梯脚应加铁尖。在梯子上工作时,梯顶一般不应低于工作人员的腰部,或者说工作人员应站在距离梯顶不小于 1 m 的踏板上工作。切忌站在梯子或高凳最高处或最上面一二级踏板上工作。

(2)脚扣和安全腰带。脚扣是登杆用具,其主要部分用钢材制成。木杆用脚扣的半圆环和根部均有突起的小齿,以刺入木杆起防滑作用。水泥杆用脚扣的半圆环和根部装有橡胶套或橡胶垫起防滑作用。脚扣有大小号之分,以适应电杆粗细不同的需要。登高板也是登杆用具,主要由坚硬的木板和结实的绳子组成。登高板的使用如图 2-24 所示,安全腰带是防止坠落的安全用具。安全腰带用皮革、帆布或化纤材料制成。安全腰带有两根带子,细的系在腰部偏下作束紧用,粗的系在电杆或其他牢固的构件上起防止坠落的作用。安全腰带的宽度不应小于 60 mm。绕电杆带的单根拉力不应低于 2 250 N。脚扣及安全腰带的使用如图 2-25 所示。

图 2-24　登高板的使用

图 2-25　脚扣及安全腰带的使用

2.6.3.4　临时接地线、遮栏和标示牌

在检修工作中及其他场合,经常会用到临时接地线(见图 2-26)、围栏(见图 2-27)、遮栏(见图 2-28)和标示牌(见图 2-29)等安全工具。

临时接地线装设在被检修区段两端的电源线路上,用来防止两个方向的意外来电,同时还可以用来消除静电。其主要由 25 mm² 以上的多股软铜线、接地夹头组成。各部分连接必须牢靠,夹头与软导线的连接应用螺丝固定后再加锡焊。装设接地线时,应先装设接地的一端,后接线路或设备一端;拆卸时顺序相反。装设接地线之前应验明线路或设备确实无电后才可装设临时接地线。

遮栏主要用来防止工作人员无意间碰到或过分接近带电体,也用于检修安全距离不够时的安全隔离装置。遮栏必须牢固,不影响工作。遮栏的高度及与带电体的距离应符合屏护的安全要求。

标示牌用绝缘材料制成,其作用是警告工作人员不得接近带电部分,指出工作人员准确的工作地点,提醒工作人员采取安全措施,以及禁止向某段设备送电等。

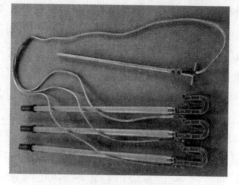

图 2-26　临时接地线

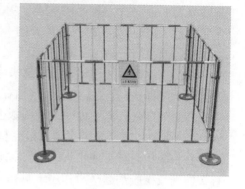

图 2-27　围栏

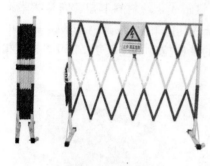

图 2-28　遮栏

图 2-29　标志牌

2.6.3.5　安全用具的使用和试验

1. 安全用具的使用

应根据工作条件选用适当的安全用具。操作高压跌落式保险器及其他开关时,必须使用相应电压等级的绝缘杆,并戴上绝缘手套或干燥的线手套;如遇雨雪天气在户外操作,必须戴绝缘手套、穿绝缘靴或站在绝缘站站台上操作;更换熔断器时,应戴护目眼镜和绝缘手套,必要时还要使用绝缘夹钳;空中作业时,应用合格的登高用具、安全腰带,并戴上安全帽。

每次使用安全用具前,必须认真检查。如检查安全用具的表面有无损坏,检查绝缘手套、绝缘靴有无裂缝、咬痕,检查绝缘垫有无破洞,检查安全用具的瓷元件有无裂纹等。

安全用具每次使用完毕,应该擦拭干净。安全用具不能任意用作他用,也不能用其他工具代替安全用具。安全用具应妥善保管。要防止受潮、脏污和损坏。绝缘杆应放在专门的工具架上,不要靠墙或放在地上。绝缘手套、绝缘靴应放在箱子内、柜内,不应放在过冷、过热、阳光曝晒和有酸、碱、油的地方,以防止胶质老化,也不能和其他硬、刺、脏物混放在一起或压上重物。验电器应放于盒内,并置于干燥的地方。

2. 安全用具的试验

防止触电的安全用具的试验包括耐压试验和泄漏电流试验。除辅助安全用具要求做以上两种试验外,一般只做耐压试验。

绝缘工器具试验标准如表2-9所示。

表2-9　绝缘工器具试验标准

序号	名称	电压等级（kV）	试验电压（kV）	时间（min）	引用标准	试验周期	备注
1	绝缘棒、带电作业绝缘工具	10/35/110/220/500	45/95/220/440/580	1（500 kV为5 min）	国家电网安监（2005）83号《电力安全工作规程》	1年	1. 操作杆试验长度分别为0.7 m、0.9 m、1.3 m、2.1 m、4.1 m　2. 绝缘工具绝缘杆试验长度分别为0.4 m、0.6 m、1.0 m、1.8 m、3.7 m　3. 试验长度为从端部金属往下的长度
2	绝缘垫	高压/低压	15/3.5	1	国家电网安监（2005）83号《电力安全工作规程》	1年	上下金属件应比试品四周小200 mm
3	绝缘挡板	10/35	30/80	1	国家电网安监（2005）83号《电力安全工作规程》	1年	1. 10～35 kV表面工频耐压,60 kV/1 min　2. 极间300 mm
4	验电器	低压/10/35/110/220/500	4/45/95/220/440/580		国家电网安监（2005）83号《电力安全工作规程》　DL 477—2001（低压安规）	1年	1. 10～500 kV验电器启动电压在15%～40%额定电压　2. 低压验电器不高于25%额定电压
5	绝缘绳		105/0.5	5	DL 409—91（电业安规）	半年	
6	遮蔽罩	10/35	30/80	1	国家电网安监（2005）83号《电力安全工作规程》	1年	
7	绝缘手套	低压/高压/带电作业用	2.5/8/20	1	国家电网安监（2005）83号《电力安全工作规程》　配电带电技术（武高所）DL 477—2001（低压安规）	半年	低压/高压/带电作业用,其泄漏电流分别为≤2.5/9/（14/16/18）,对应手套长度分别为360 mm、410 mm、460 mm

续表2-9

序号	名称	电压等级（kV）	试验电压（kV）	时间（min）	引用标准	试验周期	备注
8	绝缘靴	低压/10/20/带电作业用	2.5/15/25/15	1	同上	半年	低压/10 kV/20 kV/带电作业用,其泄漏电流分别为≤2.5 mA/≤7.5 mA/≤10 mA/≤7.5 mA
9	绝缘梯		95	1	国家电网公司安规8.12.3.2	1年	至梯子脚0.6 m之间施加试验电压（踩挡为非绝缘材料）

思考与练习题

一、判断题

1.漏电保护装置的功能是提供间接接触电击保护,同时作为基本的保护措施。

(　　)

2.机械联锁的缺点是不易实现远距离和设备横向间的联锁。 (　　)

3.电气联锁原则上可实现任何电气主接线方案的联锁,且不增加额外的操作,适用于手动操作机构。 (　　)

4.漏电保护装置安装完毕后应操作试验按钮试验3次,带负载分合3次确认动作正常后,才能投入使用。 (　　)

5.试电笔只能用来判断500 V以下的低压电气设备。 (　　)

6.操作某一电压等级的设备时只能选用相应电压等级的绝缘杆进行操作。 (　　)

7.临时接地线一般装设在被检修区段电源侧一端。 (　　)

8.装设接地线时应先装设接地的一端,后接线路或设备一端,拆时顺序相反。

(　　)

9.登高作业安全用具,主要进行拉力试验,试验周期为2年。 (　　)

10.遮栏主要用于防止工作人员无意碰到或过分接近带电体,也用作检修安全距离不够时的安全隔离装置。 (　　)

二、简答题

1.什么是机械联锁?什么是电气联锁?

2.漏电保护装置的选用有哪些要求?

3.漏电保护装置的管理有哪些要求?

4.常用的绝缘安全用具有哪些?使用中有哪些安全要求?

学习单元 2.7　电力工程施工现场安全

【学习目标】

(1)能够全面理解电力工程施工安全管理技术规范的内容。

(2)能够正确实施电力工程施工全过程安全管理。

【学习任务】

熟悉电力工程施工安全管理的重要性,通过对电力生产国家相关法律、法规、有关标准的学习,明确管理者和从业人员的权利、义务。能够正确实施电力工程施工全过程安全管理,落实电力工程施工安全措施。

【学习内容】

2.7.1　认识电力工程施工安全管理的重要性

施工安全管理是一个动态的、自我调整和完善的管理系统。建立施工安全管理的重要性主要有以下几点:

(1)建立施工安全管理,能使劳动者获得安全与健康,是体现社会经济发展和社会公正、安全、文明的基本标志。

(2)通过建立施工安全管理,可以改善企业的安全生产规章制度不健全、管理方法不适当、安全生产状况不佳的现状。

(3)施工安全管理对企业环境的安全卫生状态规定了具体的要求和限定,从而使企业必须根据安全管理标准实施管理,才能促进工作环境达到安全卫生标准的要求。

(4)推行施工安全管理,是适应国内外市场经济一体化趋势的需要。

(5)实施施工安全管理,可以促进企业尽快改变安全卫生落后状况,从根本上调整企业的安全卫生管理机制,改善劳动者的安全卫生条件,增强企业参与国内外市场竞争的能力。

2.7.2　严格遵守安全生产要求

2.7.2.1　安全生产法律、法规、标准

电力工程施工单位,要严格遵守《安全生产法》《建设工程安全生产管理条例》《国家电网公司电力建设安全技术规范》《建筑施工高处作业安全技术规范》《电力建设安全健康与环境管理规定》等有关法律、法规、国家标准或行业标准。

2.7.2.2　施工单位安全生产条件

电力工程施工单位应当具备安全生产条件,必须取得安全生产许可证。施工单位要设置安全生产管理机构,配置专职安全生产管理人员,从业人员要履行各自职责。要在有较大危险因素的施工场所和有关施工设施设备上设置安全警示标志,安全设备的使用应符合国家标准或行业标准,特种设备的使用要取得安全使用证或安全标志。不使用国家明令淘汰、禁止使用的工艺、设备;对重大危险源实施及时、有效的监控;进行吊装等危险

作业时,安排专门人员进行现场安全管理;两个以上生产经营单位在同一作业区域进行交叉作业施工时,要签订安全生产管理协议,指定专职安全生产管理人员进行安全检查与协调;不能将施工项目发包给不具备安全生产资质的单位,并且要与承包单位签订专门的安全管理协议,总承包单位和分包单位对分包工程项目施工安全负全面责任,是施工项目安全生产的第一责任人。

2.7.2.3　从业人员的权利和义务

保证从业人员的权利和义务,有利于防范施工安全事故,保证安全生产。从业人员有获得安全保障、工伤保险和民事赔偿的权利,施工单位要为从业人员缴纳工伤保险费;从业人员有了解施工现场和工作岗位存在的危险因素、防范措施和事故应急措施的权利,有权对工程施工的安全生产工作提出建议、批评、检举、控告,有权拒绝违章指挥和强令冒险作业;在紧急情况下,从业人员有权停止作业和紧急撤离施工现场。从业人员有遵守法律、法规、标准,遵守施工单位安全生产规章制度和操作规程,服从管理,接受培训,提高安全生产知识和技能,正确佩戴和使用劳动保护用品,及时发现、处理和报告事故隐患和不安全因素等义务。工会有权维护从业人员的合法权益,对工程施工的安全生产工作进行建议和监督。

2.7.3　落实安全生产责任制

(1)建立、健全安全生产责任制。按照安全管理系统原理的整分合原则,建立安全生产责任制。电力工程施工包括土建项目、电气安装项目、线路架设项目等多种项目,工程管理难度较大,必须建立完善的安全责任体系,落实安全生产方针和安全生产法律、法规及政策的具体要求。对各职能部门、各级各类人员在安全生产中的责、权、利进行明确界定,与各级各类人员签订安全生产责任书,与各部门签订安全生产管理协议书,将安全职责具体落实到部门、班组和个人,落实到工程施工的每个环节、每个岗位,做到横向到边、纵向到底,将"安全生产、人人有责"从制度上固定下来。增强各部门、各级人员对安全生产的责任感,明确其履行的职能和应承担的责任,发挥其积极性和主动性,确保安全生产。

(2)各类人员要尽职尽责。安全生产管理人员负责对电力工程施工现场进行监督检查,发现安全事故隐患,应及时向项目负责人和安全生产管理机构报告。对查出的事故隐患的整改要做到"五定",即定整改责任人,定整改措施,定整改完成人,定整改完成时间,定整改验收人。施工单位主要负责人是本单位安全生产的第一责任人,对安全生产工作全面负责。主要负责人要建立、健全本单位安全生产责任制,组织制定安全生产规章制度与操作规程,保证有效实施安全生产投入,检查安全生产工作,及时消除事故隐患,制订演练与实施事故应急救援预案,及时、如实地报告生产安全事故。

(3)要对各部门和各类人员的职责履行情况进行监督、考核、检查落实,要按安全生产责任制的要求对管理失职的情况追究违章、违约责任,形成竞争机制、激励机制和约束机制,保证安全生产责任制落到实处。另外,还要落实对工程分包单位的安全监督,对那些安全责任不到位、安全措施不到位、安全管理工作不到位的施工单位,要取消其承建资格。

2.7.4 全面落实安全技术措施

2.7.4.1 电力工程施工安全事故

电力工程施工中存在很多危险因素。危险性较大的作业有基坑支护与降水作业、土方开挖作业、脚手架作业、临边作业、高空作业、模板作业、起重吊装及其他施工机械设备作业、施工用电作业等。造成电力工程施工中易发生高处坠落、触电、物体打击、机械伤害、坍塌、起重伤害等事故。需要采取有针对性的安全技术措施,控制或消除施工过程中可能发生的事故隐患和不安全因素,防范事故的发生。

2.7.4.2 电力工程施工安全措施

根据能量意外释放理论,防止事故发生的安全技术措施为采取约束、限制能量或危险物质,防止其意外释放,包括消除危险源、限制能量或危险物质、隔离故障、减小故障和损失等。减少事故缺失的安全技术措施为防止或减轻意外释放的能量对人的伤害或对物的损坏,包括隔离、设置薄弱环节、个体防护、避难与救援等。

电力工程施工安全技术措施主要包括:进入施工现场的安全措施,如设置标志,清理现场或专设通道,照明良好,使用安全设施和个体劳动防护用品等;地面及深坑作业防护,如土方开挖边坡支撑加固措施、基坑支护方案、降水方案等;高处及立体交叉作业的防护,如脚手架、斜道、平台的搭设、撤除及防护措施,临边、登高、悬空及交叉作业的防坠落防护方案等;施工用电安全防护,如电动工具使用前检查或配备漏电保护器,电气设备检修和维护防止短路、漏电事故引起火灾和爆炸,带电设备附近作业做好防触电隔离措施等;机械设备的安全使用,如起重作业设专人指挥,塔式起重机的安装及撤除方案等,对采用新工艺、新材料、新技术、新结构的,制定针对性的行之有效的专门安全技术措施;易燃易爆有毒作业场所的防火、防爆和防毒措施;自然灾害(防台风、防雷击、防洪水、防地震、防暑降温、防冻、防寒、防滑等)的预防措施。

2.7.4.3 施工安全技术措施落实

施工安全技术措施必须认真落实,贯彻执行。必须保证必要时的安全投入,编制安全技术措施计划,电力工程安全作业环境及安全施工技术措施所需的费用必须予以保证。电力工程施工中,工长要按工程进展向班组进行书面安全技术交底,班组长要在施工前向施工人员进行本工种和作业环境的安全技术交底,保证施工过程的安全。

2.7.5 加强工程施工全过程安全管理

(1)做好施工组织管理。按照安全管理的人本原理,激发员工的工作能力,调动员工的积极性和创造性,充分发挥基层班组和员工的潜能。加强作业过程安全管理,改革工艺或减轻劳动强度,合理安排劳动时间和休息时间。每位员工在每日的工作中相互监督、提醒、检查查找漏洞和薄弱环节,防止不安全因素存在。

加强施工现场标准化建设、精细化管理。强化施工现场标准化作业,提高标准化管理水平,提高员工的现场安全控制能力,实现安全目标管理。严格执行《国家电网公司输变电工程标准化施工作业手册》《国家电网公司输变电工程安全文明施工标准化工作规定》《国家电网公司基建安全管理规定》,严格查处违章指挥、违规作业、违反劳动纪律的"三

"违"行为,实现全面、全员、全过程、全方位的安全管理。

(2)电力工程每项目施工前应有安全技术方案,它是指导施工安全的具体行动纲领。制定安全技术措施,严格安全技术交底。项目施工中有监控,监控人的不安全行为,监控物的或环境的不安全状态。要开展经常性的隐患排查工作,做到整改措施、责任、资金、时限和预案"五到位"。项目施工后应有检查,严把检验关,认真落实危险点控制措施,落实施工安全技术和安全规范。要加强安全生产检查。通过思想、意识、制度、管理、隐患等软件系统的检查,发现和消除工程施工过程中的隐患、危险和有害因素。开展危险点辨识及预控活动,及时发现、制止和纠正违章行为,消除人的不安全行为、物的不安全状态和管理上的缺陷。

(3)做好事故应急预案的制订与演练。为降低工程施工安全事故的后果,减少事故的损失,应制订事故应急预案并进行演练。首先成立应急预案编制小组,收集资料,进行危险源与风险分析,然后对施工现场容易引发安全事故的危险源、危险部位、危险环节,制订相应的应急预案和措施。

建立事故应急体系,包括应急组织体制、运作机制、法制基础、保障系统等,落实有关部门和人员的职责,保证应急设备、物资的供应、维护以及与外部力量的衔接,加强应急队伍的建设,开展应急预案的演练,全面提高应急能力。

思考与练习题

1. 电力工程施工有哪些安全措施?
2. 如何做好电力工程施工安全组织管理?
3. 怎样做好事故应急预案的制订和演练?

学习情境 3　触电急救

【学习目标】

(1) 能够正确实施对低压触电者脱离电源的措施。

(2) 能够正确实施对高压触电者脱离电源的措施。

(3) 能够准确实施触电者对症救护及应急处理方法。

(4) 能够准确实施对触电者人工呼吸和胸外心脏挤压急救技术。

(5) 能够正确实施较轻外伤及电伤的现场应急处理。

【学习任务】

触电者脱离电源的措施,触电者现场急救方法,外伤应急处理及电伤应急处理方法。

【学习内容】

电工是特殊工种,又是危险工种。其作业过程中不但要保证自身的安全,同时负有监护人的职责,还须熟练掌握触电急救技术。

学习单元 3.1　触电急救方法

发现有人触电时,切不可惊慌失措,束手无策,应按"迅速、就地、准确、坚持"八字急救原则,根据触电者的具体情况,进行相应的救治。

人触电以后,会出现神经麻痹、呼吸困难、血压升高、昏迷、痉挛,直至呼吸中断、心脏停跳等险象,呈现昏迷不醒的状态。如果未见明显的致命外伤,就不能轻率地认定触电者已经死亡,而应该看作是假死,应迅速施行急救。一般从触电后 1 min 开始救治者,90%有良好效果;从触电后 6 min 开始救治者,10% 有良好效果;从触电后 12 min 开始救治者,救活的可能性极小。由此可见,动作迅速是非常重要的。

有效的急救在于快而得法。即用最快的速度,施以正确的方法进行现场救护,多数触电者是可以复活的。

触电急救的第一步是使触电者迅速脱离电源,第二步是现场救护。现分述如下。

3.1.1　使触电者迅速脱离电源

电流对人体的作用时间愈长,对生命的威胁愈大。所以,触电急救的关键是先要使触电者迅速脱离电源。可根据具体情况,选用下述几种方法使触电者迅速脱离电源。

3.1.1.1　脱离低压电源的方法

脱离低压电源的方法可用"拉""切""挑""拽""垫"五字来概括。

(1)"拉"。指就近拉开电源开关、拔出插销或瓷插保险。此时,应注意拉线开关和扳把开关是单极的,只能断开一根导线。有时由于安装不符合规程要求,把开关安装在零线上,这时虽然断开了开关,人体触及的导线可能仍然带电,这就不能认为已切断电源。

（2）"切"。指用带有绝缘柄的利器切断电源线。当电源开关、插座或瓷插保险距离触电现场较远时,可用带有绝缘手柄的电工钳或有干燥木柄的斧头、铁锹等利器将电源线切断。切断时应防止带电导线断落触及周围的人体。多芯绞合线应分相切断,以防短路伤人。

（3）"挑"。如果导线搭落在触电者身上或压在身下,可用干燥的木棒、竹竿等挑开导线或用干燥的绝缘绳套拉导线或触电者,使之脱离电源。

（4）"拽"。救护人可戴上手套或在手上包缠干燥的衣服、围巾、帽子等绝缘物品拖拽触电者,使之脱离电源。如果触电者的衣裤是干燥的,又没有紧缠在身上,救护人可直接用一只手抓住触电者不贴身的衣裤,将触电者拉脱电源。但要注意拖拽时切勿触及触电者的皮肤。救护人亦可站在干燥的木板、木桌椅或橡胶垫等绝缘物品上,用一只手把触电者拉脱电源。

（5）"垫"。如果触电者由于痉挛手指紧握导线或导线缠绕在身上,救护人可先用干燥的木板塞进触电者身下使其与地绝缘来隔断电源,然后采取其他办法把电源切断。

3.1.1.2　脱离高压电源的方法

由于装置的电压等级高,一般绝缘物品不能保证救护人的安全,而且高压电源开关距离现场较远,不便拉闸。因此,使触电者脱离高压电源的方法与脱离低压电源的方法有所不同,通常的做法是:

（1）立即电话通知有关供电部门拉闸停电。

（2）如电源开关距离触电现场不远,则可戴上绝缘手套,穿上绝缘靴,拉开高压断路器或用绝缘棒拉开高压跌落保险,以切断电源。

（3）往架空线路抛挂裸金属软导线,人为造成线路短路,迫使继电保护装置动作,从而使电源开关跳闸。抛挂前,将短路线的一端先固定在铁塔或接地引线上,另一端系重物。抛掷短路线时,应注意防止电弧伤人或断线危及人员安全,也要防止重物砸伤人。

（4）如果触电者触及落在地上的带电高压导线,且尚未确认线路无电之前,救护人不可进入断线落地点8～10 m的范围内,以防止跨步电压触电。进入该范围的救护人员应穿上绝缘靴或临时双脚并拢跳跃着接近触电者。触电者脱离带电导线后应迅速将其带至8～10 m以外立即开始触电急救。只有在确认线路已经无电后,才可在触电者离开触电导线后就地急救。

3.1.1.3　使触电者脱离电源时应注意的事项

（1）救护人不得采用金属和其他潮湿的物品作为救护工具。

（2）未采取绝缘措施前,救护人不得直接触及触电者的皮肤和潮湿的衣服。

（3）在拉、拽触电者脱离电源的过程中,救护人宜用单手操作,这样对救护人比较安全。

（4）当触电者位于高位时,应采取措施预防触电者在脱离电源后坠地摔伤或摔死。

（5）夜间发生触电事故时,应考虑切断电源后的临时照明问题,以利救护。

3.1.2　现场救护

触电者脱离电源后,应立即就地进行抢救。"立即"之意就是争分夺秒,不可贻误。

"就地"之意就是不能消极地等待医生的到来,而应在现场施行正确的救护的同时,派人通知医务人员到现场并做好将触电者送往医院的准备工作。

根据触电者受伤害的轻重程度,现场救护有以下几种抢救措施。

3.1.2.1 触电者未失去知觉的救护措施

如果触电者所受的伤害不太严重,神志尚清醒,只是心悸、头晕、出冷汗、恶心、呕吐、四肢发麻、全身乏力,甚至一度昏迷,但未失去知觉,则应让触电者在通风暖和的处所静卧休息,并派人严密观察,同时请医生前来或送往医院诊治。

3.1.2.2 触电者已失去知觉(心肺正常)的抢救措施

如果触电者已失去知觉,但呼吸和心跳尚正常,则应使其舒适地平卧着,解开衣服以利呼吸,四周不要围人,保持空气流通,冷天应注意保暖,同时立即请医生前来或送往医院诊治。若发现触电者呼吸困难或心跳失常,应立即施行人工呼吸或胸外心脏挤压。

3.1.2.3 对假死者的急救措施

如果触电者呈现假死(电休克)现象,则可能有三种临床症状:一是心跳停止,但尚能呼吸;二是呼吸停止,但心跳尚存(脉搏很弱);三是呼吸和心跳均已停止。假死症状的判定方法是"看""听""试"。"看"是观察触电者的胸部、腹部有无起伏动作;"听"是用耳贴近触电者的口鼻处,听他有无呼气声音;"试"是用手或小纸条试测口鼻有无呼吸的气流,再用两手指轻压一侧(左或右)喉结旁凹陷处的颈动脉试测有无搏动感觉。如"看""听""试"的结果是既无呼吸又无颈动脉搏动,则可判定触电者呼吸停止或心跳停止或呼吸和心跳均停止。"看""听""试"的操作方法如图3-1所示。

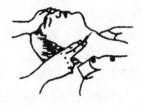

图3-1 判定假死的看、听、试

当判定触电者呼吸和心跳均停止时,应立即按心肺复苏法就地抢救。所谓心肺复苏法,就是支持生命的三项基本措施,即通畅气道、口对口(鼻)人工呼吸、胸外按压(人工循环)。

1. 通畅气道

若触电者呼吸停止,要紧的是始终确保气道通畅,其操作要领是:

(1)清除口中异物。使触电者仰面躺在平硬的地方,迅速解开其领扣、围巾、紧身衣和裤带。如发现触电者口内有食物、假牙、血块等异物,可将其身体及头部同时侧转,迅速用一个手指或两个手指交叉从口角处插入,从中取出异物,操作中要注意防止将异物推到咽喉深处。

(2)采用仰头抬颌法通畅气道。操作时,救护人用一只手放在触电者前额,另一只手将其颌骨向上抬起,两手协同将头部推向后仰,舌根自然随之抬起,气道即可畅通。气道状况如图3-2所示。为使触电者头部后仰,可于其颈部下方垫适量厚度的物品,但严禁用枕头或其他物品垫在触电者头下,因为头部抬高前倾会阻塞气道,还会使施行胸外按压时流向脑部的血量减少,甚至完全消失。

2. 口对口(鼻)人工呼吸

救护人在完成通畅气道的操作后,应立即对触电者施行口对口或口对鼻人工呼吸。口对鼻人工呼吸用于触电者嘴巴紧闭的情况。人工呼吸(见图3-3)的操作要领如下:

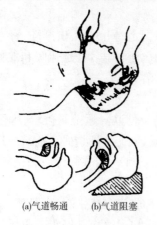

(a)气道畅通   (b)气道阻塞

图3-2 气道状况

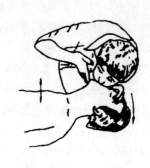

图3-3 口对口(鼻)人工呼吸

(1)大口吹气刺激起搏。救护人蹲跪在触电者的左侧或右侧,用放在触电者额上的手指捏住其鼻翼,另一只手的食指和中指轻轻托住其下巴,救护人深吸气后,与触电者口对口紧合,在不漏气的情况下,先连续大口吹气两次,每次1~1.5 s。然后用手指试测触电者颈动脉是否有搏动,如仍无搏动,可判断心跳确已停止,在施行人工呼吸的同时应进行胸外按压。

(2)正常口对口人工呼吸。大口吹气两次试测颈动脉搏动后,立即转入正常的口对口人工呼吸阶段。正常的吹气频率约是12次/min。正常的口对口人工呼吸操作姿势如上述。但吹气量不需过大,以免引起胃膨胀,如触电者是儿童,吹气量宜小些,以免肺泡破裂。救护人换气时,应将触电者的鼻或口放松,让他借助于自己胸部的弹性自动吐气。吹气和放松时要注意触电者胸部有无起伏的呼吸动作。吹气时如有较大的阻力,可能是头部后仰不够,应及时纠正,使气道保持畅通。

(3)触电者如牙关紧闭,可改行口对鼻人工呼吸。吹气时要将触电者嘴唇紧闭,防止漏气。

3. 胸外按压(人工循环)

胸外按压是借助于人力使触电者恢复心脏跳动的急救方法。其有效性在于选择正确的按压位置和采取正确的按压姿势。

(1)确定正确的按压位置的步骤如下:

①右手的食指和中指沿触电者的右侧肋弓下缘向上,找到肋骨和胸骨接合处的中点。

②右手两手指并齐,中指放在切迹中点(剑突底部),食指平放在胸骨下部,左手的掌根紧挨食指上缘置于胸骨上,掌根处即为正确按压位置(见图3-4)。

(2)确定正确的按压姿势的步骤如下:

①使触电者仰面躺在硬的地方并解开其衣服,仰卧姿势与口对口(鼻)人工呼吸法相同。

②救护人立或跪在触电者一侧肩旁,两肩位于触电者胸骨正上方,两臂伸直,肘关节固定不屈,两手掌相叠,手指翘起,不接触触电者胸壁。

③以髋关节为支点,利用上身的重力,垂直将正常成人胸骨压陷 3～5 cm(儿童和瘦弱者酌减)。

④压至要求程度后,立即全部放松,但救护人的掌根不得离开触电者的胸壁。

接压姿势与用力方法见图3-5。按压有效的标志是在按压过程中可以触到颈动脉搏动。

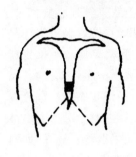
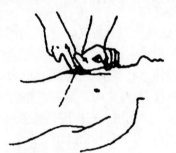
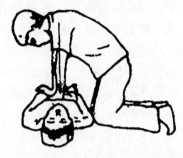

图3-4　正确的按压位置　　　　图3-5　按压姿势与用力方法

(3)确定恰当的按压频率的步骤如下:

①胸外按压要以均匀速度进行。操作频率以 80 次/min 为宜,每次包括按压和放松一个循环,按压和放松的时间相等。

②当胸外按压与口对口(鼻)人工呼吸同时进行时,操作的节奏为:单人救护时,每按压 15 次后吹气 2 次(15:2),反复进行;双人救护时,每按压 15 次后由另一人吹气 1 次(15:1),反复进行。

3.1.2.4　现场救护中的注意事项

1.抢救过程中应适时对触电者进行再判定

(1)按压吹气 1 min 后(相当于单人抢救时做了 4 个 15:2 循环),应采用"看""听""试"方法在 5～7 s 内完成对触电者是否恢复自然呼吸和心跳的再判断。

(2)若判定触电者已有颈动脉搏动,但仍无呼吸,则可暂停胸外按压,而再进行 2 次口对口人工呼吸,接着每隔 5 s 吹气一次(相当于 12 次/min)。如果脉搏和呼吸仍未能恢复,则继续坚持心肺复苏法抢救。

(3)在抢救过程中,要每隔数分钟用"看""听""试"方法再判定一次触电者的呼吸和脉搏情况,每次判定时间不得超过 5～7 s。在医务人员未来接替抢救前,现场人员不得放弃现场抢救。

2.抢救过程中移送触电伤员时的注意事项

(1)心肺复苏法应在现场就地坚持进行,不要图方便而随意移动触电伤员,如确有需要移动,抢救中断时间不应超过 30 s。

(2)移动触电者或将其送往医院,应使用担架并在其背部垫以木板,不可让触电者身体蜷曲着进行搬运。移送途中应继续抢救,在医务人员未接替救治前不可中断抢救。

(3)应创造条件,用装有冰屑的塑料袋做成帽状包绕在伤员头部,露出眼睛,使脑部温度降低,争取触电者心、肺、脑能得以复苏。

3. 触电者好转后的处理

如触电者的心跳和呼吸经抢救后均已恢复,可暂停心肺复苏法操作。但心跳、呼吸恢复的早期仍有可能再次骤停,救护人应严密监护,不可麻痹,要随时准备再次抢救。触电者恢复之初,往往神志不清、精神恍惚或情绪躁动不安,应设法使其安静下来。

4. 慎用药物

人工呼吸和胸外按压是对触电假死者的主要急救措施,任何药物都不可替代。无论是兴奋呼吸中枢的可拉明、洛贝林等药物,还是有使心脏复跳的肾上腺素等强心针剂,都不能代替人工呼吸和胸外心脏按压这两种急救办法。必须强调指出的是,对触电者用药还是注射针剂,应由有经验的医生诊断确定,慎重使用。例如,肾上腺素有使心脏恢复跳动的作用,但也可使心脏由跳动微弱转为心室颤动,导致触电者心跳停止而死亡,这方面的教训是不少的。因此,现场触电抢救中,对使用肾上腺素等药物应持慎重态度。如没有必要的诊断设备条件和足够的把握,不得乱用。在医院内抢救触电者时,则由医务人员根据医疗仪器设备诊断的结果决定是否采用这类药物救治。此外,禁止采取冷水浇淋、猛烈摇晃、大声呼唤或架着触电者跑步等"土"办法刺激触电者的举措,因为人体触电后,心脏会发生颤动,脉搏微弱,血流混乱,如果在这种险象下用上述办法强烈刺激心脏,会使触电者因急性心力衰竭而死亡。

5. 触电者死亡的认定

对于触电后失去知觉、呼吸和心跳停止的触电者,在未经心肺复苏急救之前,只能视为假死。任何在事故现场的人员,一旦发现有人触电,都有责任及时和不间断地进行抢救。"及时"就是要争分夺秒,即医生到来之前不等待,送往医院的途中也不可中止抢救。"不间断"就是要有耐心地坚持抢救,有抢救近5 h终使触电者复活的实例,因此抢救时间应持续6 h以上,直到救活或医生做出触电者已临床死亡的认定。

只有医生才有权认定触电者已死亡,宣布抢救无效,否则就应本着人道精神坚持不懈地运用人工呼吸和胸外按压对触电者进行抢救。

学习单元3.2　关于电伤的处理

电伤是触电引起的人体外部损伤(包括电击引起的摔伤)、电灼伤、电烙伤、皮肤金属化这类组织损伤,需要到医院治疗。但现场也必须预作处理,以防止细菌感染,损伤扩大。这样可以减轻触电者的痛苦和便于转送医院。

(1)对于一般性的外伤创面,可先用无菌生理食盐水或清洁的温开水冲洗后,再用消毒纱布防腐绷带或干净的布包扎,然后将触电者护送去医院。

(2)如伤口大出血,要立即设法止住。压迫止血法是最迅速的临时止血法,即用手指、手掌或止血橡皮带在出血处供血端将血管压瘪在骨骼上而止血,同时火速送医院处置。如果伤口出血不严重,可用消毒纱布或干净的布料叠几层盖在伤口处压紧止血。

(3)高压触电造成的电弧灼伤,往往深达骨骼,处理十分复杂。现场救护可用无菌生理盐水或清洁的温开水冲洗,再用酒精全面涂擦,然后用消毒被单或干净的布类包裹好送往医院处理。

(4)对于因触电摔跌而骨折的触电者,应先止血、包扎,然后用木板、竹竿、木棍等物品将骨折肢体临时固定并速送医院处理。

学习单元 3.3　示　例

3.3.1　岗位技能考核操作任务书

3.3.1.1　任务名称

触电急救。

3.3.1.2　适用岗位

班长、技术专责、专责工、操作工。

3.3.1.3　具体任务

运用现场心肺复苏术(CPR)对触电者进行紧急救护。

3.3.1.4　工作规范及要求

(1)迅速将触电者脱离电源。解救触电者时救护者必须先懂得自我保护,若出现可能导致救护者或触电者触电的情况,立即终止本任务。

(2)正确进行脱离电源后的处理。要求正确判断触电者神志、呼吸及脉搏状况。

(3)假设触电者已无神志、无呼吸、无心跳,要求结束判断后立即运用人工心肺复苏法进行紧急救护,并在 90 s 内完成 4 个 CPR 压吹循环。

(4)在完成 4 个 CPR 压吹循环后,要求对触电者的情况进行再判定,并口述瞳孔、脉搏和呼吸情况。

(5)要求操作程序正确、动作规范。

(6)出现下列任意一种情况考核成绩记为"不合格":①成绩低于 60 分;②"脱离电源"项目得分为 0 分者;③"人工循环(体外按压)"项目,按压错误次数超过 30 次。

3.3.1.5　时间要求

本模块操作时间为 3 min,时间到即终止任务。

3.3.2　岗位技能考核评分细则

岗位技能考核评分细则如表 3-1 所示。

表 3-1　岗位技能考核评分细则

编号:	姓名:		岗位:		单位:	
成绩:	考评员:		考评组长:		日期:	
技能操作模块名称	触电急救		适用岗位	各岗位	考核时限	3 min
需要说明的问题和要求	1. 出现下列任意一种情况考核成绩记为"不合格":①成绩低于 60 分;②"脱离电源"项目得分为 0 分者;③"人工循环(体外按压)"项目,按压错误次数超过 30 次					
	2. 一人单独操作,在规定的时间内完成脱离电源、现场心肺复苏前的处理、人工心肺复苏、抢救中再判定等步骤,须按工作程序操作。工序错误扣除应做项目得分					
	3. 心肺复苏模拟人工作程序设定:操作时间为 120 s,操作频率为 100 次/min,操作模式为单人训练模式。语音提示为关闭。考生不得观看电脑显示					

续表 3-1

序号	项目名称	质量要求	满分	扣分标准	扣分原因	扣分	得分
需要说明的问题和要求		4. 心肺复苏模拟人操作时间80 s，包括口对口人工呼吸、胸前扣击、人工胸外心脏按压、抢救中再判定及口述15 s；考核时限后的操作不记分					
		5. 本细则依据中华人民共和国电力行业标准《电力行业紧急救护技术规范》（DL/T 692—2008）及《国际心肺复苏（CPR）与心血管急救指南2005》制定					
工具、材料、设备、场地		1. 考核环境模拟低压触电现场					
		2. 电脑心肺复苏模拟人					
		3. 数字秒表1只；酒精卫生球（签），一次性CPR屏障消毒面膜；干燥木棒、金属杆各1根；2 m及以上无卷曲电线1根					
1	迅速脱离电源（10 s）	①立即拉开电源开关或拔除电源插头，或用带有绝缘柄的电工钳或带有干燥木柄的斧头切断电线，断开电源；②用带有绝缘胶柄的钢丝钳、绝缘物体或干燥不导电物体等工具将触电者迅速脱离电源（可任选一种操作）	4分	①任何使救护者或触电者处于不安全状况的行为不得分；②操作不规范扣2分；③操作时间超过10 s扣2分			
2	脱离电源后的处理						
2.1	判断伤员意识及呼叫（10 s）	意识判断：①轻拍伤员肩部，高声呼叫伤员，5 s内完成；②无反应时，立即用手指掐压人中穴，5 s内完成	4分	未操作一项扣2分，其中如果某一项有操作动作，但操作不规范扣1分，二项操作都不规范扣2分；按人中用力过小、过大扣1分；方式、方法不正确扣1分；按压位置不正确扣1分；按压人中时间短于3 s扣1分；拍肩用力过大、过小扣1分；操作时间超过10 s扣2分；每一项最多扣2分，扣完为止			
		呼救：大叫"来人啦！救命啊！有人触电啦！"	2分	未呼救不得分，呼救声音小扣1分，操作时间超过2 s扣1分			
2.2	摆好伤员体位（5 s）	①使伤员仰卧于硬板床或地上，头、颈、躯干平卧无扭曲，双手放于两侧躯干旁；②解开上衣，暴露胸部；③5 s内完成	2分	未操作一项扣1分，操作不规范一项扣1分，操作时间超过5 s扣1分，扣完为止			

续表 3-1

序号	项目名称	质量要求	满分	扣分标准	扣分原因	扣分	得分
2.3	畅通气道（5 s）	采用仰头压额法畅通气道：用一只手置于伤员前额，另一只手的食指与中指置于下颌骨近下颚处，两手协同使头部后仰90°	4分	未操作扣4分；未采用仰头压额法畅通气道扣2分；气道未开放到位，头部后仰不到90°扣1分；操作时间超过3 s扣1分，扣完为止			
		迅速清除口腔异物，2 s内完成	2分	未操作扣2分；操作不规范一项扣1分；未用食指清除扣1分，有动作，但动作不到位扣1分，超时扣1分			
2.4	判断伤员呼吸（10 s）	看：看伤员的胸部、腹部有无起伏动作，3～5 s内完成	2分	未操作扣2分；操作时间超过5 s或少于3 s扣1分，操作不规范扣1分			
		听：用耳贴近伤员的口鼻处，听有无呼吸声音，可以与看同时进行	2分	未操作扣2分；操作时间少于3 s扣1分，操作不规范扣1分			
		试：用颜面部的感觉测试口鼻有无呼吸气流，也可将毛发等物放在口鼻处测试，3～5 s内完成	2分	未操作扣2分；操作时间超过5 s或少于3 s扣1分，操作不规范扣1分			
		在观察过程中要求气道始终保持开放位置	2分	气道未开放扣2分，开放不到位扣1分			
2.5	口对口人工呼吸2次（5 s）	保护气道畅通，用手指捏住伤员鼻翼，连续吹气两次，每次1 s以上，5 s内完成	8分	未用仰头抬额法或未保持气道畅通，扣2分；少吹一次气或未吹进气一次扣4分；吹气量不足或过大、头部后仰达不到90°）、未用手指捏住伤员鼻翼、未观察伤员胸部有无起伏、未放松捏鼻翼的手指、两次吹气之间间隔时间过短，每项扣1分（最多不超过2分）；超时扣1分，扣完为止			

续表 3-1

序号	项目名称	质量要求	满分	扣分标准	扣分原因	扣分	得分
2.6	胸前扣击（4 s）	一只手掌平放心脏部位，另一只手握空心拳垂直快速、有弹性地捶打放在心脏部位的另一只手的手背，连续 3~5 次	2分	未操作扣 2 分;未手握空心拳,未快速垂直,击打部位不正确,力量过大过小每项扣 1 分;捶击次数少一次扣 1 分;捶击时间不符合要求扣 1 分,扣完为止			
3	现场心肺复苏						
3.1	CPR 操作频率	① 按压频率为 100 次/min,每次按压 30 次,时间为 16~20 s; ② 按压与人工呼吸比例:每次按压 30 次后吹气 2 次(30:2) 要求 50 s 内完成 2 个 30:2 压吹循环	10 分	按压频率短于 16 s 不短于 14 s 一个循环扣 1 分,超过 22 s 扣 2 分;一个 30:2 压吹循环比例不正确扣 2 分;多进行或少进行一个压吹循环扣 2 分;扣完为止			
3.2	人工循环（体外按压）	按压位置:① 食指及中指沿伤员肋弓下缘向中间移滑,找到肋骨和胸骨接合处的中点;两手指并齐,中指放在切迹中点(剑突底部),食指平放在胸骨上,另一只手的掌根紧挨食指上缘,置于胸骨上,即为正确按压位置。 ② 胸部正中,双乳头之间,胸骨的下半部即为正确的按压位置 按压姿势:① 将定位之手取下,重叠将掌根放于另一手背上,两手手指交叉抬起,使手指脱离胸壁;② 两肩绷直,双肩在伤员上方正中,靠自身重量垂直向下按压 按压用力方式:① 平衡,有律,不能间断;② 不能冲击式地猛压;③ 下压及向上放松时间相等,下压至按压深度(成人伤员为 3.8~5 cm),停顿后全部放松;④ 垂直用力向下;⑤ 放松时手掌根部不得离开胸壁	30 分	第一次按压前未进行按压位置查找扣 2 分;查找按压位置方法不正确扣 1 分;一个循环内按压次数少于 30 次,少一次扣 1 分;未用左手手掌根部按压,两手未重叠、两手手指未交叉抬起、两肩未绷直、未靠自身重量垂直向下按压、节律未保持平稳有间断按压、有冲击式的猛压、下压及向上时间不相等、放松时手掌根部离开胸壁,每项一个按压循环扣 1 分(最多不超过 4 分),扣完为止			

续表3-1

序号	项目名称	质量要求	满分	扣分标准	扣分原因	扣分	得分
3.3	口对口人工呼吸	①保持气道畅通；②用按于前额的手的拇指与食指捏住伤员鼻翼下端；③深吸一口气后，用自己的嘴唇包住伤员微张的嘴；④向伤员口中吹气，换气的同时侧头仔细观察伤员胸部有无起伏；⑤一次吹气完毕后，脱离伤员口部，吸入新鲜空气，同时使伤员的嘴张开，并放松捏鼻的手；⑥每个吹气循环连续吹气2次，5 s内完成；⑦每次吹气1 s以上		未用压头抬额法畅通气道，一次扣2分；未保持气道畅通，一个吹气循环扣2分；少吹一次气或未吹进气一次扣4分，吹气量不足或过量一次扣2分；用压头抬额法时压头抬额力度过大、头部后仰角度不到位、未用手指捏住伤员鼻翼、未观察伤员胸部有无起伏、未放松捏的手指、两次吹气之间间隔时间过短过长，一个循环一项扣1分（最多不超过4分），扣完为止			
4	抢救过程中的再判定（15 s）	①用看、听、试方法对伤员呼吸和心跳是否恢复进行再判定；②口述瞳孔、脉搏和呼吸情况	4分	有动作，但未到位或方法不对，每一项扣1分（最多不超过2分）；有一项未作扣2分，扣完为止			

思考与练习题

一、填空题

1.发现有人触电，切不可惊慌失措，束手无策，应按"迅速、_____、_____、_____"八字急救原则，根据触电者的具体情况，进行相应的救治。

2.对于低压触电事故，可采用"拉""_____""_____""_____""垫"使触电者脱离电源。

3.如果触电者伤势严重，呼吸停止或心跳停止，或二者都已停止，应立即施行_____或_____，并速请医生诊治或送往医院。

4.口对口人工呼吸中，每次吹气时约_____s，触电者自行呼气时约_____s。

5.心脏挤压法，对成年人应压陷_____cm，每分钟挤压_____次为宜。如系儿童，每分钟挤压_____次为宜。

6.触电急救中如现场只有一个人抢救，人工呼吸和心脏挤压应交替进行，每吹气

_____次,再挤压_____次。

7. 施行触电急救要坚持不断,切不可轻率中止。送往医院的途中_____。

8. 每完成_____个吹压循环,要对触电者的情况进行再判定,并观察瞳孔、_____和_____情况。

9. 如果人工呼吸停止后触电者仍不能自己维持呼吸,则应立即_____。

二、简答题

1. 简述将触电者脱离电源的方法和步骤。

2. 现场触电急救方法和要领有哪些?

学习情境4　发电厂电气设备安全

学习单元 4.1　发电机安全

【学习目标】

(1) 了解交流发电机的功用、分类。

(2) 掌握发电机的结构、工作原理及检修与维修方法。

【学习任务】

交流发电机的结构,交流发电机的工作原理,发电机、同期调相机的检修、维护。

【学习内容】

4.1.1　交流发电机的结构

交流发电机的结构如图4-1所示。

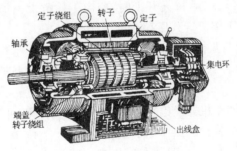

图4-1　交流发电机的结构

交流发电机的磁铁是固定的,而依靠电枢线圈转动,即定子磁铁,转子是垫圈。集电环用铜和钢制成,固定在转轴上,且在轴间加以绝缘。电刷架固定在定子上。用弹簧将电刷固定在集电环上,使之有良好的接触。当原动机带动发电机电枢转动时,转子线圈旋转,即在导体中产生了交变感应电动势,再利用集电环和电刷线圈与外电路的负荷接通,则电路中由于交变电动势的作用而产生了交变电流。

4.1.2　交流发电机的工作原理

交流发电机的工作原理如图4-2所示。

同步发电机的转子在正常运行时处于高速旋转状态(在我国转速一般为 3 000 r/min)。由于转子磁场处于高速旋转状态下,在定子绕组内相应地切割磁力线,产生感应电动势。由于三相制交流电具有一系列的独特优点,所以作为主要交流电源设备的同步发电机也制成三相的。为此,在定子上装有 AX、BY、CZ 三相绕组,它们在空间彼此相差

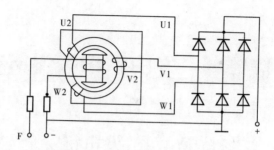

图 4-2 交流发电机的工作原理

120°,每相绕组匝数相等,并接成星形,即将 X、Y、Z 连接在一起,将 A、B、C 引出。定子三相感应电动势的有效值和最大值相等,但相位差彼此为 120°。一般发电机的三相负荷是对称的。对称的三相定子电流会形成一个旋转磁场,其旋转方向与转子转向一致,其速度与转子转速相同。因此,定子电流产生的旋转磁场与转子的旋转磁场完全处于同步运行状态中,故称这种发电机为同步发电机。

4.1.3 发电机、同期调相机的检修、维护

(1)检修发电机、同期调相机和高压电动机应填用变电站(发电厂)第一种工作票。

(2)发电厂主要机组(锅炉、蒸汽机、内燃机、发电机、水轮机、水泵水轮机)停用检修,只需第一天办理开工手续,以后每天开工时,应由工作负责人检查现场,核对安全措施。检修期间工作票始终由工作负责人保存在工作地点。

(3)检修发电机、同期调相机应做好下列安全措施:

①断开发电机、励磁机(励磁变压器)、同期调相机的断路器(开关)和隔离开关(刀闸);

②待发电机和同期调相机完全停止后,在其操作把手、按钮和机组的启动装置、励磁装置、同期并车装置、盘车装置的操作把手上悬挂"禁止合闸,有人工作!"的标示牌;

③若本机尚可从其他电源获得励磁电流,则此项电源应断开,并悬挂"禁止合闸,有人工作!"的标示牌;

④断开断路器(开关)、隔离开关(刀闸)的操作能源,如调相机有启动用的电动机,还应断开此电动机的断路器(开关)和隔离开关(刀闸),并悬挂"禁止合闸,有人工作!"的标示牌;

⑤将电压互感器从高、低压两侧断开;

⑥在发电机和断路器(开关)间或发电机定子三相出口处(引出线)验明无电压后,装设接地线;

⑦检修机组中性点与其他发电机的中性点是连在一起的,则在工作前应将检修发电机的中性点分开;

⑧检修机组装有二氧化碳或蒸汽灭火装置的,则在风道内工作前,应采取防止灭火装置误动的必要措施;

⑨检修机组装有可以堵塞机内空气流通的自动闸板风门的,应采取措施保证风门不能关闭,以防窒息;

⑩氢冷机组应采取关闭至氢气系统的相关阀门、加堵板等隔离措施。

（4）转动着的发电机、同期调相机，即使未加励磁，亦应认为有电压。禁止在转动着的发电机、同期调相机的回路上工作，或用手触摸高压绕组。必须不停机进行紧急修理时，应先将励磁回路切断，投入自动灭磁装置，然后将定子引出线与中性点短路接地。在拆装短路接地线时，应戴绝缘手套、穿绝缘靴或站在绝缘垫上，并戴防护眼镜。

（5）测量轴电压和在转动着的发电机上用电压表测量转子绝缘的工作，应使用专用电刷，电刷上应装有 300 mm 以上的绝缘柄。

（6）在转动着的电机上调整、清扫电刷及滑环时，应由有经验的电工操作，并遵守下列规定：

①作业人员应特别小心，不使衣服及擦拭材料被机器挂住，扣紧袖口，发辫应放在帽内；

②工作时站在绝缘垫上（该绝缘垫为常设固定型绝缘垫），不得同时接触两极或一极与接地部分，也不能两人同时进行工作。

思考与练习题

一、单选题

1.（　　）往往由大坝维持在高水位的水经压力水管进入螺旋形蜗壳推动水轮机转子旋转，将水能变为机械能，水轮机转子再带动发电机转子旋转发电，将机械能变成电能。

  A.风力电站 B.火力发电厂 C.水力发电厂 D.核能发电厂

2.变压器、电动机、发电机等的铁芯，以及电磁铁等都采用（　　）磁性物质。

  A.反   B.顺   C.铁   D.永

3.从发电厂到用户的供电过程包括（　　）、升压变压器、输电线、降压变压器、配电线等。

  A.发电机 B.汽轮机 C.电动机 D.调相机

4.电力系统自动操作装置的作用对象往往是某些（　　），自动操作的目的是提高电力系统供电可靠性和保证系统安全运行。

  A.系统电压 B.系统频率 C.断路器 D.发电机

5.配电变压器或低压发电机中性点通过接地装置与大地相连，即为（　　）。

  A.工作接地 B.防雷接地 C.保护接地 D.设备接地

6.以煤、石油、天然气等作为燃料，燃料燃烧时的化学能转换为热能，然后借助于汽轮机等热力机械将热能转换为机械能，并由汽轮机带动发电机将机械能转换为电能，这种发电厂称为（　　）。

  A.风力电站 B.火力发电厂 C.水力发电厂 D.核能发电厂

7.在发电机出口端发生短路时，流过发电机的短路电流最大瞬时值可达额定电流的（　　）倍。

  A.10～15 B.5～10   C.0～5   D.15～20

8.在一类负荷的供电要求中，允许中断供电时间在（　　）h 以上的供电系统，可选用快速自启动的发电机组。

    A.12   B.13   C.14   D.15

二、多选题

1.保证交流电波形是正弦波,必须遵守的要求包括(   )。

    A.发电机发出符合标准的正弦波形电压

    B.在电能输送和分配过程中,不应使波形发生畸变

    C.消除电力系统中可能出现的其他谐波源

    D.并联电抗器补偿

2.根据我国变电站一次主接线情况,备用电源自动投入的主要一次接线方案有(   )。

    A.低压母线分段备自投接线   B.变压器备自投接线

    C.进线备自投接线   D.发电机备自投接线

三、判断题

1.从发电厂发电机开始到变电设备为止,这一整体称为电力系统。   (   )

2.电网中发电机发出的正弦交流电压每分钟交变的次数,称为频率,或叫供电频率。

    (   )

3.配备应急电源时,对于允许中断供电时间在5 h以上的供电系统,可选用快速自启动的发电机组。   (   )

学习单元4.2　高压电气设备

【学习目标】

    (1)掌握高压隔离开关的结构,了解其运行与安装。

    (2)了解高压负荷开关的原理、结构与安全要点。

    (3)掌握高压断路器的型号,了解高压断路器及操作机构的维修。

【学习任务】

    高压隔离开关的基本知识,高压负荷开关的基本知识,高压断路器的基本知识。

【学习内容】

4.2.1　高压隔离开关

    高压隔离开关主要用来隔离高压电源,以保证其他电气设备的安全检修。由于它没有专门的灭弧装置,所以不能带负荷操作,但是可用来通断一定限度的小电流,如激磁电流不超过2 A的空载变压器、电容电流不超过5 A的空载线路及电压互感器和避雷器回路等。

4.2.1.1　高压隔离开关的结构

    高压隔离开关主要由片状静触头、双刀动触头、瓷绝缘、传动机构(转轴、拐臂)和框架(底座)组成。GN8型高压隔离开关的结构如图4-3所示,高压隔离开关分断时有明显可见的断开点。

高压隔离开关的主要技术参数是额定电压、额定电流、极限通过峰值电流和 5 s 热稳定电流。额定电压和额定电流都在产品型号上表示出来。例如,GN19 – 10/600 – 52 型表示户内用(用字母 N 表示)额定电压 10 kV、额定电流 600 A、极限通过峰值电流 52 kA 的隔离开关(用字母 G 表示),其 5 s 热稳定电流为 20 kA。高压隔离开关配用手动操作机构。图 4-4 是 CS6 – 1T 型手动操作机构与 GN8 型隔离开关配合安装图。

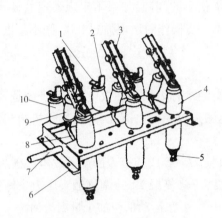

1—上接线端;2—静触点;3—刀闸;4—套管绝缘子;
5—下接线端;6—框架;7—转轴;8—拐臂;
9—升降绝缘子;10—支柱绝缘子

图 4-3　GN8 型高压隔离开关的结构

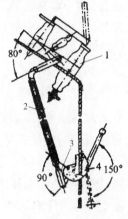

1—GN8 型隔离开关;2—焊接钢管;
3—连杆;4—CS6 – 1T 型手动操作机构

图 4-4　隔离开关和操作机构配合安装

4.2.1.2　高压隔离开关安装

户外型高压隔离开关露天安装时应水平安装,户内型高压隔离开关应垂直安装或倾斜安装(指带有套管绝缘子的开关)。一般情况下,电源接静触头端,负荷接动触头端。但电缆进线的受电柜的第一台隔离开关正好反过来:电源接动触头端,负荷接静触头端。

开关安装应当牢固,电气连接应当紧密、接触良好,铜、铝导体连接须采用铜铝过渡接头。动、静触头应对准。各相触头同期误差不得超过 3 mm。动触头应有足够的切入深度,但合上后离底座的距离不得小于 3 ~ 5 mm。开关拉开后应有足够的开距。10 kV 隔离开关动、静触头之间的距离不应小于 160 mm,动触头转开角不应小于 65°(户外安装者分别不应小于 180 mm 和 35°)。

开关操作手柄中心至侧墙的距离不得小于 0.3 ~ 0.4 m,开关操作手柄至带电体的距离不得小于 1.2 m。

4.2.1.3　高压隔离开关运行及检修

1.操作安全

因为隔离开关不能带负荷操作,所以拉闸、合闸前应检查与之串联安装的断路器是否在分闸位置。如用隔离开关操作规定容量范围内的变压器,拉闸、合闸前应从低压侧停掉全部负荷。

拉闸、合闸前应先拔出定位销。拉闸、合闸动作应迅速,但终了时不要用力过猛。拉闸、合闸完毕应重新上好定位销,并观察触头位置及状态。

操作过程中,如发现错误,应冷静处理,避免发生更严重的问题。如合闸过程中发生电弧,也不得将已经合上或将要合上的开关再拉开,而必须迅速合上;否则,必将造成弧光短路。进行隔离开关的拉闸操作时,应留心观察触头分开瞬间的情况。当动、静触头刚分离时,发现是带负荷拉闸,千万不能强行拉开,而必须迅速合上。条件许可时,拉闸操作可分两步进行:第一步是将触刀从刀座拉开一个很小的间隙,如果不出现强烈电弧,随即进行第二步操作,将触刀全部拉开。如果进行第一步操作时出现强烈电弧,则不得进行第二步操作,而应立即将触刀合上。

2. 巡视和检修

高压隔离开关日常巡视的主要内容是:瓷绝缘有无损坏和放电痕迹、表面是否清洁;连接点有无过热迹象(示温蜡是否熔化、变色漆是否变色);有无异声;操作机构和传动机构有无移位、松动,定位销是否完好等。

运行中的高压隔离开关连接部位过热(超过 75 ℃)、瓷瓶表面严重放电或破裂时,应报告上级,进行紧急停电处理。如系接触不良,应修复触头,并调整触头压力。修复后的触头应涂上中性凡士林。如分、合闸操作不灵活,可在运动部位加少量润滑油。

4.2.2 高压负荷开关

高压负荷开关有比较简单的灭弧装置,用来接通和断开负荷电流。就分断能力而言,负荷开关是介于隔离开关与断路器之间的一种高压开关。

4.2.2.1 高压负荷开关的原理和结构

高压负荷开关分为户内型和户外型两种。高压负荷开关分断时有明显可见的断开点。户外型高压负荷开关带有产气式灭弧装置。其灭弧室用有机玻璃等材料制成,在电弧高温的作用下,灭弧室分解出大量的气体吹灭电弧。

户内型高压负荷开关的外形与高压隔离开关有些相似,其结构如图 4-5 所示。与隔离开关不同的是:这种高压开关除起导电作用的主触头外,还装有起灭弧作用的弧触头;此外,还装有分闸弹簧,使分闸得以快速进行。正因为如此,高压负荷开关具有一定的灭弧能力,可以接通和分断负荷电流。

负荷开关以手动操作为主,但可配用电磁脱扣器实现自动分闸。户内型高压负荷开关装有压气式灭弧装置。如图 4-5 所示,分闸时,操作机构脱扣,在分闸弹簧 16 的作用下,主轴 15 顺时针旋转,一方面通过曲柄滑块机构使活塞 14 向上运动将气体压缩,另一方面通过一套连杆机构推动主闸刀 7 先打开,再推动弧闸刀 8 带动弧触头 10 打开,气缸里的压缩空气通过喷口 11 吹灭电弧(喷口本身也产生一些气体起吹弧作用)。合闸时,操作机构通过主轴 15 及传动系统使主闸刀 7 和弧闸刀 8 同时顺时针旋转,弧触头先闭合,主轴继续旋转,使主触头随后闭合。在合闸过程中,分闸弹簧同时上紧储能。

除上述产气式和压气式负荷开关外,还有油浸式、压缩空气式、六氟化硫和真空式高压负荷开关。

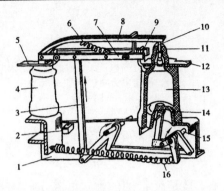

1—框架;2—分闸缓冲器;3—绝缘拉杆;4—支持绝缘子;5—出线;
6—弹簧;7—主闸刀;8—弧闸刀;9—主触头;10—弧触头;
11—喷口;12—出线;13—汽缸;14—活塞;15—主轴;16—分闸弹簧

图4-5　高压负荷开关的结构

负荷开关的灭弧能力比断路器差得多,原则上只能用来接通和分断负荷电流,而不能用来切断短路电流。因此,负荷开关必须与有高分断能力的高压熔断器配合使用,由熔断器切断短路电流。

4.2.2.2　高压负荷开关安全要点

高压负荷开关的安装要求与高压隔离开关相似,其触头拉开距离的要求与高压隔离开关略有不同。10 kV 户内型负荷开关的触头拉开距离不应小于(182 ± 3) mm,户外型的触头拉开距离不应小于 175 mm。

高压负荷开关分断负荷电流时,有裸露的强电弧产生。因此,其前方不得有可燃物。高压负荷开关的巡视要求与高压隔离开关基本相同。

4.2.3　高压断路器

高压断路器是高压开关设备中最重要、最复杂的开关设备。高压断路器有强有力的灭弧装置,既能在正常情况下接通和分断负荷电流,又能借助于继电保护装置在故障情况下切断过载电流和短路电流。而且,很多高压断路器还可以借助于自动装置实现自动重合操作。显然,高压断路器是能够实现控制与保护双重作用的电器。

断路器都是用来接通和分断电路的,而带负荷的电路转换状态时,特别是分断电路时总要产生电弧,而且电压越高、电流越大,电弧越强烈。电路转换时产生的电弧必须迅速熄灭,否则,不但断路器本身可能受到严重损坏,还可能迅速发展为弧光短路,导致更为严重的事故。

4.2.3.1　高压断路器的种类、型号

高压断路器通常按灭弧介质和灭弧方式分类,可分为少油断路器(代号 S)、多油断路器(代号 D)、真空断路器(代号 Z)、六氟化硫断路器(代号 L)、压缩空气断路器(代号 K)、固体产气断路器(代号 Q)和磁吹断路器(代号 C)。10 kV 系统中,用得最多的是少油断路器和真空断路器。

高压断路器的型号按下面方法标志:

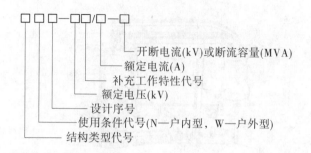

高压断路器的主要技术参数是额定电压、额定电流、额定开断电流、额定断流容量、最大关合电流、极限通过电流、热稳定电流等。例如,ZN4 - 10/1000 型户内用真空断路器的额定电压为 10 kV,额定电流为 1 000 A,额定开断电流和 4 s 热稳定电流均为 17.3 kA,额定断流容量为 300 MVA,最大关合电流峰值和极限通过电流峰值均为 44 kA。

4.2.3.2　高压断路器及其操作机构的维修与检修

1. 高压断路器的维护与检修

(1)断路器运行前应进行一次全面的外观检查,应将绝缘件表面擦试干净,机械转动摩擦部位应涂润滑油。

(2)投运前,应按照运行规程中的操作程序进行操作,确认无异常现象后方可投入运行。

(3)灭弧室真空度靠严格的生产工艺和出厂检测来保证,在使用现场检验灭弧室真空度是否合格的最简便的方法是对灭弧室进行 42 kV 的工频耐压试验。

2. 操作机构的维修与检修

(1)仔细观察各部机构动作是否灵活,有无卡涩及摩擦等不正常现象,必要时予以修正。

(2)将各部分的连杆、支持板、轴、销等拆下,用汽油洗净,检查各部分有无磨损和变形等情况,消除发现的缺陷,并在活动部分涂上机油,以使操作灵活。

(3)在尚未与开关连接时,将主轴转动数次,主轴应能依靠轴上的弹簧自由复位。操作机构常见的故障有分闸失灵、合闸失灵、线圈烧坏。一般是因为定位螺丝变位或松动,剩磁吸住了分闸铁芯;分闸或合闸线圈内部铜套不圆、不光滑,铁芯有毛刺产生了卡涩现象;铁芯顶部缓冲弹簧断裂;转换接点未切换、未复位等。

思考与练习题

一、单选题

1.(　　)的作用是将高压系统中的电流或低压系统中的大电流转变为标准的小电流,供测量、保护、监控用。

　　A.高压断路器　　B.隔离开关　　　　C.电压互感器　　　　D.电流互感器

2.(　　)是隔离电源用的电器,它没有灭弧装置,不能带负荷拉合,更不能切断短路电流。

A. 主变压器　　　　B. 高压断路器　　　　C. 隔离开关　　　　D. 电压互感器

3.(　　)主要用于接通或断开隔离开关,跌落保险,装卸携带型接地线以及带电测量和试验等。

A. 验电器　　　　B. 绝缘杆　　　　C. 绝缘夹钳　　　　D. 绝缘手套

4. GN19 - 12CST 型隔离开关为(　　)隔离开关。

A. 单掷　　　　B. 双掷　　　　C. 多掷　　　　D. 以上答案皆不对

5. GN30 - 12D 型隔离开关(　　)。

A. 仅带有接地刀闸　　　　　　B. 带有接地刀闸和辅助接地触头

C. 仅带有辅助接地触头　　　　D. 无接地刀闸

6. GN30 - 12D 型隔离开关可适用于(　　)电压等级的配电系统。

A. 10 kV　　　　B. 20 kV　　　　C. 30 kV　　　　D. 110 kV

7. GW4 - 35/600 型隔离开关的额定电压为(　　)。

A. 4 kV　　　　B. 35 kV　　　　C. 600 kV　　　　D. 400 kV

8. GW4 - 35 系列隔离开关分闸或合闸时,操作机构通过连杆机构使两个支柱绝缘子(　　)。

A. 向相同方向各自转动

B. 一个支柱绝缘子静止,一个支柱绝缘子转动

C. 向相反方向各自转动

D. 在水平方向同向转动

9. GW4 - 35 系列隔离开关为(　　)式隔离开关。

A. 单柱　　　　B. 双柱　　　　C. 五柱　　　　D. 六柱

10. GW4 - 35 系列隔离开关一般制成(　　)形式。

A. 单极　　　　B. 双极　　　　C. 三极　　　　D. 多极

11. GW4 - 35 系列隔离开关为(　　)隔离开关。

A. 户外型　　　　　　　　　　B. 户内型

C. 户外型带接地刀闸　　　　　D. 户内型带接地刀闸

12. GW5 - 35 系列隔离开关适用于(　　)电压等级的电力系统。

A. 5 kV　　　　B. 35 kV　　　　C. 110 kV　　　　D. 220 kV

13. GW5 - 35 系列隔离开关由于传动伞齿轮在金属罩内,不受雨雪侵蚀,所以(　　)。

A. 不需维护保养　　　　　　　B. 不受操作机构控制

C. 转动比较灵活　　　　　　　D. 检修方便

14. 电力系统中的各级电压线路及其联系的各级(　　),这一部分称作电力网,或称作电网。

A. 变、配电所　　　　　　　　B. 断路器

C. 隔离开关　　　　　　　　　D. 电流互感器

15. 隔离开关按刀闸运动方式分类可分为(　　)、垂直旋转式和插入式。

A. 360°旋转式　　　B. 捆绑式　　　　C. 水平旋转式　　　　D. 120°旋转式

16.隔离开关刀闸部分巡视检查项目包括(　　)。

A.合闸时动、静触头接触良好,且三相接触面一致

B.触头材质符合要求

C.触头结构是否合理

D.操作是否灵活

17.(　　)操作机构将电磁铁与永久磁铁特殊结合,来实现传统断路器操作机构的全部功能。

A.电磁　　　　　B.永磁　　　　　C.液压　　　　　D.弹簧储能

18.(　　)的触点可以直接闭合断路器的跳闸线圈回路。

A.电压继电器　　B.电流继电器　　C.差动继电器　　D.中间继电器

19.(　　)的作用是将系统的高电压转变为低电压,供测量、保护、监控用。

A.高压断路器　　B.隔离开关　　　C.电压互感器　　D.电流互感器

20.10 kV 电压等级的真空断路器种类复杂,它们的不同点之一是(　　)不同。

A.额定电压　　　B.灭弧原理　　　C.额定电流　　　D.额定功率

21.20 kV 电压等级的真空断路器种类复杂,它们的不同点之一是(　　)不同。

A.外形尺寸和布置方式　　　　　　B.额定电压

C.灭弧原理　　　　　　　　　　　D.额定功率

22.10 kV 真空断路器动、静触头之间的断开距离一般为(　　)。

A.5 ~ 10 mm　　B.10 ~ 15 mm　　C.20 ~ 30 mm　　D.30 ~ 35 mm

23.FZN12 - 40.5 型开关柜使用的长寿命真空断路器可开、合(　　)次,免维护。

A.1 万　　　　　B.2 万　　　　　C.3 万　　　　　D.4 万

24.KYN28 - 10 型高压开关柜小车室内的主回路触头盒遮挡帘板具有(　　)的作用。

A.保护设备安全　　　　　　　　　B.保护断路器小车出、入安全

C.保护小车室内工作人员安全　　　D.保护继电保护装置安全

25.KYN28 - 10 型高压开关柜中推进机构与断路器防误操作的联锁装置包括(　　)。

A.断路器合闸时,小车无法由定位状态转变为移动状态

B.断路器分闸时,小车无法由定位状态转变为移动状态

C.当小车推进摇把未拔出时,断路器可以合闸

D.当小车未进入定位状态时,断路器可以合闸

26.PRW10 - 12F2 型熔断器处于合闸状态时,正常情况下消弧触头上(　　)。

A.无负荷电流流过　　　　　　　　B.有部分负荷电流流过

C.流过全部负荷电流　　　　　　　D.与电路无联系

27.PRW10 - 12F 型熔断器分闸时,灭弧触头分开瞬间利用(　　)迅速分离,拉长电弧。

A.弹簧翻板　　　　　　　　　　　B.操作速度

C.返回弹簧的作用力　　　　　　　D.熔管的重力

28. PRW10 - 12F 型熔断器熔体采用专用低熔点合金材料,使熔体熔断时的(　　)稳定。

  A. 灭弧性能   B. 安秒特性

  C. 消弧管的产气性能   D. 熔管的跌落时间

29. PRW10 - 12F 型熔断器的型号含义中 P 表示熔断器为(　　)。

  A. 喷射式   B. 储气式   C. 压气式   D. 产气式

30. RGCV 的型号含义代表是(　　)单元。

  A. 负荷开关 - 熔断器组合   B. 电缆开关

  C. 断路器   D. 空气绝缘测量单元

31. RN1 型高压熔断器的一端装设有(　　)。

  A. 电压指示器   B. 电流指示器   C. 熔丝熔断指示器   D. 失压指示器

32. RW4 - 10 型跌落式熔断器按灭弧方式分类属于(　　)熔断器。

  A. 喷射式   B. 压气式   C. 储气式   D. 户内式

33. RW4 - 10 型熔断器安装熔丝时,熔丝应(　　)。

  A. 适度绷紧   B. 适度放松   C. 松弛   D. 绷紧

34. RW4 - 10 型熔断器在熔丝熔断时,电弧使(　　)产生大量气体。

  A. 玻璃钢熔断器管 B. 熔丝材料   C. 消弧管   D. 储气管

35. RW4 - 10 型熔断器在熔丝熔断时,消弧管产生的大量气体与电弧形成(　　)的方式。

  A. 纵吹灭弧   B. 横吹灭弧

  C. 将电弧分割成多段电弧灭弧   D. 电弧与固体介质接触灭弧

36. SF_6(六氟化硫)断路器的特点之一是(　　)。

  A. 开断电流大   B. 断口耐压低   C. 开断电流小   D. 断口耐压中等

37. SF_6 断路器是用(　　)作为绝缘介质和灭弧介质。

  A. 液态 SF_6 B. SF_6 气体

  C. SF_6 分解的低氟化硫   D. 气液混态的 SF_6

38. SF_6 断路器应每日定时记录 SF_6 气体(　　)。

  A. 压力和温度   B. 压力和含水量   C. 温度和含水量   D. 含水量

39. SF_6 断路器应设有气体检漏设备和(　　)。

  A. 自动排气装置   B. 自动补气装置   C. 气体回收装置   D. 干燥装置

40. SF_6 断路器在结构上可分为(　　)和罐式两种。

  A. 支架式   B. 支柱式   C. 固定式   D. 开启式

41. SF_6 负荷开关的灭弧能力较 SF_6 断路器(　　)。

  A. 强   B. 弱   C. 相同   D. 稍强

42. SF_6 负荷开关配有与柜体连接的锁板,防止人员在接地开关处于分闸位置时(　　)。

  A. 进入开关室   B. 误入带电间隔   C. 到达开关附近   D. 不能巡视

43. SF_6 负荷开关一般不设置(　　)。

A. 气体吹弧装置   B. 灭弧装置

C. 磁吹灭弧装置   D. 固体介质灭弧装置

44. SF_6 负荷开关装设的(　　)可随时监测开关本体内充入的 SF_6 气体压力。

  A. 气体密度计 B. 温度计   C. 气体流量计   D. 湿度计

45. SN2 - 10 型断路器为(　　)。

  A. 真空断路器 B. 少油断路器 C. SF_6 断路器   D. 多油断路器

46. SN4 - 10/600 型断路器的额定电流是(　　)。

  A. 400 A   B. 1 000 A   C. 600 A   D. 10 kA

47. SN4 - 10 是(　　)断路器。

  A. 户外真空   B. 户内真空   C. 户内少油   D. 户内 SF_6

48. VBFN 系列高压真空负荷开关具有(　　)的特点。

  A. 开断次数低,关、合开断能力强 B. 开断次数高,关、合开断能力弱

  C. 开断次数高,关、合开断能力强 D. 开断次数低,关、合开断能力弱

49. VBFN 系列真空负荷开关带有(　　)。

  A. 电压互感器 B. 接地开关   C. 喷气式灭弧装置 D. 压气式灭弧装置

50. VBFN 系列真空负荷开关关、合电路时,电弧在(　　)内熄灭。

  A. 隔离断口   B. 真空灭弧室与母线连接点

  C. 真空灭弧室   D. 绝缘罩

51. 断路器操作机构性能的好坏将(　　)断路器的性能。

  A. 直接影响   B. 间接影响   C. 不影响   D. 以上答案皆不对

52. 断路器的(　　)是指保证断路器可靠关、合而又不会发生触头熔焊或其他损伤时,断路器允许通过的最大短路电流。

  A. 额定电流   B. 额定开断电流 C. 关合电流   D. 最大短路电流

53. 断路器的(　　)装置是保证在合闸过程中,若继电保护动作需要分闸,能使断路器立即分闸。

  A. 自由脱扣机构 B. 闭锁机构   C. 安全联锁机构 D. 操作机构

54. 断路器的分、合闸指示器应(　　),并指示准确。

  A. 用金属物封闭 B. 可随意调整 C. 易于观察   D. 隐蔽安装

55. 断路器的工作状态(断开或闭合)是由(　　)控制的。

  A. 工作电压   B. 负荷电流   C. 操作机构   D. 工作电流

56. 断路器技术参数必须满足装设地点(　　)的要求。

  A. 运行工况   B. 环境温度

  C. 运行管理人员的素质   D. 气候条件

57. 断路器金属外壳的接地螺栓直径不应小于(　　)mm,并且要求接触良好。

  A. 10   B. 12   C. 14   D. 16

58. 断路器应按说明书的要求对机构(　　)。

  A. 添加润滑油 B. 添加除湿剂 C. 添加除锈剂   D. 添加防腐剂

59. 断路器在故障分闸时拒动,造成越级分闸,在恢复系统送电前,应将发生拒动的断

路器( )。
   A. 手动分闸   B. 手动合闸
   C. 脱离系统并保持原状   D. 手动分闸并检查断路器本身是否有故障

60. 隔离开关按每相支柱绝缘子的数目分类可分为( )和单柱式等。
   A. 双柱式   B. 四柱式   C. 五柱式   D. 六柱式

61. 隔离开关采用操作机构进行操作,具有( )的优点。
   A. 保证操作安全可靠   B. 可以拉合负荷电流
   C. 不发生误操作   D. 不受闭锁装置影响

62. 隔离开关传动部分巡视检查项目包括( )。
   A. 焊接工艺是否优良   B. 结构是否合理
   C. 有无扭曲变形、轴销脱落等现象   D. 表面是否光滑

63. 隔离开关分闸时,必须在( )才能再拉隔离开关。
   A. 断路器切断电路之后   B. 有负荷电流时
   C. 断路器操作电源切断后   D. 断路器合闸位置

64. 隔离开关绝缘部分巡视检查项目包括( )。
   A. 表面是否光滑   B. 绝缘有无破损及闪络痕迹
   C. 绝缘体表面爬电距离是否足够   D. 绝缘材料的选用是否合理

65. 隔离开关可拉、合( )。
   A. 励磁电流超过 2 A 的空载变压器   B. 电容电流超过 5 A 的电缆线路
   C. 避雷器与电压互感器   D. 电容电流超过 5 A 的 10 kV 的架空线路

66. 隔离开关可拉、合电容电流不超过( )的空载线路。
   A. 2 A   B. 5 A   C. 10 A   D. 15 A

67. 隔离开关可拉、合励磁电流小于( )的空载变压器。
   A. 2 A   B. 5 A   C. 10 A   D. 15 A

68. 隔离开关一般可拉、合 35 kV 且长度为( )及以下的空载架空线路。
   A. 5 km   B. 10 km   C. 15 km   D. 20 km

二、多选题

1. 保证交流电波形是正弦波,必须遵守的要求包括( )。
   A. 发电机发出符合标准的正弦波形电压
   B. 在电能输送和分配过程中,不应使波形发生畸变
   C. 消除电力系统中可能出现的其他谐波源
   D. 并联电抗器补偿

2. 根据我国变电站一次主接线情况,备用电源自动投入的主要一次接线方案有
( )。
   A. 低压母线分段备自投接线   B. 变压器备自投接线
   C. 进线备自投接线   D. 发电机备自投接线

3. BFN2 系列压气式负荷开关可用于( )等场所。
   A. 供电部门大型变电站出线   B. 城网终端变电站

C. 农网终端变电站　　　　　　　D. 箱式变电站

4. FL(R)N36 – 12D 型负荷开关的维护和保养包括对开关本体(　　)。

　　A. 解体大修　　　　　　　　　　B. 适当的外观检查

　　C. 对污秽和受潮表面予以清除　　D. 继电保护定值的整定

5. FL(R)N36 – 12D 型负荷开关正向操作面上主要有(　　)等。

　　A. 位置指示　　　　　　　　　　B. 负荷开关操作孔

　　C. 接地开关操作孔　　　　　　　D. 继电保护装置

6. GN19 – 12CST 型双掷隔离开关的三个工位是(　　)。

　　A. 上触头合闸—下触头合闸　　　B. 上触头分闸—下触头合闸

　　C. 上触头合闸—下触头分闸　　　D. 上触头分闸—下触头分闸(分闸状态)

7. HXGH1 – 10 型环网柜的断路器室,一般自上而下安装(　　)等电器。

　　A. 负荷开关和熔断器　　　　　　B. 电流互感器

　　C. 避雷器　　　　　　　　　　　D. 带电显示器和电缆头

8. 高压断路器按安装地点分类可分为(　　)两种。

　　A. 封闭式　　　　B. 户内式　　　　C. 防雨式　　　　D. 户外式

9. 隔离开关按刀闸运动方式分类可分为(　　)。

　　A. 水平旋转式　　B. 垂直旋转式　　C. 插入式　　　　D. 混合旋转式

10. 隔离开关的操作机构巡视检查时,应检查(　　)等内容。

　　A. 操作机构箱箱门开启灵活,关闭紧密

　　B. 操作手柄位置与运行状态相符

　　C. 闭锁机构正常

　　D. 分、合闸指示正确

11. 隔离开关的主要作用包括(　　)等。

　　A. 隔离电源　　　　　　　　　　B. 拉、合负荷电流

　　C. 倒闸操作　　　　　　　　　　D. 拉、合小电流电路

12. 隔离开关电动操作机构与手动操作机构比较有(　　)等不同点。

　　A. 结构复杂　　　B. 价格贵　　　C. 操作功率大　　D. 可实现远方操作

13. 隔离开关可拉、合(　　)等。

　　A. 避雷器回路　　　　　　　　　B. 电压互感器回路

　　C. 母线和直接与母线相连的设备的电容电流

　　D. 接在母线上的补偿电容器支路

14. 隔离开关在电气设备检修时,将停电检修设备(　　),以保证检修时工作人员和设备安全。

　　A. 与磁场隔离　　　　　　　　　B. 与电源隔离

　　C. 形成可见明显断开点　　　　　D. 与电弧隔离

15. SF$_6$ 断路器发生(　　)等事故,值班人员接近设备时应谨慎,必要时要戴防毒面具,穿防护服。

　　A. 故障掉闸　　　　　　　　　　B. 低气压闭锁装置动作

C. 意外爆炸　　　　　　　　　　D. 严重漏气

16. SF_6 气体分解的某些成分低氟化合物和低氟氧化物有严重的(　　)。

　　A. 腐蚀性　　　　B. 可燃性　　　　C. 毒性　　　　D. 惰性

17. 手车式开关柜的断路器手车在工作位置时摇不出的故障原因可能有(　　)等。

　　A. 断路器在合闸状态　　　　　　B. 断路器在分闸状态

　　C. 手车底盘机构卡死　　　　　　D. 合闸线圈烧坏

18. 手车式开关柜接地开关无法操作合闸的故障原因可能有(　　)等。

　　A. 电缆侧带电,操作舌片不能按下

　　B. 接地开关闭锁电磁铁不动作,操作舌片不能按下

　　C. 电缆室门未关好

　　D. 隔离开关未拉开

19. 手车式开关柜若由于接地开关操作孔操作舌片未复位,使断路器手车在试验位置时出现不能操作摇进的故障,一般处理方法有(　　)等。

　　A. 检查舌片未复位原因并处理

　　B. 调整接地刀闸操作机构,使舌片回复至接地刀闸分闸时的正确位置

　　C. 用工具将舌片拨至可操作位置

　　D. 拆除闭锁舌片

20. 由于断路器室活门工作不正常,使手车不能摇进,故障的一般处理方法有(　　)等。

　　A. 检查提门机构有无变形,如变形则进行整形

　　B. 检查提门机构有无卡涩,如卡涩则清除卡涩点

　　C. 检查断路器室内活门动作是否正常

　　D. 检查推进摇把是否变形

21. 运行中的电压互感器出现(　　)故障时,应立即退出运行。

　　A. 瓷套管破裂、严重放电

　　B. 高压线圈的绝缘击穿、冒烟、发出焦臭味

　　C. 电压互感器内部有放电声及其他噪声,线圈与外壳之间或引线与外壳之间有火花放电现象

　　D. 漏油严重,油标管中看不见油面

22. 运行中隔离开关传动部分巡视检查时,应检查(　　)等项目。

　　A. 传动部分结构是否合理　　　　B. 无扭曲变形

　　C. 轴销应不松动脱落　　　　　　D. 使用材料是否合格

23. 运行中隔离开关刀闸部分巡视检查时,应检查(　　)等项目。

　　A. 三相动触头位置与运行状态相符

　　B. 分闸时三相动触头应在同一平面,角度一致

　　C. 合闸时动、静触头接触良好,三相接触面一致

　　D. 灭弧装置完好无损

24. 运行中隔离开关绝缘部分巡视检查时,应检查(　　)等项目。

　　A. 户外设备无雨淋痕迹　　　　　B. 绝缘完好无损

C. 无闪络放电痕迹　　　　　　　　　D. 爬电距离是否符合规程要求

25. 真空断路器一般采用整体式结构,由(　　　)组成。

　　A. 分、合闸电源蓄电池组　　　　　　B. 一次电气部分

　　C. 操作机构和底座　　　　　　　　　D. 气体回收装置

26. 真空灭弧室的绝缘外壳采用玻璃材料制作时,它的主要优点有(　　　)等。

　　A. 容易加工,易于与金属封接　　　　B. 有一定的机械强度

　　C. 抗冲击机械强度高　　　　　　　　D. 透明性好

27. 真空灭弧室的外壳主要用(　　　)材料制作。

　　A. 金属　　　　　　B. 玻璃　　　　　　C. 陶瓷　　　　　　D. 环氧树脂

28. 巡视检查油断路器时,对涉及绝缘油的巡视检查项目包括(　　　)等。

　　A. 油中的水分　　　　　　　　　　　B. 油位

　　C. 有无渗、漏油　　　　　　　　　　D. 油色透明,有无游离碳

三、判断题

1. 从发电厂发电机开始到变电设备为止,这一整体称为电力系统。　　　　　　(　　　)

2. 电网中发电机发出的正弦交流电压每分钟交变的次数,称为频率,或叫供电频率。

(　　　)

3. 配备应急电源时,对于允许中断供电时间在 5 h 以上的供电系统,可选用快速自启动的发电机组。　　　　　　　　　　　　　　　　　　　　　　　　　　　(　　　)

4. 以煤、石油、天然气等作为燃料,燃料燃烧时的化学能转换为热能,然后借助于汽轮机等热力机械将热能转换为机械能,并由汽轮机带动发电机将机械能转换为电能,这种发电厂称为火力发电厂。　　　　　　　　　　　　　　　　　　　　　　　　(　　　)

5. 处于备用状态的高压断路器不需要定期进行巡视检查。　　　　　　　　　(　　　)

6. 断路器的日常维护工作不包括对不带电部分的定期清扫。　　　　　　　　(　　　)

7. 断路器合闸后,不再需要弹簧储能操作机构自动储能。　　　　　　　　　(　　　)

8. 断路器经检修恢复运行,操作前应检查检修中为保证人身安全所设置的接地线是否已全部拆除。　　　　　　　　　　　　　　　　　　　　　　　　　　　　(　　　)

9. 断路器在规定的使用寿命期限内,不需要对机构添加润滑油。　　　　　　(　　　)

10. 断路器在合闸操作中,操作把手不应返回太快。　　　　　　　　　　　(　　　)

11. 断路器在合闸过程中,若继电保护装置不动作,自由脱扣机构也应可靠动作。

(　　　)

12. 在断路器的运行维护中,雷雨季节雷电活动后应进行特殊巡视检查。　　　(　　　)

13. 在断路器的运行维护中,新设备投入运行后,应相对缩短巡视周期。　　　(　　　)

14. 对运行中断路器一般要求,断路器接地外壳的接地螺栓直径不应小于 10 mm,且接触良好。　　　　　　　　　　　　　　　　　　　　　　　　　　　　　　(　　　)

15. 对运行中断路器一般要求,断路器金属外壳应有明显的接地标志。　　　　(　　　)

16. 对运行中断路器一般要求,断路器经增容改造后,不应修改铭牌的相应内容。

(　　　)

17. 高压断路器是变压器和高压线路的开关电器,它具有断合正常负荷电流和切断短

路电流的功能,但没有完善的灭弧装置。　　　　　　　　　　　　(　　)

　　18.高压断路器在高压电路中起控制作用,是高压电路中的重要设备之一。(　　)

　　19.隔离开关按安装地点分类可分为山地式和户外式。　　　　　　　(　　)

　　20.隔离开关不允许拉、合电压互感器和避雷器回路。　　　　　　　(　　)

　　21.隔离开关电动操作机构的操作功率较大。　　　　　　　　　　　(　　)

　　22.隔离开关电动操作机构可适用于需要远方操作的场所。　　　　　(　　)

　　23.隔离开关分闸操作时,应先拉开隔离开关,后拉开断路器。　　　　(　　)

　　24.隔离开关合闸操作时,应先合上隔离开关,后合上断路器,由断路器接通电路。
　　　　　　　　　　　　　　　　　　　　　　　　　　　　　　　　(　　)

　　25.隔离开关是隔离电源用的电器,它具有灭弧装置,能带负荷拉合,能切断短路电流。
　　　　　　　　　　　　　　　　　　　　　　　　　　　　　　　　(　　)

　　26.隔离开关手动操作机构的操作功率较大。　　　　　　　　　　　(　　)

　　27.罐式 SF_6 断路器不能适用于多地震、污染严重地区的变电所。　　(　　)

　　28. SF_6 断路器的优点之一是不存在燃烧和爆炸危险。　　　　　　(　　)

　　29. SF_6 断路器低气压闭锁装置动作后,仍可以进行分、合闸操作。　(　　)

　　30. SF_6 断路器灭弧性能优良,开断电流大。　　　　　　　　　　　(　　)

　　31. SF_6 断路器用 SF_6 气体作为绝缘介质和灭弧介质。　　　　　　(　　)

　　32. SF_6 断路器中, SF_6 气体含水量的多少与断路器绝缘强度无关。(　　)

　　33.如果线路上有人工作,应在线路断路器(开关)和隔离开关(刀闸)操作把手上悬挂"禁止合闸,有人工作!"的标示牌。　　　　　　　　　　　　　　(　　)

　　34.真空断路器的缺点是具有可燃物,易发生爆炸燃烧。　　　　　　(　　)

　　35.真空断路器的真空灭弧室,只要其外壳不破损,"真空"状态破坏后仍可安全运行。
　　　　　　　　　　　　　　　　　　　　　　　　　　　　　　　　(　　)

　　36.真空断路器是将其动、静触头安装在"真空"的密封容器(又称真空灭弧室)内而制成的一种断路器。　　　　　　　　　　　　　　　　　　　(　　)

　　37.真空断路器是利用空气作绝缘介质和灭弧介质的断路器。　　　　(　　)

　　38.在断路器的运行维护中, SF_6 断路器不需要每日定时记录 SF_6 气体的压力和温度。　　　　　　　　　　　　　　　　　　　　　　　　　　　　　　

　　39.在断路器异常运行及处理中,值班人员发现断路器发生分闸脱扣器拒动时,应申请立即处理。

　　40.在断路器异常运行及处理中,值班人员发现 SF_6 断路器发生严重漏气时,值班人员接近设备时要谨慎,尽量选择从"上风"侧接近设备,必要时要戴防毒面具,穿防护服。
　　　　　　　　　　　　　　　　　　　　　　　　　　　　　　　　(　　)

　　41.在断路器异常运行及处理中,值班人员发现任何异常现象时应及时消除,不能及时消除时应及时向领导汇报,并做好记录。　　　　　　　　　　(　　)

　　42.在断路器异常运行及处理中,值班人员发现油断路器严重漏油,油位指示器中见不到油面时应申请立即处理。　　　　　　　　　　　　　　　(　　)

　　43.在对断路器的巡视检查中,一般不需要检查分、合闸指示器。　　(　　)

44. 在巡视检查时,手车式 SF_6 断路器绝缘外壳破损与安全运行无关。　（　　）

45. 在巡视检查时,真空断路器的真空灭弧室应无异常,屏蔽筒无氧化痕迹。（　　）

学习单元 4.3　电力变压器

【学习目标】

(1)掌握变压器的工作原理。

(2)熟练掌握变压器的结构。

(3)掌握变压器的安装和运行。

(4)掌握变压器保护的巡视。

【学习任务】

电力变压器的工作原理、结构、安装及巡视。

【学习内容】

4.3.1　变压器的工作原理

变压器是根据电磁感应原理制成的一种设备。它能将某一等级的交流电压变换成同频率的另一等级的电压。图 4-6 是单相变压器的工作原理图。

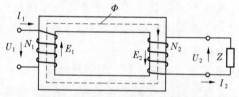

图 4-6　单相变压器的工作原理

在闭合的铁芯回路的芯栓上绕有两相匝数不同的绝缘线组。与电源相连接的绕组叫一次绕组,其匝数为 N_1;与负载相连接的绕组叫二次绕组,其匝数为 N_2。

4.3.1.1　变压器的空载运行

假设变压器是理想的,其绕组没有电阻,励磁后没有漏磁,磁路不饱和,而且铁芯中没有铁耗。原绕组加上额定电压值,而副绕组开路,变压器便在空载下运行。

在一侧施加正弦电压为 u_1,其频率为 f 时,在一次绕组流过的电流为 I_0,叫空载电流,则在铁芯中产生交变的磁通 Φ。交变磁通穿过两个绕组,根据电磁感应定律,分别产生感应电动势 E_1 和 E_2,其大小与频率 f、绕组的匝数 N_1 或 N_2 及主磁通的最大值 Φ_m 成正比,则

$$E_1 = 4.44fN_1\Phi_m \tag{4-1}$$

$$E_2 = 4.44fN_2\Phi_m \tag{4-2}$$

由以上两式求得

$$\frac{E_1}{E_2} = \frac{N_1}{N_2} = K \tag{4-3}$$

由于一次绕组的漏抗和电阻忽略不计,空载电流 I_0 又很小,故可忽略由它们引起的

电压降,则有 $U_1 \approx E_1$,又因二次侧开路,$I_2 = 0$,则 $U_2 = E_2$,所以

$$\frac{U_1}{U_2} \approx \frac{E_1}{E_2} = \frac{N_1}{N_2} = K \tag{4-4}$$

式中　U_1、U_2——一、二次绕组的端电压有效值;

　　　　K——单相变压器的变压比。

由以上看出,变压器的变压比约等于一、二次绕组的匝数之比。当 $K > 1$ 时,是降压变压器;当 $K < 1$ 时,是升压变压器。变压比是变压器的一个重要参数。

4.3.1.2 变压器的负载运行

二次侧接通负载阻抗 Z 时,在感应电动势 E 的作用下,二次绕组将有电流 I_2 通过,并产生相应的磁势 $I_2 N_2$,按照楞次定律,该磁势力图削弱产生此电流的磁通 Φ_m,但因主磁通 Φ_m 的大小在电源 U_1 不变的情况下是基本不变的,所以磁势 $I_2 N_2$ 的存在只能引起一次侧电流的相应变化。负载运行的一次侧电流可视为由两部分组成:产生主磁通的励磁分量(空载电流 I_0)和由二次侧磁势引起的负载分量。若忽略相对很小的励磁分量电流 I_0,由磁势平衡关系,可以得到一、二次侧电流关系式。若只考虑量值关系,则

$$I_1 N_1 = I_2 N_2 \tag{4-5}$$

由上式可得

$$\frac{I_2}{I_1} = \frac{N_1}{N_2} = K \tag{4-6}$$

综上所述

$$\frac{U_1}{U_2} = \frac{I_2}{I_1} = \frac{N_1}{N_2} = K \tag{4-7}$$

变压器负载运行时一、二次电流与一、二次绕组的匝数成反比,这是变压器也能改变电流的道理。由于 $U_1 I_1 = U_2 I_2$,表明变压器一、二次绕组的功率基本相等,这就是变压器能传递功率的原理。

三相变压器的工作原理与单相变压器的工作原理相同。对于单相变压器分析得出的结论都可适用于三相变压器的每一相。而需要指出的是,基本公式中所表达的电压和电流的关系在三相变压器中相当于相电压与相电流的关系。

4.3.2 变压器的结构

油浸电力变压器的结构如图 4-7 所示。变压器由器身、油箱、冷却装置、保护装置和出线装置组成。器身包括铁芯、绕组(线圈)、绝缘套管、引线和分接开关。油箱包括油箱本体和油箱附件(放油阀、接地螺钉、小车、铭牌等)。冷却装置包括散热器和冷却器。保护装置包括储油柜、油标、防爆管、吸湿器、测温元件和气体继电器。出线装置包括高、低压套管。

(1)铁芯:变压器最基本的组成部分之一。铁芯是由导磁性能很好的砖钢片叠合组成的闭合磁路。变压器的一、二次绕组都绕在铁芯上,是变压器电磁感应的磁通路。

(2)绕组:变压器的基本部件之一。变压器有原边绕组和副边绕组,它们是用铜质或铝质材料绕制而成圆筒形状的多层线圈,绕在铁芯上的导线外面,具有高强度绝缘作用,

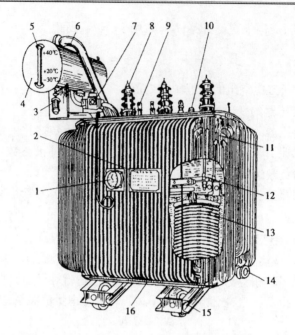

1—温度计;2—铭牌;3—呼吸器;4—储油柜;5—油面指示标(油标);6—防爆管;7—气体继电器;8—高压套管;
9—低压套管;10—分接开关;11—油箱;12—铁芯;13—绕组;14—放油阀;15—小车;16—接地端子

图 4-7　油浸电力变压器的结构

以构成变压器的电路。

（3）油箱：变压器的外壳，内装铁芯和线圈并充满变压器油，使铁芯和线圈浸在油内，变压器油起着绝缘和散热的作用。

（4）油枕：安装在油箱的顶端，油枕与油箱之间有管子相通。当变压器油的体积随油温变化而膨胀或缩小时，油枕起着储油和补油的作用，以保证油箱内充满油。油枕还能减少油和空气的接触面，防止油被过速氧化和受潮而劣化。油枕的侧面还装有油位计(油标)，可以监视油位变化。

（5）呼吸器：又称吸湿器，由一铁管和玻璃容器组成，内装干燥剂(如硅胶)。当油枕内的空气随着变压器油的体积膨胀或缩小时，排出或吸入的空气经过呼吸器内干燥剂吸收空气中的水分及杂质，使油保持良好的电气性能。

（6）防爆管：又称安全气道，安装在变压器的顶盖上，喇叭形的管子与油枕或大气连通，管口用薄膜封住。当变压器内部发生严重故障时，箱内油的压力骤增，可以冲破顶部的薄膜，使油和气体向外喷出，可防止油箱破裂。

（7）气体继电器：装在油箱或油枕的连管中间。当变压器油油面降低或有气体分解时，轻瓦斯保护动作，发出信号。当变压器内部发生严重故障时，重瓦斯保护动作，接通断路器的跳闸回路，切除电源。

（8）绝缘套管：变压器的各侧线圈引出线必须采用绝缘套管，它起着固定引线和对地绝缘的作用。

（9）分接开关：调整电压比的装置，分为有载调压和无载调压两类。

（10）变压器还有散热器、温度计、热虹吸过滤器(净油器)等部件。

4.3.3　变压器安装

安装变压器前,应仔细阅读产品说明书,掌握各安全注意事项;应核对铭牌,检查该变压器与工程设计是否相符。对新购入或大修后的变压器均应严格验收。安装前应检查变压器外观有无缺陷;零、附件是否齐全、完好;各部密封是否完好,有无渗、漏油痕迹;油面是否在允许范围之内等。对于经过运输的变压器,安装前应测量绝缘电阻。

变压器安装位置的选择应考虑到运行、安装和维修的方便。

4.3.3.1　室内变压器安装

室内变压器的安装应注意以下问题:

(1)油浸电力变压器的安装应略有倾斜。从没有储油柜的一边向有储油柜的一边应有1% ~1.5%的上升坡度,以便油箱内产生的气体能比较顺利地进入气体继电器。

(2)变压器各部件及本体的固定必须牢固。

(3)电气连接必须良好,铝导体与变压器的连接应采用铜铝过渡接头。

(4)变压器的接地一般是其低压绕组中性点、外壳及其阀型避雷器三者共用的接地,并称之为"三位一体"接地,如图 4-8 所示。变压器的工作零线应与接地线分开,工作零线不得埋入地下;接地必须良好;接地线上应有可断开的连接点。

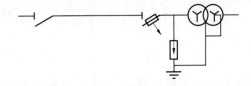

图 4-8　变压器接地

(5)变压器防爆管喷口前方不得有可燃物体。

(6)变压器室须是耐火建筑。油浸电力变压器室的耐火等级应为一级。变压器室的门和通风窗应采用非燃材料或难燃材料制成(木质门应包铁皮),并应向外开启。单台变压器油量超过 600 kg 时,变压器下方应有油量 100% 的储油坑,坑内应铺以厚 25 cm 以上的卵石层,地面应向坑边稍有倾斜。

变压器室位于高层主体建筑物内,或变压器室附近堆有易燃物品或通向汽车库,或变压器位于建筑物的二层或更高层,或变压器位于地下室或下方有地下室时,变压器室的门应为防火门。变压器室通向配电装置室的门、变压器室之间的门也应为防火门。

(7)居住建筑物内安装的油浸式变压器,单台容量不得超过 400 kVA。

(8)为了维护安全,安装时应考虑把油标、温度计、气体继电器、取油放样油阀等放在最方便的地方,通常是在靠近门的一面,而且这一面应留有稍大的间距。变压器宽面推进者低压边应在外侧,窄面推进者储油柜端应在外侧。10 kV 变压器壳体距门不应小于 1 m、距墙不应小于 0.8 m(装有操作开关时不应小于 1.2 m),35 kV 及以上的变压器距门不应小于 2 m、距墙不应小于 1.5 m。

(9)变压器室宜采用自然通风,夏季的排风温度不宜高于 45 ℃,进风和排风的温差不宜大于15 ℃。变压器的下方应设有通风道,墙上方或屋顶应有排气孔。注意:通风孔和排气孔都应该装设铁丝网,以防小动物钻入引起事故。变压器采用自然通风时,变压器室地面应高出室外地面1.1 m。

(10)变压器二次母线支架的高度不应小于2.3 m。高压母线两侧应加遮栏。母线的安装应考虑到可能的吊芯检修。一次引线和二次引线均不得使绝缘套管受力。

(11)变压器室的门应上锁,并在外面悬挂"止步,高压危险!"的警告牌。

4.3.3.2 室外变压器安装

室外变压器有地上安装、台上安装、柱上安装三种安装方式。变压器容量不超过315 kVA者可柱上安装,315 kVA以上者应地上安装或台上安装。就安全要求而言,上述室内变压器安装的注意事项(1)～(5)项对于室外变压器也是适用的。室外变压器的安装还应注意以下问题:

(1)室外变压器的一次引线和二次引线均应采用绝缘导线。

(2)柱上变压器应安装平稳、牢固;腰栏应用直径为4 mm的镀锌铁丝缠绕4圈以上,且铁丝不得有接头,缠绕必须紧密。

(3)柱上变压器底部距地面高度不应小于2.5 m,裸导体距地面高度不应小于3.5 m。

(4)变压器台高度一般不应低于0.5 m,其围栏高度不应低于1.7 m,变压器壳体距围栏不应小于1 m,变压器操作面距围栏不应小于2 m。

(5)变压器室围栏上应有"止步,高压危险!"的明显标志。

4.3.4 变压器巡视

对运行中的变压器应巡视检查负荷电流、运行电压是否正常;温度和温升是否过高,冷却装置是否正常,散热管温度是否均匀,散热管有无堵塞迹象;油温、油色是否正常,有无渗油、漏油现象;接线端子连接是否牢固、接触是否良好,有无过热迹象;套管及整体是否清洁,套管有无裂纹、破损和放电痕迹;变压器运行声音是否正常;呼吸器内干燥剂的颜色是否加深、是否达到饱和状态;通向气体继电器的阀门和散热器的阀门是否处于打开状态;防爆管的隔膜是否完整;变压器外壳接地是否良好;变压器室的门窗、通风孔、百叶窗、防护网、照明灯等是否完好;室外变压器的基础是否良好、有无下沉,电杆是否牢固、有无倾斜,木杆杆根是否腐朽。

变电室有人值班时,每班巡视检查一次;变电室无人值班时,每周巡视检查一次;对于强迫油循环的变压器,每小时巡视检查一次;对于室外柱上变压器,每月巡视检查一次;在天气恶劣或变压器负荷变化剧烈,或变压器运行异常,或线路发生故障后,应增加特殊巡视。

思考与练习题

一、单选题

1.变压器按用途一般分为电力变压器、特种变压器及(　　　)三种。

A.电力断路器　　B.电力仪表　　　　C.继电器　　　　　D.仪用互感器

2.S11－160/10 表示三相油浸自冷式,双绕组无励磁调压,额定容量(　　) kVA,高压侧绕组额定电压为 10 kV 电力变压器。

A.800　　　　B.630　　　　　C.160　　　　　　D.500

3.S11－M(R)－100/10 表示三相油浸自冷式,双绕组无励磁调压,卷绕式铁芯(圆截面),密封式,额定容量(　　) kVA,高压侧绕组额定电压为 10 kV 电力变压器。

A.100　　　　B.150　　　　　C.200　　　　　　D.250

4.S11 变压器油箱上采用(　　)散热器代替管式散热器,提高了散热系数。

A.片式　　　　B.方式　　　　　C.面式　　　　　D.立式

5.S9 系列配电变压器通过增加铁芯截面面积以降低磁通密度,高、低压绕组均使用铜导线,并加大导线截面面积以降低(　　),从而降低了空载损耗和负载损耗。

A.绕组电流密度　B.绕组电压密度　C.绕组有功密度　D.绕组无功密度

6.SC10－315/10 表示三相干式浇注绝缘,双绕组无励磁调压,额定容量(　　) kVA,高压侧绕组额定电压为 10 kV 电力变压器。

A.315　　　　B.160　　　　　C.500　　　　　　D.630

7.对于(　　)变压器绕组,为了减小绝缘距离,通常将低压绕组靠近铁轭。

A.同心式　　　B.混合式　　　　C.交叉式　　　　D.交叠式

8.对于(　　)的变压器,绕组和铁芯所产生的热量经过变压器油与油箱内壁的接触,以及油箱外壁与外界冷空气的接触而自然地散热冷却,无须任何附加的冷却装置。

A.小容量　　　　　　　　B.容量稍大些

C.容量更大　　　　　　　D.50 000 kVA 及以上

9.对于(　　)的变压器,则应安装冷却风扇,以增强冷却效果。

A.小容量　　　　　　　　B.容量稍大些

C.容量更大　　　　　　　D.50 000 kVA 及以上

10.根据变压器的工作原理,常采用改变变压器(　　)的办法来达到调压的目的。

A.匝数比　　　B.绝缘比　　　　C.电流比　　　　D.相位比

11.根据高、低压绕组排列方式的不同,变压器绕组分为异心式和(　　)两种。

A.异心式　　　B.混合式　　　　C.交叉式　　　　D.交叠式

二、多选题

1.电力变压器按冷却介质可分为(　　)两种。

A.油浸式　　　B.干式　　　　　C.气式　　　　　D.液式

2.电力变压器铭牌上的冷却方式注意事项包括(　　)。

A.有几种冷却方式时,应以最大容量百分数表示出相应的冷却容量

B.强迫油循环变压器应注出空载下潜油泵和风扇电动机的允许工作时限

C.有几种冷却方式时,应以额定容量百分数表示出相应的冷却容量

D.强迫油循环变压器应注出满载下潜油泵和风扇电动机的允许工作时限

3.变压器 Yyn0(Y/Y－12)绕组接线的特点包括(　　)。

A.一次侧绕组接成星形,二次侧绕组也接成星形

B. 二次绕组对应的相电势是同相的

C. 二次侧线电压相量与一次侧线电压相量是同相位的

D. 二次侧线电压相量与一次侧线电压相量都指在时钟的0点(12点)

4. 变压器的特点包括(　　)。

A. 一种运动的电气设备

B. 利用电磁感应原理将一种电压等级的交流电转变成异频率的另一种电压等级的交流电

C. 一种静止的电气设备

D. 利用电磁感应原理将一种电压等级的交流电转变成同频率的另一种电压等级的交流电

5. 变压器短路损耗定义中的必须条件包括(　　)。

A. 二次侧开路

B. 一次侧施加电压使其电流达到最小值,此时变压器从电源吸取的功率即为短路损耗

C. 二次侧短路

D. 一次侧施加电压使其电流达到额定值,此时变压器从电源吸取的功率即为短路损耗

6. 变压器负载运行时,由于变压器内部的阻抗压降,二次电压将随(　　)的改变而改变。

A. 负载电流　　　B. 负载功率因数　　　C. 电源电流　　　　D. 电源功率因数

7. 变压器理想并列运行的条件包括(　　)。

A. 变压器的接线组别相同

B. 变压器的一、二次电压相等、电压比(变比)相同

C. 变压器的阻抗电压相等

D. 两台并列变压器的容量比不能超过3:1

8. 变压器声音异常可能原因包括(　　)。

A. 当启动变压器所带的大容量动力设备时,负载电流变大,使变压器声音加大

B. 当变压器过负荷时,发出很高且沉重的嗡嗡声

C. 当系统短路或接地时,通过很大的短路电流,变压器会产生很大的噪声

D. 若变压器带有可控硅整流器或电弧炉等非线性负载,由于有高次谐波产生,变压器声音也会变化

9. 变压器套管由带电部分和绝缘部分组成,绝缘部分分为两部分,包括(　　)。

A. 外绝缘　　　B. 长绝缘　　　C. 短绝缘　　　　D. 内绝缘

10. 变压器心式铁芯的特点是(　　)。

A. 铁轭靠着绕组的顶面和底面　　　B. 铁轭不包围绕组的侧面

C. 铁轭不靠着绕组的顶面和底面　　　D. 铁轭包围绕组的侧面

11. 变压器异常运行状态主要包括(　　)。

A. 保护范围外部短路引起的过电流　　　B. 电动机自启动所引起的过负荷

C. 油浸式变压器油箱漏油造成油面降低　　D. 轻微匝间短路

12. 变压器油的作用包括(　　)。

A. 绝缘　　　　　B. 冷却　　　　　　　C. 导电　　　　　　D. 加热

13. 变压器运行中补油的注意事项包括(　　)。

A. 10 kV 及以下变压器可补入不同牌号的油,但应做混油的耐压试验

B. 35 kV 及以上变压器应补入相同牌号的油,也应做混油的耐压试验

C. 补油后要检查气体(瓦斯)继电器,及时放出气体

D. 若在补油24 h后无问题,可重新将气体(瓦斯)保护接入跳闸回路

14. 变压器阻抗电压定义中的必须条件包括(　　)。

A. 二次侧短路

B. 一次侧施加电压使其电流达到额定值,此时所施加的电压称为阻抗电压

C. 二次侧开路

D. 一次侧施加电压使其电流达到最小值,此时所施加的电压称为阻抗电压

15. 关于变压器额定容量,描述正确的是(　　)。

A. 对于三相变压器,额定容量是三相容量之和

B. 双绕组变压器的额定容量即为绕组的额定容量

C. 对于三相变压器,额定容量是最大容量

D. 对于三相变压器,额定容量是最小容量

16. 关于变压器额定容量与绕组额定容量的区别,描述正确的是(　　)。

A. 双绕组变压器的额定容量即为绕组的额定容量

B. 多绕组变压器应对每个绕组的额定容量加以规定,其额定容量为最大的绕组额定容量

C. 当变压器容量因冷却方式而变更时,则额定容量是指最大容量

D. 当变压器容量因冷却方式而变更时,则额定容量是指最小容量

17. 关于变压器过负荷能力,描述正确的是(　　)。

A. 在不损害变压器绝缘和降低变压器使用寿命的前提下,变压器在较短时间内所能输出的最大容量为变压器的过负荷能力

B. 一般以变压器所能输出的最小容量与额定容量之比表示

C. 一般以变压器所能输出的最大容量与额定容量之比表示

D. 变压器过负荷能力可分为正常情况下的过负荷能力和事故情况下的过负荷能力

18. 关于电力变压器的工作原理,描述正确的是(　　)。

A. 变压器是根据电磁感应原理工作的

B. 当交流电源电压加到一次侧绕组后,就有交流电流通过该绕组,在铁芯中产生交变磁通

C. 变压器是根据欧姆定律原理工作的

D. 当交流电源电压加到一次绕组后,就有交流电流通过该绕组,在铁芯中产生恒定磁通

19. 关于三相变压器的连接组,描述正确的是(　　)。

A. 变压器的连接组是表示一、二次绕组对应电压之间的相位关系

B. 变压器的连接组是表示一、二次绕组对应电压之间的数量关系

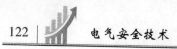

C. 变压器的连接组是指三相变压器一、二次绕组之间连接关系的一种代号

D. 三相变压器的同一侧三个绕组,有星形连接、三角形连接或曲折形连接三种接线方式

20.配电变压器采用 Dyn11 连接较 Yyn0 连接具有的优点包括( )。

A. 有利于抑制高次谐波

B. 有利于单相接地短路故障的保护和切除

C. 有利于单相不平衡负荷的使用

D. Dyn11 连接的变压器的绝缘强度要求比 Yyn0 连接的变压器要低,成本也稍低

21.气体继电器位于储油柜与箱盖的联管之间,在变压器内部发生故障,如( )等产生气体时,接通信号或跳闸回路,进行报警或跳闸,以保护变压器。

A. 绝缘击穿 　　B. 相间短路 　　C. 匝间短路 　　D. 铁芯事故

22.全密封变压器外形包括的部件有( )。

A. 套管 　　B. 分接开关 　　C. 散热器 　　D. 油箱

23.对于交叠式绕组变压器,为了减少绝缘距离,通常将( )靠近铁轭。

A. 高压绕组 　　B. 中压绕组 　　C. 低压绕组 　　D. 高压或者中压绕组

24.对于强迫油循环的风冷变压器,其上层油温不宜经常超过( )。

A. 73 ℃ 　　B. 74 ℃ 　　C. 75 ℃ 　　D. 76 ℃

25.对于三相变压器 Dyn11 连接组别,n 表示( )引出。

A. A 相线 　　B. B 相线 　　C. C 相线 　　D. 中性线

26.对于三相变压器 Yyn0 连接组别,n 表示( )引出。

A. A 相线 　　B. B 相线 　　C. C 相线 　　D. 中性线

27.对于时钟表示法,通常把一次绕组线电压相量作为时钟的长针,将长针固定在( )点上,三相变压器二次绕组对应线电压相量作为时钟的短针,看短针指在( )点钟的位置上,就以此钟点作为该接线组的代号。

A. 10 　　B. 11 　　C. 12 　　D. 1

28.对于同心式绕组变压器,为了便于( ),通常将低压绕组靠近铁芯柱。

A. 绕组和外壳绝缘 　　B. 绕组和铁芯绝缘

C. 铁芯和外壳绝缘 　　D. 铁芯和套管绝缘

29.对于一般配电变压器,为了使变压器油不致过速氧化,上层油温一般不应超过( )。

A. 83 ℃ 　　B. 84 ℃ 　　C. 85 ℃ 　　D. 86 ℃

30.对于油浸式变压器顶层油温升限值,油正常运行的最高温度为( ),最高气温为 40 ℃,所以顶层油温升限值为 55 ℃。

A. 93 ℃ 　　B. 94 ℃ 　　C. 95 ℃ 　　D. 96 ℃

31.对于油浸式变压器绕组和顶层油温升限值,A 级绝缘在( )时产生的绝缘损坏为正常损坏,绕组最热点与其平均温度之差为 13 ℃,保证变压器正常寿命的年平均气温是 20 ℃,绕组温升限值为 65 ℃。

A. 96 ℃ 　　B. 98 ℃ 　　C. 100 ℃ 　　D. 102 ℃

32. 对于中、小容量变压器，可以装设单独的（　　　），作为变压器防止相间短路故障的主保护。

　　A. 电流速断保护　B. 过电流保护　　　C. 差动保护　　　　D. 瓦斯保护

33. 多绕组变压器应对每个绕组的额定容量加以规定，其额定容量为（　　　）。

　　A. 最大的绕组额定容量　　　　　　　B. 最小的绕组额定容量

　　C. 各绕组额定容量之和　　　　　　　D. 各绕组额定容量的平均值

34. 多油断路器中的绝缘油除作为灭弧介质外，还作为断路器断开后触头间及带电部分与接地外壳间的（　　　）。

　　A. 辅助绝缘　　　B. 主绝缘　　　　　C. 密封　　　　　　D. 冷却作用

35. 额定电压是指变压器（　　　），它应与所连接的输变电线路电压相符合。

　　A. 相电压　　　　B. 线电压　　　　　C. 最大电压　　　　D. 最小电压

36. 气体绝缘变压器测量温度方式一般为热电偶式测温装置，同时还需要装有（　　　）和真空压力表。

　　A. 压力继电器　　B. 温度继电器　　　C. 泄漏继电器　　　D. 密度继电器

37. 气体绝缘变压器为在密封的箱壳内充以（　　　）气体代替绝缘油，利用该气体作为变压器的绝缘介质和冷却介质。

　　A. SF_6　　　　　　B. H_2　　　　　　C. O_2　　　　　　D. N_2

38. 绕组是变压器的（　　　）部分，一般用绝缘纸包的铜线绕制而成。

　　A. 电路　　　　　B. 磁路　　　　　　C. 油路　　　　　　D. 气路

39. 如果忽略变压器的内损耗，可认为变压器二次输出功率（　　　）变压器一次输入功率。

　　A. 大于　　　　　　　　　　　　　　B. 等于

　　C. 小于　　　　　　　　　　　　　　D. 可能大于也可能小于

40. 若变压器（　　　），可以在油箱外壁上焊接散热管，以增大散热面积。

　　A. 小容量　　　　　　　　　　　　　B. 容量稍大些

　　C. 25 000 kVA 及以上　　　　　　　　D. 50 000 kVA 及以上

41. 三相变压器 Dyn11 绕组接线表示二次绕组接成（　　　）。

　　A. 星形　　　　　B. 三角形　　　　　C. 方形　　　　　　D. 球形

42. 三相变压器 Dyn11 绕组接线表示一次绕组接成（　　　）。

　　A. 星形　　　　　B. 三角形　　　　　C. 方形　　　　　　D. 球形

43. 三相变压器的同一侧三个绕组，有（　　　）、三角形连接或曲折形连接三种接线方式。

　　A. 星形连接　　　B. 球形连接　　　　C. 六角形连接　　　D. 方形连接

44. 三相变压器绕组为 Y 形连接时，（　　　）。

　　A. 线电流为 $\sqrt{3}$ 倍的绕组电流　　　B. 线电流为绕组电流

　　C. 线电流为 2 倍的绕组电流　　　　　D. 线电流为 3 倍的绕组电流

45. 施加于变压器一次绕组的电压因（　　　）波动而波动。

　　A. 电网电压　　　B. 二次电压　　　　C. 额定电压　　　　D. 感应电压

三、判断题

1. 35 kV 及以上变压器应补入相同牌号的油,应做油耐压试验。　　　　　　　　　(　　)

2. 变电所中的操作电源不允许出现短时中断。　　　　　　　　　　　　　　　(　　)

3. 变压器备自投接线是备用电源自动投入的一种接线方案。　　　　　　　　　(　　)

4. 变压器补油后要检查气体(瓦斯)继电器,及时放出气体,若在24 h 后无问题,可重新将气体(瓦斯)保护接入跳闸回路。　　　　　　　　　　　　　　　　　(　　)

5. 变压器除装设主铭牌外,还应装设标有关于附件性能的铭牌,需分别按所用附件(套管、分接开关、电流互感器、冷却装置)的相应标准列出。　　　　　　　　(　　)

6. 变压器带电部分可以是导电杆、导电管、电缆或铜排。　　　　　　　　　　(　　)

7. 变压器的电流速断保护,其动作电流按躲过变压器负荷侧母线短路电流来整定,一般应大于额定电流3~5倍。　　　　　　　　　　　　　　　　　　　　　(　　)

8. 变压器的额定电流大小等于绕组的额定容量除以该绕组的额定电压及相应的相系数(单相为1,三相为$\sqrt{3}$)。　　　　　　　　　　　　　　　　　　　　　(　　)

9. 变压器的额定电流为通过绕组线端的电流,即为线电流(有效值)。　　　　　(　　)

10. 变压器的额定频率即是所设计的运行频率,我国为60 Hz。　　　　　　　　(　　)

11. 变压器的故障可分为油箱内和油箱外两种。　　　　　　　　　　　　　　(　　)

12. 变压器的连接组是指三相变压器一、二次绕组之间连接关系的一种代号,它表示变压器一、二次绕组对应电压之间的相位关系。　　　　　　　　　　　　　　(　　)

13. 变压器的铁芯是电路部分,由铁芯柱和铁轭两部分组成。　　　　　　　　(　　)

14. 变压器的允许温度主要取决于绕组的绝缘材料。　　　　　　　　　　　　(　　)

15. 变压器分单相和三相两种,一般均制成单相变压器以直接满足输配电的要求。(　　)

16. 变压器负载运行时,由于变压器内部的阻抗压降,二次电压将随负载电流和负载功率因数的改变而改变。　　　　　　　　　　　　　　　　　　　　　　(　　)

17. 变压器硅钢片有热轧和冷轧两种。　　　　　　　　　　　　　　　　　　(　　)

18. 变压器过负载能力可分为正常情况下的过负载能力和事故情况下的过负载能力。　　　　　　　　　　　　　　　　　　　　　　　　　　　　　　(　　)

19. 变压器绝缘部分分为外绝缘和内绝缘,内绝缘为瓷管,外绝缘为变压器油、附加绝缘和电容性绝缘。　　　　　　　　　　　　　　　　　　　　　　　　(　　)

20. 变压器内部主要绝缘材料有变压器油、绝缘纸板、电缆纸等。　　　　　　(　　)

21. 变压器曲折形连接也属星形连接,只是每相绕组分成两个部分,分别绕在两个铁芯柱上。　　　　　　　　　　　　　　　　　　　　　　　　　　　(　　)

22. 变压器绕组套装在铁芯柱上,而铁轭则用来使整个磁路闭合。　　　　　　(　　)

23. 容量在6 000 kVA以下的变压器,当过电流保护动作时间大于0.5 s时,用户3~10 kV配电变压器的继电保护,应装设电流速断保护。　　　　　　　　　　(　　)

24. 变压器三角形连接是三相绕组中有一个同名端相互连在一个公共点(中性点)上,其他三个线端接电源或负载。　　　　　　　　　　　　　　　　　　　(　　)

25. 变压器是根据电磁感应原理工作的。　　　　　　　　　　　　　　　　　(　　)

26. 变压器套管积垢严重或套管上有大的裂纹和碎片,是绝缘套管闪络和爆炸的可能原因之一。 (　　)

27. 变压器套管由带电部分和绝缘部分组成。 (　　)

28. 变压器铁芯硅钢片厚则涡流损耗小,片薄则涡流损耗大。 (　　)

29. 变压器吸湿器内装有用氯化钙或氯化钴浸渍过的硅胶,它能吸收空气中的水分。 (　　)

30. 变压器心式铁芯的特点是铁轭不仅包围绕组的顶面和底面,而且包围绕组的侧面。 (　　)

31. 变压器一、二次侧感应电动势之比等于一、二次侧绕组匝数之比。 (　　)

32. 变压器一、二次电流之比与一、二次绕组的匝数比成正比。 (　　)

33. 变压器一、二次绕组对应的线电压的相位差总是30的整数倍,正好与钟面上小时数之间的角度一样,方法就是把一次绕组线电压相量作为时钟的长针,将长针固定在12点(0点)上,二次绕组对应线电压相量作为时钟的短针,看短针指在几点钟的位置上,就以此钟点作为该接线组的代号。 (　　)

34. 变压器异常运行状态主要包括保护范围外部短路引起的过电流、电动机自启动等原因所引起的过负荷、油浸式变压器油箱漏油造成油面降低、轻微匝间短路等。 (　　)

35. 变压器油本身绝缘强度比空气小,所以油箱内充满油后,可降低变压器的绝缘强度。 (　　)

36. 变压器油的作用是绝缘和冷却,常用的变压器油有国产25号和10号两种。 (　　)

37. 变压器油还能使木质及纸绝缘保持原有的物理性能和化学性能,并使金属得到防腐作用,从而使变压器的绝缘保持良好的状态。 (　　)

38. 变压器油在运行中还可以吸收绕组和铁芯产生的热量,起到冷却的作用。 (　　)

39. 变压器运行时,由于绕组和铁芯中产生的损耗转化为热量,必须及时散热,以免变压器过热造成事故。 (　　)

40. 变压器运行巡视应检查变压器的响声,正常时为均匀的爆炸声。 (　　)

41. 变压器运行巡视应检查变压器上层油温,正常时一般应在95 ℃以下,对强迫油循环水冷或风冷的变压器为85 ℃。 (　　)

42. 变压器运行巡视应检查绝缘套管是否清洁,有无破损、裂纹和放电烧伤痕迹。 (　　)

43. 变压器运行巡视应检查母线及接线端子等连接点的接触是否良好。 (　　)

44. 变压器匝数多的一侧电流小,匝数少的一侧电流大,也就是电压高的一侧电流小,电压低的一侧电流大。 (　　)

45. 变压器正常运行时,理想状态是希望流入差动回路的差流为零。 (　　)

46. 变压器中变换分接以进行调压所采用的开关,称为分接开关。 (　　)

47. 变压器中带负载进行变换绕组分接的调压,称为有载调压。 (　　)

48. 变压器中气体(瓦斯)继电器位于储油柜与箱盖的联通管之间。 (　　)

49. 变压器纵差保护的动作电流不需要躲过空载投运时的激磁涌流。（　　）

50. 单相变压器多为柱上式,通常为少维护的密封式,与同容量三相变压器相比,空载损耗和负载损耗都小,特别适用于小负荷分布分散且无三相负荷区域。（　　）

51. 单相变压器可以直接安装在用电负荷中心,增加了供电半径,改善了电压质量,增加了低压线路损耗,用户低压线路的投资也大大降低。（　　）

52. 当变压器二次侧开路,一次侧施加电压使其电流达到额定值时,所施加的电压称为阻抗电压 U_z。（　　）

53. 当变压器二次绕组短路,一次绕组施加额定频率的额定电压时,一次绕组中所流过的电流称空载电流 I_0,变压器空载合闸时有较大的冲击电流。（　　）

54. 当变压器过负载时,会发出很高且沉重的嗡嗡声。（　　）

55. 当变压器容量因冷却方式而变更时,则额定容量是指最小容量。（　　）

56. 当变压器吸湿器内的硅胶受潮到一定程度时,其颜色由白色变为粉红色。
（　　）

57. 对于容量更大的变压器,则应安装冷却风扇,以增强冷却效果。（　　）

58. 对于同心式变压器绕组,为了减小绝缘距离,通常将低压绕组靠近铁轭。（　　）

59. 对于小容量的变压器,绕组和铁芯所产生的热量经过变压器油与油箱内壁的接触,以及油箱外壁与外界冷空气的接触而自然地散热冷却,无须任何附加的冷却装置。
（　　）

60. 根据变压器的工作原理,当高、低压绕组的匝数比变化时,变压器二次侧电压也随之变动,采用改变变压器匝数比的办法即可达到调压的目的。（　　）

61. 环氧树脂具有难燃、防火、耐潮、耐污秽、机械强度高等优点,用环氧树脂浇注或缠绕作包封的干式变压器称为环氧树脂干式变压器。（　　）

62. 将变压器星形侧电流互感器的二次侧接成三角形,而将变压器三角形侧的电流互感器二次侧接成星形,可以补偿 Y/d11 接线的变压器两侧电流的相位差。（　　）

63. 即使变压器在换油时,也不能用连接片将重瓦斯接到信号回路运行。（　　）

64. 气体绝缘变压器为在密封的箱壳内充以 SF_6 气体代替绝缘油,利用 SF_6 气体作为变压器的绝缘介质和冷却介质。（　　）

65. 绕组是变压器的磁路部分,一般用绝缘纸包的铜线绕制而成。（　　）

66. 容量在 630 kVA 及以上的变压器,且无人值班的,每周应巡视检查一次;容量在 630 kVA 以下的变压器,可适当延长巡视周期,但变压器在每次合闸前及拉闸后都应检查一次。（　　）

67. 若变压器容量稍大些,可以在油箱外壁上焊接散热管,以增大散热面积。（　　）

68. 三相变压器的一次绕组和二次绕组采用不同的连接方法时,会使一、二次线电压有不同的相位关系。（　　）

69. 三相变压器容量较大,用在居民密集住宅区时,每台变压器所带用户数量多,需用系数低,因而变压器容量利用率高。但在同样条件下,使用单相变压器时,则总容量将远高于三相变压器。（　　）

70. 由两台变压器并联运行的工厂,当负荷小时可改为一台变压器运行。（　　）

71. 由于检修工作需要,可将 SF$_6$ 断路器打开后,将 SF$_6$ 气体排入大气中。　　(　　)

72. 由于铁芯为变压器的磁路,所以其材料要求导磁性能好,才能使铁损小。(　　)

73. 油浸式变压器具有防火、防爆、无燃烧危险,绝缘性能好,防潮性能好,对环境无任何限制,运行可靠性高、维修简单等优点,存在的缺点是过负载能力稍差。　　(　　)

74. 油箱漏油造成油面降低属于变压器的异常。　　　　　　　　　　　　(　　)

75. 油箱是油浸式变压器的外壳,变压器的器身置于油箱内,箱内灌满变压器油。

　　　　　　　　　　　　　　　　　　　　　　　　　　　　　　　(　　)

76. 有利于抑制高次谐波,是配电变压器采用 Yyn0 连接较 Dyn11 连接具有的优点之一。　　　　　　　　　　　　　　　　　　　　　　　　　　　　　(　　)

学习单元4.4　互感器

【学习目标】
　　(1)熟悉互感器的种类和工作原理。
　　(2)了解电流互感器的技术参数及运行要点。
　　(3)了解电压互感器的技术参数及运行要点。

【学习任务】
　　电流互感器的工作原理、接线和运行要点,电压互感器的工作原理、接线和运行要点。

【学习内容】

4.4.1　互感器的种类和工作原理

　　互感器的功能是把线路上的高电压变换成低电压,把线路上的大电流变换成小电流,以便于各种测量仪表和继电保护装置使用。

4.4.1.1　互感器的种类

　　变换电压的叫电压互感器,变换电流的叫电流互感器。有了互感器,不但大大简化了仪表和继电器的结构,有利于仪表和继电器产品的标准化,而且能使工作人员远离高压部分,免受高压威胁。

4.4.1.2　互感器的工作原理

　　互感器的原理与变压器相似。图 4-9 是互感器在电力系统中的接线原理图。图 4-9 中,TA 和 TV 分别表示电流互感器和电压互感器,A 和 V 分别表示电流表和电压表,$I>$ 和 $U>$ 分别表示电流继电器和电压继电器,Wh 表示电能表(也可接功率表和功率因数表)。由图 4-9 可知,电流互感器是串联在线路上运行的,而电压互感器是并联在线路上运行的。

　　我国生产的电压互感器二次侧额定电压为 100 V 和 100/3 V,我国生产的电流互感器二次侧额定电流为 5 A 和 1 A。

4.4.2　电流互感器

　　电流互感器类似一台一次线圈匝数少、二次线圈匝数多的变压器。电流互感器是按

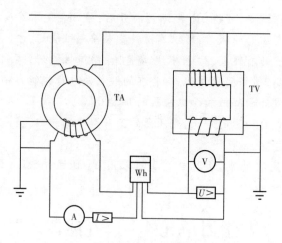

图 4-9   互感器的接线原理

照一、二次电流与一、二次线圈匝数成反比的规律检测一次电流的。应当指出,电流互感器的一次电流取决于一次负荷的大小,而与二次负荷无关。

4.4.2.1   电流互感器的型号

电流互感器的种类很多。按绝缘形式,可分为瓷绝缘、浇注绝缘等形式的电流互感器;按安装方式,可分为支柱式、穿墙式、母线式等形式的电流互感器。电流互感器还有很多不同的规格,这些特征都应在型号中表示出来。电流互感器的型号表示如下:

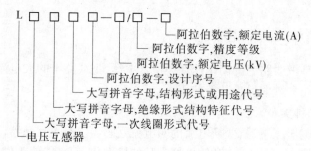

4.4.2.2   电流互感器接线

图 4-10 是电流互感器的几种接线方式。其中,图 4-10(a)所示的单台互感器接线主要用于测量对称三相电路中线路上的电流;图 4-10(b)所示的三台互感器星形(Y 形)接线可用于测量对称和不对称三相电路(包括三相四线线路)中线路上的电流,也可用于三相短路、两相短路和单相接地或单相短路的继电保护,且继电保护的灵敏度较高;图4-10(c)所示的两台互感器不完全星形(V 形)接线可用于测量对称和不对称的三相三线电路中线路上的电流(因为三相电流的矢量和为零,所以公共线上的电流测量得到的是未装互感器的那条线上的电流),也可用于继电保护接线,但灵敏度较低;图 4-10(d)所示的两台互感器电流差接线用于线路、电动机、并联电容器的继电保护接线,保护灵敏度较高。

电流互感器的安装接线应注意以下问题:

(1)二次回路接线应采用截面面积不小于 $2.5 \ mm^2$ 的绝缘铜线,排列应当整齐,连接必须良好,盘、柜内的二次回路接线不应有接头。

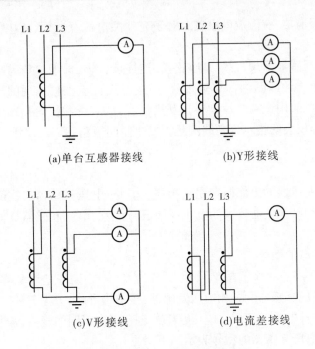

(a)单台互感器接线　　　　　　(b)Y形接线

(c)V形接线　　　　　　　　(d)电流差接线

图4-10　电流互感器的接线方式

（2）为了减轻电流互感器一次线圈对外壳和二次回路漏电的危险,其外壳和二次回路的一点应良好接地。

（3）对于接在线路中的没有使用的电流互感器,应将其二次线圈短路并接地。

（4）为避免电流互感器二次开路的危险,二次回路中不得装熔断器。

（5）电流互感器二次回路中的总阻抗不得超过其额定值。

（6）电流互感器的极性和相序必须正确。

4.4.2.3　电流互感器安全运行要点

运行中的电流互感器二次开路是十分危险的。其危险性表现在以下几个方面：

（1）由于没有二次电流的平衡作用,铁芯磁通大大增加,而感应电动势与磁通成正比,导致二次电压大大升高（数百伏至数千伏）,既带来了电击的危险,又可能击穿二次线路或二次元件的绝缘。此时,铁芯将发出嗡嗡声;如击穿绝缘,还将发出放电声和电火花。

（2）由于铁芯磁通大大增加,铁芯发热,可能烧毁互感器,并发出焦糊味、冒烟。

（3）由于磁通大大增加,铁芯饱和而带有较大的剩磁,使互感器精度降低。

（4）由于二次电流为零,电流表、功率表指示为零,电能表铝盘不转动且发出"嗡嗡"声,电流继电器也不能正常动作,从而不能对一次电路进行监视和保护。

发现电流互感器二次开路,应尽量停电处理。如不能停电,应尽量减小一次负荷,在有人监护、使用绝缘工具、保持安全距离的前提下,先将二次短路,再排除故障,然后拆除短路线。电流互感器不得长时间过负荷运行;否则,铁芯温度太高将导致误差增大、绝缘加速老化,甚至烧毁。电流互感器只允许在1.1倍额定电流下长时间运行。

电流互感器巡视检查的主要内容是检查各接点有无过热现象,有无异常气味和异常声响,瓷质部分是否清洁,有无放电痕迹。对于充油型电流互感器,还应检查油面是否正常,有无渗油、漏油等。

运行中的电流互感器出现过热、螺纹松动、连接点打火、冒烟、声音异常(放电声等噪声)、焦糊气味、严重渗油或漏油等故障现象时,运行人员应根据出现的异常现象作出判断,并进行处理。例如,用试温蜡片检查其发热程度,从声音和仪表指示辨别其二次是否开路,根据电流表等仪表的指示判断线圈是否发生匝间短路等。

4.4.3 电压互感器

电压互感器与变压器的工作原理完全相同。但是,电压互感器二次侧并联连接的是阻抗很大的电压表和其他仪器仪表的电压线圈,运行中的电压互感器类似工作在开路状态的变压器。

4.4.3.1 电压互感器的型号

电压互感器的种类也很多。按绝缘形式,分为油浸式、干式、浇注式等电压互感器;按照相数,分为单相电压互感器和三相电压互感器;按结构形式,分为五柱三线圈式、接地保护式、带补偿线圈式等电压互感器。电压互感器也有很多不同的规格,这些特征也都应在型号中表示出来。电压互感器的型号表示如下:

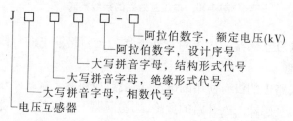

4.4.3.2 电压互感器接线

图 4-11 是电压互感器的几种接线方式。其中,图 4-11(a)所示单台单相互感器的接线主要用于测量线电压和连接频率表及电压继电器。图 4-11(b)所示的两台单相互感器的 V/V 形接线可用于测量线电压和连接功率表、电度表及电压继电器。这种接线方式的优点是简单、经济,一次绕组没有接地点;不足之处是不能测量相对地电压,不能起绝缘监视和接地保护的作用。图 4-11(c)所示三相电压互感器 Y0/Y0/开口三角形接线是 10 kV 系统中广泛应用的接线方式。这种接线方式除可用于线电压、相电压的测量和一般继电保护外,接在 Y0 形接线的二次绕组上的电压表还可用作系统的绝缘监视;接在开口三角形接线的二次绕组上的电压继电器还可发出接地报警信号。采用 Y0/Y0/开口三角形接线时,除电压互感器二次绕组的一点必须接地外,其一次绕组的中性点也必须接地。

电压互感器的安装接线应注意以下问题:

(1)二次回路接线应采用截面面积不小于 $1.5 \, \text{mm}^2$ 的绝缘铜线,排列应当整齐,连接必须良好;盘、柜内的二次回路接线不应有接头。

(2)与电流互感器相同,电压互感器的外壳和二次回路的一点也应良好接地。用于绝缘监视的电压互感器的一次绕组中性点也必须接地。

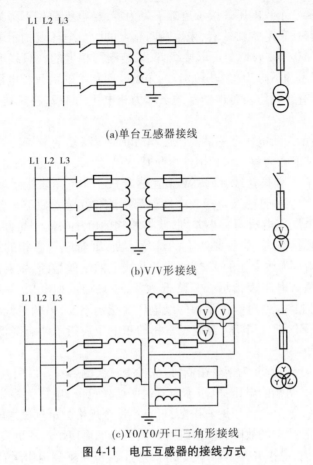

(a)单台互感器接线

(b)V/V形接线

(c)Y0/Y0/开口三角形接线

图4-11　电压互感器的接线方式

（3）为防止电压互感器一、二次短路的危险,一、二次回路都应装有熔断器。接成开口三角形的二次回路即使发生短路也只流过微小的不平衡电流和三次谐波电流,故不装设熔断器。

（4）电压互感器二次回路中的工作阻抗不得太小,以避免超负荷运行。

（5）电压互感器的极性和相序必须正确。

4.4.3.3　电压互感器安全运行要点

熔断器是电压互感器唯一的保护装置,必须正确选用和维护。一次侧熔断器的保护范围是互感器的一次线路和互感器本身,并可作为二次短路故障状态下的穿越性保护;二次侧熔断器的保护范围是互感器的二次线路。

电压互感器二次熔丝熔断一般是由二次侧短路造成的。一次侧熔丝熔断则可能是由于互感器本身或一次侧短路或套管闪络造成的,还可能是由于互感器二次侧短路穿越作用于一次侧造成的,还可能是由于过电压使互感器铁芯饱和,导致一次电流急剧增大造成的。

可以从电压表的指示判断电压互感器熔丝熔断的具体情况。低压熔丝熔断容易检查,也容易判断。三相熔丝同时熔断时,则不论互感器是什么接法,所有电压表指示均下降为零。两相熔丝熔断时,V/V形接线者,电压表指示(线电压)也都下降为零;Y0/Y0/

开口三角形接线者,三个线电压表指示也都下降为零,相电压两相下降为零,一相保持不变。一相熔丝熔断时,V/V 形接线者,未熔断两相上的一只电压表指示不变,另两只电压表指示下降为零。Y0/Y0/开口三角形接线者,未熔断两相上的一只线电压表指示不变,另两只线电压表指示约下降为相电压的 1/2;未熔断两相上的两只相电压表指示不变,另一只相电压表在接有线电压表时也指示约下降为相电压的 1/2,在未接有线电压表时下降为零。

从电压表的指示判断电压互感器高压熔丝熔断情况略复杂一些。三相熔丝同时熔断时,电压表指示也都下降为零。两相熔丝熔断时,V/V 形接线者,三相电压表指示也都下降为零;Y0/Y0/开口三角形接线者(JSJW 型互感器),三相电压表指示均大幅度下降(注意:由于互感器一、二次中性点及电压表中性点都接地和互感器磁路不独立,电压不降低为零),线间、相间电压表指示均有小差别,非熔断相的电压略高于熔断相的电压。一相熔丝熔断时,V/V 形接线者,如公共线上的熔丝熔断,则对应正常相的线电压表指示不变,另两只电压表指示为线电压的 1/2;如非公共线上的熔丝熔断,则对应另两相的线电压表指示不变,另两只电压表指示一只降低为零,一只指示相电压。一相熔丝熔断时,Y0/Y0/开口三角形接线者,对应正常相的线电压表指示不变,另两只线电压表指示约降低为线电压的 1/2,而对于相电压,对应正常相的相电压表指示略有降低,另一只电压表指示则大大降低。

如通过观察和分析,判断为熔丝熔断,应先检查二次侧熔丝。可用万用表交流电压量限 250 V 挡测量熔丝两端的电压:电压不为零说明熔丝已断;电压为零说明熔丝未断,应再检查一次侧熔丝。如果是低压熔丝熔断,可更换符合规格的熔丝试送电。如再次熔断,说明二次回路有比较严重的故障,应先排除故障,再考虑更换熔丝。更换电压互感器的一次侧熔断器的熔管前,应拉开互感器一次侧隔离开关,将互感器退出运行,并取下二次侧熔断器的熔管,防止可能反送电的危险;经验明无电后,方可戴绝缘手套(或用绝缘夹钳)取下高压熔管。更换熔管前应仔细查看互感器及一次引线有无故障迹象,如异物短接、瓷套管破裂、瓷套管放电残痕、漏油、喷油、异味等,必要时应测量绝缘电阻。检查无异常时方可更换熔管试送电。如更换后再次熔断,则不可再次更换送电,而必须做进一步的检查和试验。

更换电压互感器的高压熔管必须取得有关负责人的许可,应考虑到停用互感器对继电保护装置和电能计量的影响(必要时停用有关保护和自动装置,以防止误动作)。操作中应有专人监护,人体与带电体之间应保证足够的安全距离。电压互感器巡视检查中,应注意有无放电声及其他噪声,有无冒烟,有无异常气味,瓷绝缘表面是否发生闪络放电,引线连接点是否过热,有无打火,有无严重渗油、漏油,二次仪表指示是否正常等。

运行中的电压互感器接头或外壳发热,内部有杂声或放电声,引线与引线或引线与外壳之间发生放电,油位过低以致油标中看不到油面线,或油位过高以致油从注油孔溢出时,应记入记录簿并向上级报告。

运行中的电压互感器发生下列故障时应停电:瓷套管破裂或闪络放电;高压线圈击穿,有放电声、冒烟,发出臭味;连接点打火;严重漏油;外壳温度超过允许温度且继续上升;高压熔丝连续两次熔断。

思考与练习题

一、单选题

1.(　　)级电流互感器是指在额定工况下,电流互感器的传递误差不大于0.5%。

　　A.0.5　　　　　B.0.6　　　　　C.0.7　　　　　D.0.8

2.(　　)可以将电力系统的一次电流按一定的变比变换成二次较小电流,供给测量表计和继电器。

　　A.电流互感器　　B.电压互感器　　C.继电器　　　　D.变压器

3.(　　)是将系统的高电压变换为标准的低电压(100 V 或 100/$\sqrt{3}$ V),供测量仪表、继电保护自动装置、计算机监控系统用。

　　A.电压互感器　　B.电流互感器　　C.变压器　　　　D.避雷器

4.Ⅰ、Ⅱ类用于贸易结算之外的其他电能计量装置中电压互感器二次回路电压降应不大于其额定二次电压的(　　)。

　　A.0.2%　　　　B.0.3%　　　　C.0.4%　　　　D.0.5%

5.TP 级保护用电流互感器的铁芯带有小气隙,在它规定的准确限额条件下(规定的二次回路时间常数及无电流时间等)及额定电流的某倍数下其综合瞬时误差最大为(　　)。

　　A.5%　　　　　B.10%　　　　C.15%　　　　D.20%

6.电流互感器分为测量用电流互感器和(　　)用电流互感器。

　　A.实验　　　　B.保护　　　　C.跳闸　　　　D.运行

7.电流互感器型号中,常用(　　)表示电流互感器。

　　A.C　　　　　B.L　　　　　C.S　　　　　D.A

8.当两台同型号的电压互感器接成(　　)形时,必须注意极性正确,否则会导致互感器线圈烧坏。

　　A.V　　　　　B.W　　　　　C.N　　　　　D.M

9.电流互感器(　　)与电压互感器二次侧互相连接,以免造成电流互感器近似开路,出现高压的危险。

　　A.不能　　　　B.必须　　　　C.可以　　　　D.应该

10.电流互感器的回路编号,一般以十位数字为一组,(　　)的回路标号可以用411~419。

　　A.1TA　　　　B.4TA　　　　C.11TA　　　　D.19TA

11.电流互感器的容量,即允许接入的二次负载容量,其标准值为(　　)。

　　A.1~100 VA　　B.2~100 VA　　C.5~100 VA　　D.3~100 VA

12.电流互感器的一次绕组匝数很少,串联在线路里,其电流大小取决于线路的(　　)。

　　A.负载电流　　B.额定电流　　C.最大电流　　D.最小电流

13.电流互感器的一次线圈(　　)接入被测电路,二次线圈与测量仪表连接,一、二次线圈极性应正确。

A. 串联　　　　　B. 并联　　　　　C. 混联　　　　　D. 互联

14. 电流互感器二次绕组铁芯和外壳都必须(　　)，以防止一、二次线圈绝缘击穿时，一次侧的高压窜入二次侧，危及人身和设备的安全。

A. 可靠接地　　　B. 不接地　　　　C. 分开接地　　　D. 接地

15. 电压互感器的二次绕组不准(　　)，否则电压互感器会因过热而烧毁。

A. 开路　　　　　B. 短路　　　　　C. 分路　　　　　D. 接地

16. 电压互感器的绝缘方式中干式用(　　)表示。

A. J　　　　　　B. G　　　　　　C. Z　　　　　　D. C

17. 电压互感器的绝缘方式中浇注式用(　　)表示。

A. J　　　　　　B. G　　　　　　C. Z　　　　　　D. C

18. 电压互感器的绝缘方式中油浸式用(　　)表示。

A. J　　　　　　B. G　　　　　　C. Z　　　　　　D. C

19. 电压互感器的准确度等级是指在规定的一次电压和二次负荷变化范围内，负荷功率因数为(　　)时误差的最大限值。

A. 0.7　　　　　B. 0.8　　　　　C. 0.9　　　　　D. 额定值

20. 电压互感器二次回路允许有(　　)接地点。

A. 一个　　　　　B. 两个　　　　　C. 三个　　　　　D. 多个

21. 电压互感器二次回路，若有两个或多个接地点，当电力系统发生接地故障时，各个接地点之间的地电位可能会相差很大，该电位差将叠加在电压互感器二次回路上，从而使电压互感器二次电压的幅值及相位发生变化，有可能造成阻抗保护或方向保护(　　)。

A. 误动或拒动　　B. 正确动作　　　C. 及时动作　　　D. 快速动作

22. 电压互感器及二次线圈更换后必须测定(　　)。

A. 变比　　　　　B. 极性　　　　　C. 匝数　　　　　D. 绝缘

23. 对电压互感器的准确度，(　　)级一般用于测量仪表。

A. 0.4　　　　　B. 0.5　　　　　C. 0.6　　　　　D. 0.7

24. 对电压互感器的准确度，1级、3级、3P级、(　　)级一般用于保护。

A. 4P　　　　　B. 4.5P　　　　　C. 5P　　　　　D. 5.5P

25. 对电压互感器的准确度，通常电力系统用的有0.2级、0.5级、(　　)、3级、3P级、4P级等。

A. 1　　　　　　B. 1.5　　　　　C. 2　　　　　　D. 2.5

26. 对于电流互感器的准确度，保护一般用(　　)、D级、5PX级、10PX级等。

A. 0.05　　　　　B. 0.02　　　　　C. B级　　　　　D. F级

27. 更换成组的电压互感器时，还应对并列运行的电压互感器检查其(　　)一致，并核对相位。

A. 生产厂家　　　B. 生产日期　　　C. 容量　　　　　D. 连接组别

28. 互感器分电压互感器和(　　)两大类，它们是供电系统中测量、保护、监控用的重要设备。

A. 电流互感器　　B. 断路器　　　　C. 隔离开关　　　D. 避雷器

二、多选题

1. 电流互感器是将高压系统中的电流或低压系统中的大电流改变为低压的标准小电流,一般包括(　　)。

    A. 5 A　　　　　　B. 1 A　　　　　　C. 15 A　　　　　　D. 10 A

2. 电流互感器型号包括的内容有(　　)。

    A. 额定电流　　　B. 准确级次　　　C. 保护级　　　　D. 额定电压

3. 型号为 LQJ - 10 的电流互感器表示的含义包括(　　)。

    A. 额定电压为 10 kV　　　　　　　　B. 绕组式树脂浇注绝缘

    C. 额定电流为 10 kA　　　　　　　　D. 绕组式干式绝缘

三、判断题

1. 0.5 级的电流互感器是指在额定工况下,电流互感器的传递误差不大于 5%。　　　　　　　　　　　　　　　　　　　　　　　　　　　　　(　　)

2. 0.5 级电压互感器一般用于电能表计量电能。　　　　　　　　　　(　　)

3. 1 级、3 级、3P 级、4P 级电压互感器一般用于保护。　　　　　　　(　　)

4. 保护电压互感器的高压熔断器额定电流一般小于等于 1 A。　　　(　　)

5. 电流互感器的容量,即允许接入的二次负载容量 S_N(VA),其标准值为 10 ~ 200 VA。　　　　　　　　　　　　　　　　　　　　　　　　　　(　　)

6. 电流互感器的一次绕组匝数很多,并联在线路里,其电流大小取决于线路的负载电流,由于接在二次侧的电流线圈的阻抗很小,所以电流互感器正常运行时,相当于一台开路运行的变压器。　　　　　　　　　　　　　　　　　　　　　　　　(　　)

7. 电流互感器的一次线圈并联接入被测电路,二次线圈与测量仪表连接,一、二次线圈极性应正确。　　　　　　　　　　　　　　　　　　　　　　　(　　)

8. 电流互感器二次绕组、铁芯和外壳都必须可靠接地,以防止一、二次线圈绝缘击穿时,一次侧的高压窜入二次侧,危及人身和设备的安全,而且电流互感器的二次回路只能有一个接地点,决不允许多点接地。　　　　　　　　　　　　　　　　(　　)

9. 电流互感器分为测量用电流互感器和保护用电流互感器。　　　　(　　)

10. 电流互感器供给操作电源,只是用作事故跳闸时的跳闸电流,不能用于合闸。　　　　　　　　　　　　　　　　　　　　　　　　　　　　　　(　　)

11. 电流互感器可分为单相式和三相式。　　　　　　　　　　　　　(　　)

12. 电流互感器可以将电力系统的一次电流按一定的变比变换成二次较小电流,供给测量表计和继电器。　　　　　　　　　　　　　　　　　　　　　　(　　)

13. 电流互感器利用一、二次绕组不同的匝数比可将系统的大电流转变为小电流来测量。　　　　　　　　　　　　　　　　　　　　　　　　　　　　　(　　)

14. 电流互感器是将高压系统中的电流或低压系统中的大电流改变为低压的标准小电流(10 A 或 1 A),供测量仪表、继电保护自动装置、计算机监控系统用。　　(　　)

15. 电流互感器是将系统的高电压转变为低电压,供测量、保护、监控用。　(　　)

16. 电流互感器运行前检查外壳及二次侧应接地正确、良好,接地线连接应坚固、可靠。　　　　　　　　　　　　　　　　　　　　　　　　　　　　　　(　　)

17. 电流互感器运行前应检查套管无裂纹、破损现象。　　　　　　　（　　）

18. 电压互感器的容量是指其二次绕组允许接入的负载功率(以 VA 表示)，分额定容量和最大容量。　　　　　　　　　　　　　　　　　　　（　　）

19. 电压互感器的准确度等级是指在规定的一次电压和二次负荷变化范围内，负荷功率因数为额定值时误差的最小限值。　　　　　　　　　　　　（　　）

20. 电压互感器二次回路若有两个或多个接地点，当电力系统发生接地故障时，各个接地点之间的地电位可能会相差很大，该电位差将叠加在电压互感器二次回路上，从而使电压互感器二次电压的幅值及相位发生变化，有可能造成阻抗保护或方向保护误动或拒动。　　　　　　　　　　　　　　　　　　　　　　　　（　　）

21. 电压互感器二次绕组、铁芯和外壳都必须可靠接地，在绕组绝缘损坏时，二次绕组对地电压不会升高，以保证人身和设备安全。　　　　　　　　（　　）

22. 电压互感器二次线圈更换后，必须进行核对，以免造成错误接线和防止二次回路短路。　　　　　　　　　　　　　　　　　　　　　　　（　　）

23. 电压互感器及二次线圈更换后必须测定极性。　　　　　　　　　（　　）

24. 电压互感器是将高压系统中的电流或低压系统中的大电流转变为标准的小电流，供测量、保护、监控用。　　　　　　　　　　　　　　　　（　　）

25. 电压互感器是利用电磁感应原理工作的，类似一台升压变压器。　（　　）

26. 电压互感器运行巡视应检查充油电压互感器的油位是否正常，油色是否透明(不发黑)，有无严重的渗、漏油现象。　　　　　　　　　　　　（　　）

27. 电压互感器运行巡视应检查电压互感器内部是否有异常，有无焦臭味。（　　）

28. 电压互感器运行巡视应检查一次侧引线和二次侧引线连接部分是否接触良好。　　　　　　　　　　　　　　　　　　　　　　　　　　　（　　）

29. 电压互感器在运行中损坏需要更换时，应选用电压等级与电网电压相符，变比相同、极性正确、励磁特性相近的电压互感器，并经试验合格。　　（　　）

30. 更换成组的电压互感器时，应对并列运行的电压互感器检查其连接组别，并核对相位。　　　　　　　　　　　　　　　　　　　　　　　（　　）

31. 互感器分为电压互感器和电流互感器两大类，它们是供电系统中测量、保护、操作用的重要设备。　　　　　　　　　　　　　　　　　　　（　　）

32. 将电压和电流变换成统一的标准值，以利于仪表和继电器的标准化，是互感器的作用之一。　　　　　　　　　　　　　　　　　　　　　　（　　）

33. 三绕组电压互感器的第三绕组主要供给监视电网绝缘和接地保护装置。（　　）

34. 停用的电压互感器，在带电前应进行试验和检查，必要时，可先安装在母线上运行一段时间，再投入运行。　　　　　　　　　　　　　　　　（　　）

35. 停用电压互感器，应将有关保护和自动装置停用，以免造成装置失压误动作，为防止电压互感器反充电，停用时应拉开一次侧隔离开关，再将二次侧保险取下。（　　）

36. 运行中的电压互感器出现瓷套管破裂、严重放电，可继续运行。　（　　）

37. 运行中的电压互感器出现高压侧熔体连续两次熔断，发生接地、短路、冒烟、着火故障时，对于 110 kV 以上电压互感器，可以带故障将隔离开关拉开。（　　）

38.运行中的电压互感器出现漏油严重,油标管中看不见油面时,应立即退出运行。

（　　）

39.运行中的电压互感器出现外壳温度超过允许温升,并继续上升时,应立即退出运行。

（　　）

学习单元4.5　电力电容器

【学习目标】

(1)了解电力电容器的结构和补偿原理。

(2)掌握电力电容器的安装和接线。

(3)掌握电力电容器的安全运行。

【学习任务】

电力电容器的结构、安装及运行。

【学习内容】

电力电容器包括移相电容器、串联电容器、耦合电容器、均压电容器等多种电容器。本学习单元指的是移相电容器。移相电容器的直接作用是并联在线路上提高线路的功率因数。因此,移相电容器也称为并联补偿电容器。安装移相电容器能改善电能质量,降低电能损耗,还能提高供电设备的利用率。运行中电容器的爆炸危险和断电后残留电荷的危险是必须重视的安全问题。

4.5.1　电容器的结构

电容器的结构如图4-12所示。电容器主要由外壳和芯子组成,外壳用薄钢板焊接制成,盖上出线瓷套管,两侧壁上均有供安装、吊运的吊攀。芯子由元件、绝缘件组成。元件有以聚丙烯薄膜和电容器纸为介质与铝箔(极板)卷制而成的或以纯聚丙烯薄膜为介质与铝箔卷制而成的。

4.5.2　电容器安装

电容器所在环境温度不应超过40 ℃,周围空气相对湿度不应大于80%,海拔不应超过1 000 m;周围不应有腐蚀性气体或蒸汽,不应有大量灰尘或纤维;所安装环境应无易燃、易爆危险或强烈震动。电容器室应为耐火建筑,耐火等级不应低于二级;电容器室应有良好的通风。

总油量在300 kg以上的高压电容器应安装在单独的防爆室内,总油量在300 kg以下的高压电容器和低压电容器应视其油量的多少安装在有防爆墙的间隔内或有隔板的间隔内。

电容器应避免阳光直射,受阳光直射的窗玻璃应涂以白色。

电容器分层安装时一般不超过三层,层与层之间不得有隔板,以免阻碍通风;相邻电容器之间的距离不得小于50 mm;上、下层之间的净距不应小于20 cm;下层电容器底面对地高度不宜小于30 cm;电容器铭牌应面向通道。

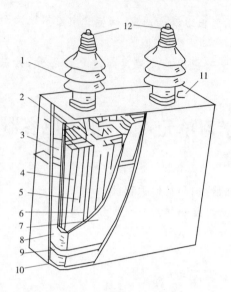

1—出线瓷套管;2—出线连接片;3—连接片;4—电容元件;5—出线连接片固定板;
6—组间绝缘;7—包封件;8—夹板;9—金箍;10—外壳;11—封口盖;12—接线端子

图 4-12　电容器的结构

电容器外壳和钢架均应采取接 PE 线措施。

电容器应有合格的放电装置。高压电容器可以用电压互感器的高压绕组作为放电负荷,低压电容器可以用灯泡或电动机绕组作为放电负荷。放电电阻不宜太大。只要满足经过 30 s 放电后,电容器最高残留电压不超过安全电压即可。三角形接法 10 kV 电容器每相放电电阻可按式(4-8)计算:

$$R \leqslant 1.5 \times 10^6 \times \frac{U^2}{Q} \tag{4-8}$$

式中　U——线电压, kV;

　　　Q——每相电容器容量,kvar。

经常接入的放电电阻也不宜太小,以节约电能。放电电阻的比功率损耗(单位电容器容量的功率损耗)不应超过 1 W/kvar。

高压电容器组和总容量在 30 kvar 及以上的低压电容器组,每相应装电流表;总容量在 60 kvar 及以上的低压电容器组应装电压表。

4.5.3　电容器的安全运行

电力电容器是充油设备,安装、运行或操作不当可能着火,也可能发生爆炸,电容器的残留电荷还可能对人身安全构成直接威胁。因此,电容器的安全运行有很重要的意义。

4.5.3.1　电容器投入或退出

正常情况下,应根据线路上功率因数的高低和电压的高低投入或退出并联电容器。当功率因数低于0.9、电压偏低时应投入电容器组;当功率因数趋近于 1 且有超前趋势、电压偏高时应退出电容器组。当运行参数异常,超出电容器的工作条件时,应退出电容器组。如果电容器三相电流明显不平衡,也应退出运行,进行检查。

发生下列故障情况之一时,电容器组应紧急退出运行:

(1)连接点严重过热甚至熔化。

(2)瓷套管严重闪络放电。

(3)电容器外壳严重膨胀变形。

(4)电容器或其放电装置发出严重异常声响。

(5)电容器爆破。

(6)电容器起火、冒烟。

4.5.3.2 电容器操作

进行电容器操作时应注意以下几点:

(1)正常情况下全站停电操作时,应先拉开电容器的开关,后拉开各路出线的开关;正常情况下全站恢复送电时,应先合上各路出线的开关,后合上电容器的开关。

(2)全站事故停电后,应拉开电容器的开关。

(3)电容器断路器跳闸后不得强送电;熔丝熔断后,查明原因之前,不得更换熔丝送电。

(4)不论是高压电容器还是低压电容器,都不允许在其带有残留电荷的情况下合闸;否则,可能产生很大的电流冲击。电容器重新合闸前,至少应放电3 min。

(5)为了检查、修理的需要,电容器断开电源后,工作人员接近之前,不论该电容器是否装有放电装置,都必须用可携带的专门放电负荷进行人工放电。

思考与练习题

一、单选题

1.电压为10 kV及以下的高压电容器,一般在外壳内每个电容元件上都(   ),作为电容器内部保护。

A.串接一只热继电器　　　　　　B.串接一只电阻

C.串接一只熔丝　　　　　　　　D.串接一只压敏元件

2.BWF10.5－25－1型电容器的标定容量为(   )。

A.10.5 kvar　　B.25 kvar　　　　C.1 kvar　　　　D.0.5 kvar

3.对于需要频繁投切的高压电容器,为了防止断路器触头弹跳和重击穿引起操作过电压,有时需要并联(   )。

A.管型避雷器　　　　　　　　B.阀型避雷器

C.金属氧化物避雷器　　　　　　D.排气式避雷器

4.事故情况下,在全站无电后,应将(   )支路断路器分闸断开。

A.各出线　　B.电压互感器　　C.电容器　　　D.避雷器

5.为提高功率因数,运行中可在工厂变配电所的母线上或用电设备附近装设(   ),用其来补偿电感性负载过大的感性电流,减小无功损耗,提高末端用电电压。

A.并联电容器　　B.并联电感器　　C.串联电容器　　D.串联电感器

6. 新装电容器投运前,应检查电容器及( )外观良好,电容器不渗、漏油。

A. 放电设备   B. 电容器室室外景观

C. 电容器室室内装饰程度   D. 充电设备

7. 新装电容器组投运前,应检查电容器组的接线是否正确,电容器的( )与电网电压是否相符。

A. 试验电压   B. 额定电压   C. 最大允许电压   D. 工作电压

8. 一般情况下,环境温度在40 ℃时,充矿物油的电容器允许温升为( )。

A. 30 ℃   B. 50 ℃   C. 55 ℃   D. 60 ℃

9. 造成运行中的高压电容器外壳渗、漏油的原因之一是( )。

A. 电容器内部过电压   B. 内部产生局部放电

C. 运行中温度剧烈变化   D. 内部发生相间短路

10. 正常情况下,全变电所停电操作时应( )。

A. 先拉开电容器支路断路器   B. 后拉开电容器支路断路器

C. 电容器支路断路器和其他支路断路器同时拉开

D. 电容器断路器不需操作

11. 正常情况下,一般在系统功率因数低于( )时应投入高压电容器组。

A. 0.85   B. 0.9   C. 0.95   D. 0.98

12. 中小容量的高压电容器组如配置延时电流速断保护,动作时限可取( ),以便避开电容器的合闸涌流。

A. 0.1 s   B. 0.2 s   C. 0.3 s   D. 0.4 s

二、多选题

1. 高压电容器按其功能可分为( )等。

A. 移相(并联)电容器   B. 串联电容器

C. 耦合电容器   D. 脉冲电容器

2. 高压电容器主要由( )等元件组成。

A. 出线瓷套管   B. 放电显示器   C. 电容元件组   D. 外壳

3. 下列属于高压电力电容器常见的故障有( )。

A. 电容器过负荷   B. 单台电容器内部极间短路

C. 电容器组与断路器之间连线短路   D. 电容器组失压

4. 新装电容器投运前,电容器组的继电保护装置应经校验合格,且( )。

A. 处于停运位置   B. 定值正确

C. 处于投运位置   D. 投运后进行定值整定

5. 一般常见的高压电容器外壳膨胀的原因有( )等。

A. 机械损伤   B. 内部局部放电或过电压

C. 已超过使用期限   D. 电容器本身存在质量问题

6. 对运行中的高压电容器巡视检查项目包括( )等。

A. 电容器的铭牌是否与设计相符   B. 电容器外壳是否膨胀

C. 电容器是否有喷油、渗漏现象   D. 电容器的接线正确

三、判断题

1. 高压电容器一般设有出线套管和进线套管。　　　　　　　　　　　　（　　　）

2. 高压电容器应在额定电流下运行,当电流超过额定电流的 1.3 倍时,应立即停运。
　　　　　　　　　　　　　　　　　　　　　　　　　　　　　　　　（　　　）

3. 高压电容器组断电后,若需再次合闸,应在其断电 3 min 后进行。　　（　　　）

4. 正常情况下,高压电容器组的投入或退出运行与系统功率因数无关。（　　　）

5. BWF10.5 - 25 - 1 型高压电容器为额定电压 10.5 kV、25 kvar 单相并联电容器。
　　　　　　　　　　　　　　　　　　　　　　　　　　　　　　　　（　　　）

6. BWF10.5 - 25 型电容器为单相并联电容器。　　　　　　　　　　　（　　　）

7. 单台三相高压电容器的电容元件组在外壳内部一般接成三角形。　　（　　　）

8. 当安装电容器的金属构架良好接地后,电容器金属外壳不一定要接地。（　　　）

9. 电力系统无功补偿一般采用耦合电容器。　　　　　　　　　　　　　（　　　）

10. 电力系统无功补偿一般采用移相(并联)电容器。　　　　　　　　　（　　　）

11. 事故情况下,在全站无电后,不必将电容器支路断路器断开。　　　（　　　）

12. 为适应各种电压等级的要求,在电容器内部电容元件可连接成串联或并联。
　　　　　　　　　　　　　　　　　　　　　　　　　　　　　　　　（　　　）

13. 谐波电压加在电容器两端时,由于电容器对谐波的阻抗很小,因此电容器很容易
发生过电流发热,导致绝缘击穿,甚至造成烧毁。　　　　　　　　　　（　　　）

14. 新装电容器组投运前,继电保护装置应定值正确并处于投运位置。（　　　）

15. 新装电容器组投运前,应检查电容器的额定电压是否与电网电压相符。（　　　）

16. 一般情况下,环境温度在 40 ℃ 时,充矿物油的电容器允许温升为 50 ℃。（　　　）

17. 造成高压电容器渗、漏油的原因之一是保养不当,外壳严重锈蚀。（　　　）

18. 造成高压电容器渗、漏油的原因之一是运行中温度急剧变化。　　（　　　）

19. 正常情况下,一般功率因数低于 0.85 时,要投入高压电容器组。　（　　　）

20. 运行中可在工厂变配电所的母线上或用电设备附近装设并联电容器,用来补偿电
感性负载过大的感性电流,减小无功损耗,提高功率因数,提高末端用电电压。（　　　）

21. 造成高压电容器爆炸的原因之一是电容器外部发生三相短路。　　（　　　）

22. 造成高压电容器发热的原因之一是运行中温度急剧变化。　　　　（　　　）

23. 中小容量的高压电容器组普遍采用电流速断保护或延时电流速断保护作为相间
短路保护。　　　　　　　　　　　　　　　　　　　　　　　　　　（　　　）

24. 中小容量的高压电容器组如配置电流速断保护,动作电流可取电容器组额定电流
的 2.5 ~ 3 倍。　　　　　　　　　　　　　　　　　　　　　　　　　（　　　）

25. 中小容量的高压电容器组如配置延时电流速断保护,动作电流可取电容器组额定
电流的 2 ~ 2.5 倍,动作时限可取 0.2 s。　　　　　　　　　　　　　（　　　）

学习单元 4.6　兆欧表

【学习目标】

(1)了解兆欧表的结构及工作原理。

（2）掌握兆欧表的使用注意事项。

【学习任务】

兆欧表的结构、工作原理以及使用注意事项。

【学习内容】

4.6.1 兆欧表的结构及工作原理

兆欧表俗称摇表,是测量绝缘体电阻的专用仪表,主要由磁电式流比计和手摇发电机组成。

兆欧表的测量机构如图4-13所示。它有两个可动线圈,两个线圈成一定角度固定在轴上,固定部分是永久磁铁。当线圈通以电流时,两个线圈受电磁力作用产生的力矩相反,一个是转动力矩,另一个是反作用力矩,平衡时,两力矩相等。可以证明,指针的偏转与两电流的比值成正比,即 $\alpha = K I_1/I_2$,所以该测量机构称为比率计。不同用途的磁电式比率型测量机构采用不同形状的铁芯和极掌,以获得所需的不均匀的磁场。

兆欧表的测量原理电路如图4-14所示。由图4-14可以看出,被测电阻 R_x 与测量机构中的可动线圈1串联,流过可动线圈1的电流 I_1 为

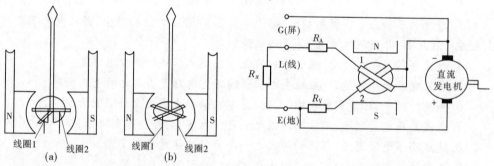

图 4-13　兆欧表的测量机构

图 4-14　兆欧表的测量原理电路

$$I_1 = \frac{U}{R_x + R_A}$$

流过线圈2的电流 I_2 为

$$I_2 = \frac{U}{R_V}$$

以上两式中的 R_A 和 R_V 为附加电阻,则

$$\alpha = K \frac{I_1}{I_2} = K \frac{U/(R_x + R_A)}{U/R_V} = K \frac{R_V}{R_x + R_A} = K_1 R_x \tag{4-9}$$

由式(4-9)可以看出,兆欧表的偏转角与发电机的电压及线圈的电流无关,只与被测电阻有关,兆欧表的指针偏转直接反映被测电阻的大小。

4.6.2 兆欧表的使用注意事项

（1）选用兆欧表时,其额定电压一定要与被测电气设备或线路的工作电压相适应,测

量范围应与被测绝缘电阻的范围相吻合。不能用额定电压过高的兆欧表测量低电压电气设备的绝缘电阻,以免设备的绝缘受到损坏;也不能用额定电压较低的兆欧表测量高压设备的绝缘电阻,否则测量结果不能真正反映工作电压下的绝缘电阻。

(2)摇动手摇发电机时,摇的速度须按规定,而且要摇够一定的时间。常用的兆欧表的手摇发电机的电压在规定转速下有 500 V 和 1 000 V 两种,可根据需要选用。因电压很高,测量时应注意安全。

(3)兆欧表的接线端钮有 3 个,分别标有 G(屏)、L(线)、E(地)。被测的电阻接在 L 和 E 之间,G 端的作用是消除表壳表面 L、E 两端间的漏电和被测绝缘物表面漏电的影响。在进行一般测量时,把被测绝缘物接在 L、E 之间即可。但在测量表面不干净或潮湿的对象时,为了准确地测出绝缘材料内部的绝缘电阻,必须使用 G 端。

学习情境 5　变配电所的安全运行

学习单元 5.1　变配电所安全运行要求

【学习目标】

(1)能够正确理解现场管理要求。

(2)能够准确履行交接班要求。

(3)能够正确理解巡回检查制度。

(4)能够正确掌握设备缺陷管理制度。

(5)能够正确掌握变配电所的定期试验切换制度。

(6)能够正确熟悉运行分析制度。

(7)能够正确熟悉技术管理内容。

【学习任务】

变配电所现场管理要求,交接班要求,巡回检查制度,设备缺陷管理制度,变配电所的定期试验切换制度,运行分析制度,技术管理内容。

【学习内容】

为提高变配电所的安全运行水平,适应现代变配电所的运行管理要求,实现安全、可靠、经济、合理供电。因此,变配电所必须备有与现场实际情况相符合的运行规章制度,交由值班人员学习并严格遵守执行,以确保安全生产。

5.1.1　现场管理要求

5.1.1.1　变配电所应有的记录

(1)抄表记录:按规定的时间,抄录各开关柜、控制柜上相关的电压表、电流表、有功表和无功表的电能及变压器温升等。

(2)值班记录:记录系统运行方式、设备检修、安全措施布置、事故处理经过、与运行有关的事项及上级下达的指示要求等。

(3)设备缺陷记录:记录发现缺陷的时间、内容、类别,以及消除缺陷的人员、时间等。

(4)设备试验、检修记录:记录试验或检修的日期、内容、发现问题及处理的经过,记录试验中出现的问题及排除情况、试验数据。

(5)设备异常及事故记录:记录发生的时间、经过、保护装置动作情况及原因、处理措施。

5.1.1.2　变配电所应制定的制度

(1)值班人员岗位责任制。

(2)交接班制度。

(3)倒闸操作票制度。

(4)巡视检查制度。

(5)检修工作票制度。

(6)工作器具保管制度。

(7)设备缺陷管理制度。

(8)安全保卫制度。

5.1.1.3　运行基本要求

(1)变配电所等作业场所必须设置安全遮栏,悬挂相应的警告标志,配置有效的灭火器材及通信设施。

(2)为电气作业人员提供符合电压等级的绝缘用具及防护用具。

(3)变配电所的电气设备,应定期进行预防性试验,试验报告应存档保管。

(4)变配电所内的绝缘鞋、绝缘手套、绝缘棒及验电器的绝缘性能,必须定期进行检查试验。安全防护用具应整齐放在干燥、明显的地方。

(5)无人值班的变配电所必须加锁。

5.1.2　交接班要求

交接班工作必须严肃、认真地进行。交接班人员应严格按规定履行交接班手续,具体内容和要求如下:

(1)交班人员应详细填写各项记录,并做好环境卫生工作。遇有操作或工作任务时,应主动为下班做好准备工作。

(2)交班人员应将下列情况做详尽介绍:①所管辖的设备运行方式,变更修饰情况,设备缺陷,事故处理情况,上级通知及其他有关事项;②工具仪表、备品备件、钥匙等是否齐全、完整。

(3)接班人员应认真听取交接内容,核对模拟图板和现场运行方式是否相符。交接完毕,双方应在交接班记录簿上签名。

(4)交接班时,应尽量避免倒闸操作和许可工作。在交接班中发生事故或异常运行情况时,须立即停止交接,原则上应由交班人员负责处理,接班人员应主动协助处理。当事故处理告一段落后,再继续办理交接班手续。

(5)若遇接班人员有醉酒或精神失常情况,交班人员应拒绝交接,并迅速报告上级领导,做出适当安排。

5.1.3　巡回检查制度

为了掌握、监视设备运行状况,及时发现异常和缺陷,对运行及备用设备,应执行定期和特殊巡视制度,并在实践中不断加以修订改进。

5.1.3.1　巡视周期

有人值班的变配电所每小时巡视一次,无人值班的变配电所每 4 h 至少巡视一次,车间变配电所每班巡视一次。特殊巡视按需要进行。

5.1.3.2　定期巡视项目

(1)注油设备油面是否适当,油色是否清晰,有无渗漏。

（2）瓷绝缘有无破碎和放电现象。

（3）各连接点有无过热现象。

（4）变压器及旋转电机的声音、温度是否正常。

（5）变压器的冷却装置运行是否正常。

（6）电容器有无异声及外壳是否有变形膨胀等现象。

（7）电力电缆终端盒有无渗、漏油现象。

（8）各种信号指示是否正常，二次回路的断路器、隔离开关位置是否正确。

（9）继电保护及自动装置压板位置是否正确。

（10）仪表指示是否正常，指针有无弯曲、卡涩现象；电度表有无停走或倒走现象。

（11）直流母线电压及浮充电流是否适当。

（12）蓄电池的液面是否适当，极板颜色是否正常，有无生盐、弯曲、断裂、泡胀及局部短路现象。

（13）设备缺陷有无发展变化。

5.1.3.3　特殊巡视项目

（1）大风来临前，检查周围杂物，防止杂物吹上设备；大风时，注意室外软导线风偏后相间及对地距离是否过小。

（2）雷电后，检查瓷绝缘有无放电痕迹，避雷器、避雷针是否放电，雷电计数器是否动作。

（3）在雾、雨、雪等天气时，应注意观察瓷绝缘放电情况。

（4）重负荷时，检查触头、接头有无过热现象。

（5）发生异常运行情况时，查看电压、电流及继电保护动作情况。

（6）夜间熄灯巡视，检查瓷绝缘有无放电闪络现象、连接点处有无过热发红现象。

5.1.3.4　巡视时应遵守的安全规定

（1）巡视高压配电装置一般应由两人一起进行，经考试合格并由单位领导批准的人员允许单独巡视高压设备。巡视配电装置、进出高压室时，必须随手把门锁好。

（2）巡视高压设备时，不得移开或越过遮栏，并不准进行任何操作；若有必要移动遮栏，必须有监护人在场，并保持下列安全距离：10 kV 及以下安全距离为 0.7 m，35 kV 安全距离为 1 m^3。

（3）高压设备的导电部分发生接地故障时，在室内不得接近故障点 4 m 以内，在室外不得接近故障点 8 m 以内。进入上述范围的人员必须穿绝缘靴，接触设备的外壳和构架时，应戴绝缘手套。

5.1.4　设备缺陷管理制度

保证设备经常处于良好的技术状态是确保安全运行的重要环节之一。应在发现设备缺陷时，尽快加以消除，努力做到防患于未然。同时，为了给安排设备的检修及试验等工作计划提供依据，必须认真执行以下设备缺陷管理制度：

（1）凡是已投入运行或备用的各个电压等级的电气设备，包括电气一次回路及二次回路设备、防雷装置、通信设备、配电装置构架及房屋建筑，均属设备缺陷管理范围。

（2）按对供、用电安全的威胁程度，缺陷可分为Ⅰ、Ⅱ、Ⅲ三类：Ⅰ类缺陷是紧急缺陷，它是指可能发生人身伤亡、大面积停电、主设备损坏或造成有政治影响的停电事故者,这种缺陷性质严重、情况危急,必须立即处理;Ⅱ类缺陷是重大缺陷,它是指设备尚可继续运行,但情况严重,已影响设备出力,不能满足系统正常运行的需要,或短期内会发生事故,威胁安全运行者;Ⅲ类缺陷为一般缺陷,其性质一般、情况轻微,暂时不危及安全运行,可列入计划进行处理者。发现缺陷后,应认真分析产生缺陷的原因,并根据其性质和情况予以处理。发现紧急缺陷后,应立即设法停电进行处理。同时,要向本单位电气负责人和供电局调度汇报。发现重大缺陷后,应向电气负责人汇报,尽可能及时处理;如不能立即处理,务必在 7 天内安排计划进行处理。发现一般缺陷后,不论其是否影响安全,均应积极处理。对存在困难无法自行处理的缺陷,应向电气负责人汇报,将其纳入检修计划中予以消除。任何缺陷发现和消除后都应及时、正确地记入缺陷记录簿中。

(3)缺陷记录的主要内容应包括设备名称和编号、缺陷主要情况、缺陷分类归属、发现者姓名和日期、处理方案、处理结果、处理者姓名和日期等。电气负责人应定期(每季度或半年)召集有关人员开会,对设备缺陷产生的原因、发展的规律、最佳处理方法及预防措施等进行分析和研究,以不断提高运行管理水平。

5.1.5　变配电所的定期试验切换制度

(1)为了保证设备的完好性和备用设备在必要时能真正地起到备用作用,必须对备用设备以及直流电源、事故照明、消防设施、备用电源切换装置等,进行定期试验和定期切换使用。

(2)各单位应针对自己的设备情况,制定定期试验切换的项目、要求和周期,并明确执行者和监护人,经领导批准后实施。

(3)对运行设备影响较大的切换试验,应做好事故预想和制定安全对策,并及时将试验切换结果记入专用的记录簿中。

5.1.6　运行分析制度

实践证明,运行分析制度的制定和执行,对提高运行管理水平和安全供、用电起着十分重要的作用。因此,各单位要根据各自的具体情况不断予以修正和完善。

(1)每月或每季度定期召开运行工作分析会议。

(2)运行分析的内容应包括:设备缺陷的原因分析及防范措施;分析电气主设备和辅助设备所发生事故(或故障)的原因;提出针对性的反事故措施;总结发生缺陷和处理缺陷的先进方法;分析运行方式的安全性、可靠性、灵活性、经济性和合理性;分析继电保护装置动作的灵敏性、准确性和可靠性。

(3)每次运行分析均应做好详细记录备查。

(4)整改措施应限期逐项落实完成。

5.1.7　技术管理应做好的工作

5.1.7.1　收集和建立设备档案

(1)原始资料,如变配电所设计书(包括电气和土建设施)、设计产品说明书、验收记录和存在的问题。

（2）一、二次接线及专业资料（包括展开图、屏面布置图、接线图、继电保护装置整定书等）。

（3）设备台账（包括设备规范和性能等）。

（4）设备检修报告、试验报告、继电保护检验报告。

（5）绝缘油简化试验报告、色谱分析报告。

（6）负荷资料。

（7）设备缺陷记录及分析资料。

（8）安全记录（包括事故和异常情况记载）。

（9）运行分析记录。

（10）运行工作计划及月报。

（11）设备定期评级资料。

5.1.7.2　应建立和保存的规程

应保存部颁的《电业安全工作规程》（GB 26164.1—2010）、《变压器运行规程》（DL/T 572—2010）、《电力电缆运行规程》（DL/T 1253—2013）、《电气设备交接试验规程》（GB 50/50—2010）、《变电运行规程》（Q/ZGJ 005—2002）和本所的事故处理规程。

5.1.7.3　应具备的技术图纸

技术图纸有防雷保护图、接地装置图、土建图、铁件加工图和设备绝缘监督图。

5.1.7.4　应挂示的图表

应挂示一次系统模拟图、主变压器接头及运行位置图、变电所巡视检查路线图、设备定级及缺陷揭示表、继电保护定值表、变配电所季度工作计划表、有权签发工作票人员名单表、设备分工管理表和清洁工作区域划分图。

5.1.7.5　应有记录簿

应有值班工作日记簿、值班操作记录簿、工作票登记簿、设备缺陷记录簿、电气试验现场记录簿、继电保护工作记录簿、断路器动作记录簿、蓄电池维护记录簿、蓄电池测量记录簿、雷电活动记录簿、上级文件登记及上级指示记录簿、事故及异常情况记录簿、安全情况记录簿和外来人员出入登记簿等。

思考与练习题

一、判断题

1. 下雨时即使发生事故也不允许操作任何室外高压设备。（　　）

2. 变压器过负荷超过允许值时，值班人员应及时调整和限制负荷。（　　）

3. 电气运行值班人员，应对所内安装的计量装置等供电部门所属的电气设备进行巡视和检查。当上述电气设备发生异常时，应及时处理，然后及时记录在交接班运行日记中。（　　）

4. 变配电所的缺陷记录应包括缺陷内容、性质及严重性、发现时间、处理结果和日期。（　　）

5. 设备发生事故需填写事故报告,因此可以不把事故经过填入交接班的运行日记簿内。　　　　　　　　　　　　　　　　　　　　　　　　　　（　　）

6. 变配电所有人值班应每小时抄记一次负荷,无人值班无须抄记负荷记录。（　　）

7. 值班人员在巡视设备时,发现设备缺陷应立即处理,然后向电气负责人汇报。
　　　　　　　　　　　　　　　　　　　　　　　　　　　　　　　（　　）

8. 值班人员在巡视高压设备时,应与带电设备保持安全距离,当电压等级为 10 kV 时,人体与带电体间的最小距离,有遮栏的不小于 0.7 m,无遮栏的不小于 0.35 m。
　　　　　　　　　　　　　　　　　　　　　　　　　　　　　　　（　　）

9. 遇有特殊情况,如发生人员触电、火灾等可先行操作,再报告有关领导。　（　　）

10. 设备全部停电、部分停电,操作人员可以不保持与带电体的安全距离。（　　）

11. 工作间断期间,遇有紧急情况需要送电时,值班人员员可送电。　　（　　）

12. 停电操作时,必须先停负荷,再拉开关,最后拉隔离开关。　　　（　　）

13. 在安全距离足够的条件下,变压器取油样可在带电的情况下进行。（　　）

14. 降压变电所全部停电检修时,只需将可能来电的部位悬挂临时接地线,其余部分可以不挂。　　　　　　　　　　　　　　　　　　　　　　　　　　（　　）

15. 验电的重要目的之一是将要在该处悬挂临时接地线。　　　　　（　　）

16. 运行中的电气设备,含有部分停电的电气设备在未装设接地线前都应视为带电体。　　　　　　　　　　　　　　　　　　　　　　　　　　　　　（　　）

17. 经鉴定合格且运行良好的带电显示器,可作为设备有电和无电的依据。（　　）

18. 高压验电必须带绝缘手套,户外验电还必须穿绝缘靴。　　　　（　　）

19. 停电操作时,应先停负荷,再拉断路器,最后拉开隔离开关。　（　　）

20. 在配电室内进行的停电检修工作,停电由值班人员完成,而验电、挂地线、挂标示牌的工作可由检修人员完成。　　　　　　　　　　　　　　　　　　（　　）

二、简答题

1.《电气设备交接试验规程》(GB 50150—2016)规定电气工作人员必须具备的条件有哪些?

2. 如何组织和进行电气安全检查?

学习单元 5.2　变配电所倒闸操作安全要求

【学习目标】

(1)能够正确理解倒闸操作的要求。

(2)能够正确掌握倒闸操作的实施过程。

(3)能够正确熟悉防止错误操作的联锁装置。

【学习任务】

倒闸操作的意义,倒闸操作的要求,倒闸操作的实施过程,防止错误操作的联锁装置。

【学习内容】

倒闸操作是指电气设备由一种运行状态变换到另一种运行状态,或电力系统由一种运行方式转换为另一种运行方式时,所进行的一系列有序的操作。倒闸操作是变配电所运行值班人员的一项重要工作。它关系着变配电所及电力系统的安全运行,关系着电气设备的安全运行,也关系着运行值班人员巡视及操作的人身安全。误操作可能造成全变配电所停电,甚至影响到整个电力系统,对整个电网的安全运行产生威胁。因此,正确执行倒闸操作具有十分重要的意义。运行人员一定要树立"安全第一"的思想,严肃认真地进行倒闸操作。

5.2.1　倒闸操作的要求

(1)调度预发指令,应由副值及以上人员受令,发令人先互通单位姓名。发、受操作指令应正确、清晰,并一律使用录音电话、普通话和正规的调度术语。受令人应将调度指令内容用钢笔或圆珠笔写在运行记事簿内,在调度预发结束后,受令人必须复诵一遍,双方认为无误后,预发令即告结束。通过传真和计算机网络远传的调度操作任务票也应进行复诵、核对,且受令人须在操作任务票上亲笔签名保存。

(2)倒闸操作票任务及顺序栏均应填写双方名称及设备名称和编号。旁路、母联、分段开关应标注电压等级。

(3)发令人对其发布的操作任务的安全性、正确性负责,受令人对操作任务的正确性负有审核把关责任,发现疑问时应及时向发令人提出。对直接威胁设备或人身安全的调度指令,值班人员有权拒绝执行,并应把拒绝执行指令的理由向发令人指出,由其决定调度指令的执行或撤销。必要时可向发令人上一级领导报告。

5.2.2　倒闸操作的实施过程

使用倒闸操作票进行倒闸操作,一般可划分为两个阶段,即准备阶段和执行阶段。

5.2.2.1　准备阶段

1. 下票及受票

当值调度员向变配电所值班人员下达操作任务和操作要求,即下达操作命令票或综合命令票。

(1)只有当值调度员才有下票权力。受票人必须是变配电所副值以上的当班人员。

(2)下票及受票时,双方必须互报单位名称(所名)、本人职务、姓名,并启动录音设备,履行复诵制度。

(3)下票时,下票人要向受票人讲清操作任务、操作意图和操作要求,受票人受票后,应立即报告值班负责人。

(4)审查调度下达的命令票:值班负责人接到命令票后,应立即组织全体当班人员对所受命令票进行审查,发生疑问时应向下票人询问清楚。

2. 填写倒闸操作票

(1)审查完命令票,值班负责人应根据情况指定操作人填写操作票。

(2)填写操作票时,要对照一次系统模拟板进行,搞清当前的运行方式和设备的状态,不清楚时,要进行核对或询问清楚。

3. 审查倒闸操作票

(1) 操作人填写操作票后,要进行一次自审,认为无误后,交监护人审查,监护人审查认为无误后,交值班负责人审查。

(2) 审查时,审查人要对照一次系统模拟板进行,要认真仔细,严禁一目十项,走马观花。

(3) 有关人员审查完毕,认为正确无误后,应分别签上自己的姓名,严禁他人代签。

最后,向调度汇报操作票已填好,准备完毕。

5.2.2.2 执行阶段

1. 发令及受令

(1) 只有当值调度员才有权发布操作命令,受令时一般由监护人承担。

(2) 每次发令及受令,双方均要互报单位名称、个人职务和姓名,并启动录音设备,同时要记录命令票的号码和操作任务、操作要求,并履行复诵制。

2. 模拟预演

(1) 正式操作前,操作人、监护人应先在一次系统模拟板上进行预演。

(2) 预演要按照已填好的操作票的顺序进行。

(3) 预演时,一定要集中精力,开动脑筋,认真思考,以达到核对检查操作顺序是否正确的目的,避免照本宣科。

3. 现场正式操作

(1) 监护人向操作人说明准备操作的内容。

(2) 操作人、监护人到现场认真核对设备名称和编号。

(3) 核对设备名称和编号无误后,监护人按照操作票上的内容高声唱票,操作人用手指点即将操作的设备,并高声复诵,两人一致认为无误后,监护人发出"对,执行"的命令,操作人方可进行操作。

(4) 每一步操作完后,应由监护人在已操作完的项目上打"√"记录,再向操作人说明下一步的操作内容。

(5) 现场操作,一定要严格按照操作票上操作内容的顺序进行,不得漏项或倒项操作,也不得擅自更换操作内容。

4. 复查

全部操作完毕后,应对操作过的设备进行一次复查,以免漏项。

5. 汇报

操作完毕后,应由监护人汇报。汇报同样要求互报单位名称、个人职务和姓名,并启动录音设备。汇报内容应包括已执行的命令票号码、操作任务及内容完成情况、操作时间等。

5.2.3 防止错误操作的联锁装置

防止错误操作的联锁装置,是从技术上采取的措施,使开关的错误操作受到限制,常用的联锁装置有以下几种:

(1) 机械联锁。以机械传动部件位置的变动保证开关未拉开前,刀闸的操作手柄不能动作,或没拆除接地线时不能合闸送电等。

(2)电气联锁。在电动操作中,利用开关上的辅助开关之间的编程联锁,控制倒闸操作。当未按编程操作时,由主联锁开关先动作切断电路或拒动发出信号。

(3)电磁联锁。整套装置由多个电磁锁和相应配套元件组成,以实现多功能的防误联锁作用。

(4)钥匙联锁。是在隔离开关与断路器上或其他相关的设备上加装的联锁,将钥匙放在操作机构内或特定的部位,只有前一项操作完毕,取出钥匙,才能开锁进行下一项的操作。

思考与练习题

一、选择题

1. 单人值班,操作票由发令人用(　　)向值班人员传达,值班人员应根据传达内容,填写操作票,复诵无误,并在"监护人"签名处填入发令人的姓名。

    A.电话　　　　　　B.传真　　　　　　C.邮箱　　　　　　D.办公自动化

2. 停电拉闸操作必须按照(　　)的顺序依次操作,送电合闸操作应按与上述相反的顺序进行。严防带负荷拉合刀闸。

    A.断路器(开关)—母线侧隔离开关(刀闸)—负荷侧隔离开关(刀闸)

    B.负荷侧隔离开关(刀闸)—母线侧隔离开关(刀闸)—断路器(开关)

    C.断路器(开关)—负荷侧隔离开关(刀闸)—母线侧隔离开关(刀闸)

    D.母线侧隔离开关(刀闸)—断路器(开关)—负荷侧隔离开关(刀闸)

3. 闭锁装置的解锁用具(包括钥匙)应妥善保管,按规定使用,不许乱用。机械锁要一把钥匙开(　　)锁,钥匙要编号并妥善保管,方便使用。

    A.一把　　　　　　B.两把　　　　　　C.三把　　　　　　D.没有规定

4. 电气试验使用携带型仪器的测量工作,非金属外壳的仪器,应与地绝缘,金属外壳的仪器和变压器外壳应(　　)。

    A.接地　　　　　　B.短路　　　　　　C.绝缘　　　　　　D.套塑料

5. 操作人和监护人应根据模拟图板或接线图核对所填写的操作项目,并分别签名,然后经值班负责人审核签名,特别重要和复杂的操作还应由(　　)审核签名。

    A.工作负责人　　　B.值长　　　　　　C.监护人　　　　　　D.操作人

6. 装卸(　　)时,应戴护目眼镜和绝缘手套,必要时使用绝缘夹钳,并站在绝缘垫或绝缘站台上。

    A.室内低压设备　　　　　　　　　B.高压熔断器(保险)

    C.低压熔断器　　　　　　　　　　D.室外低压设备

7. 一个工作负责人只能发给一张工作票。工作票上所列的工作地点,以一个(　　)为限。

    A.工作单位　　　B.电气连接部分　　　C.工作任务　　　D.配电装置

二、简答题

1.倒闸操作应如何执行?

2.高压电气设备防误闭锁装置条件和退出运行有何要求?

3.防误闭锁解锁钥匙的保管和使用有何规定?

4.在高压设备上工作应完成哪些安全措施?

5.在电气设备上工作应填用的工作票或事故应急抢修单,其方式有哪几种?

学习单元5.3　变配电所巡视

【学习目标】

(1)能够正确理解变电站设备巡视检查的规定。

(2)能够正确熟悉巡视检查的要求。

(3)能够正确掌握巡视检查的周期。

【学习任务】

变电站设备巡视检查的规定,巡视检查的要求,巡视检查的周期。

【学习内容】

变配电所巡视检查是为了掌握设备的运行状况、及时发现设备隐患、监视设备运行动态、确保设备安全运行的重要工作,电气工作人员必须严格执行。

5.3.1　变电站设备巡视检查的规定

(1)巡视检查由值班长按照规程安排进行。

(2)担任副值以上的值班人员方能单独巡视检查高压配电设备。

(3)允许单独巡视高压设备的值班人员巡视高压设备时,不得进行其他工作,不得移开或超过遮栏。

(4)雷雨天巡视室外高压设备时,应穿绝缘靴,并不得靠近避雷器或避雷针。

(5)高压设备发生接地时,室内不得接近故障点4 m以内,室外不得接近故障点8 m以内。

(6)巡视配电装置时,进出高压室必须随手将门锁好。

(7)新过人员和实习生不可单独巡视检查。

(8)进行线外线测温、继保巡视等工作,必须执行工作票制度。

5.3.2　巡视检查的要求

(1)值班人员巡视时必须随身携带记录本,按规定路线进行检查,防止漏查设备。巡视前应了解站内设备情况,以便有重点地进行检查。

(2)在设备检查中要做到四细,即细看、细听、细嗅、细摸(指不带电设备外壳),防止漏查设备缺陷。

(3)对查出的缺陷和异常情况,应在现场做好记录,并及时汇报。

（4）巡视时遇到有严重威胁人身和设备安全的情况,应按事故处理的有关规定进行处理。

（5）检查巡视人员要做到五不准:不准做与巡视无关的工作;不准观望巡视范围;不准交谈与巡视无关的内容;不准嬉笑打闹;不准移开或越过遮栏。

5.3.3 巡视检查的周期

5.3.3.1 定期性巡视检查

（1）主变压器、并联电抗器每4 h检查一次。

（2）调相机及其冷泵、油泵、油箱、水箱每2 h检查一次。

（3）控制室设备、操作过的设备、带有重要缺陷的设备,交接班时要检查。

（4）变电站所有设备每24 h检查3次。

（5）每周一次关灯巡视检查导线接点及绝缘子。

（6）每天检查、测量蓄电池温度、密度、电压。

（7）每周试验一次重合闸装置,测一次母差不平衡电流值,每天试验一次高频通道。

（8）断电保护二次连接片每月核对一次。

5.3.3.2 经常性巡视检查

（1）监视调相机及其励磁机的电流、电压,水泵、油泵的温度、压力。

（2）监视各级母线电压、频率。

（3）监视各线路、主变压器的潮流,防止过负荷。

（4）监视直流系统电压、绝缘,以保证设备及保护动作的可靠性。

5.3.3.3 特殊性巡视

（1）高温季节,重点检查油位是否过高,油温是否超标,冷却装置及风扇的运转情况等。

（2）严寒季节,重点检查油位是否过低,接头有无开裂,线路绝缘子有无积雪等。

（3）大风时,检查导线、接头是否松动等。

（4）大雨时,检查门窗是否关好,屋顶、墙壁有无渗、漏水。

（5）冬季重点防小动物进入室内,修复破损门窗,电缆竖井出口封堵严密。

（6）雷击后检查绝缘子、套管有无闪络痕迹,检查避雷器动作情况并做记录。

（7）大雾霜冻季节和污秽地区,重点检查设备瓷质绝缘部分的污秽程度,检查有无电晕情况。

（8）事故后重点检查信号和保护动作情况及故障录波仪动作情况,并检查事故范围内的情况。

（9）高峰负荷期间重点检查主变压器、线路的过负荷情况,过负荷设备有无过热现象。

（10）新设备投入运行后,应每30 min巡视一次,4 h后按正常巡视。

5.3.3.4 巡视检查的主要设备

变配电所的巡视应以重要电气设备为重点,细致而全面地进行,需要巡视的主要电气设备如下:

(1)变压器。

(2)电压互感器和电流互感器。

(3)消弧线圈和电抗器。

(4)并联电容器。

(5)阻波器和耦合电容器。

(6)断路器、隔离开关。

(7)母线及绝缘子。

(8)电力电缆。

(9)避雷器、避雷针。

(10)调相机。

(11)直流系统。

(12)二次回路、保护装置。

(13)房屋结构及围墙。

5.3.3.5　设备巡视的主要内容

日常巡视的次数一般按下列情况进行:交接班时,高峰负荷时,晚间闭灯时。

交接班巡视是指在交接班过程中对设备的巡视检查,其内容包括设备的运行状态,设备缺陷的核查,各种仪表和表计指示参数的判断,运转设备声音是否异常和设备的渗、漏油情况等。高峰负荷巡视是指每天对设备的正常巡视检查,其内容包括设备运行状况,设备的渗、漏气情况,运转设备声音是否异常,矽胶变色情况,液压操作机构的油压是否正常,充油设备的油位及渗、漏油情况,绝缘子和瓷套破损情况,设备接点接头的螺丝断脱和金具异常等情况。晚间闭灯巡视是对设备的特殊巡视,主要是要求运行人员在夜间黑暗中检查设备接点接头的发热烧红、电晕放电等情况。

正常情况下,巡视检查的主要内容如下:

(1)设备运行情况。

(2)充油设备有无漏油、渗油现象,油位、油压指标是否正常。

(3)充气设备有无漏气,气压是否正常。

(4)设备接头接点有无发热、烧红现象,金具有无变形和螺丝有无断损和脱落、电晕放电情况。

(5)运转设备(如冷却器风扇、油泵和水泵等)声音是否异常。

(6)设备干燥装置是否已失效(如矽胶变色)。

(7)设备绝缘子、瓷套有无破损和灰尘污染。

(8)设备的计数器、指示器(如避雷器动作计数器、断路器液压操作机构、液泵启动指示器和断路器操作指示器等)的动作和变化指示情况。

思考与练习题

1.设备巡回检查的作用是什么?

2.设备巡视应注意哪些事项?

3.对巡视高压设备的人员有何要求？

4.雷雨天气或高压设备发生接地时,巡视高压设备有何安全要求？

学习单元5.4　接地电阻测试

【学习目标】

(1)能够正确理解接地电阻的计算及测量。

(2)能够正确掌握防雷接地电阻测试方法。

【学习任务】

接地电阻的计算及测量,防雷接地电阻测试方法。

【学习内容】

接地装置的接地电阻关系到设备和人身的安全以及电力系统的运行。除在安装工程交接验收时要测量接地电阻外,运行中每隔1~3年还要测量一次。对接地电阻的测量一般选择在土壤最干燥的月份进行。

5.4.1　接地电阻的计算及测量

5.4.1.1　接地电阻的计算

接地体接地电阻 R 的计算可以根据以下几种情况进行。

1.垂直接地体

垂直接地体一般用2.5~3 m 长的角钢(20 mm×20 mm×3 mm~50 mm×50 mm×5 mm),其接地电阻可由圆棒的接地电阻推算,电阻可按式(5-1)估算:

$$R \approx 0.3\rho \tag{5-1}$$

式中　ρ——土壤电阻率。

2.水平接地体

水平接地体一般用直径为8~10 mm 的圆钢或25 mm×4 mm~40 mm×4 mm 的扁钢,其接地电阻为

$$R = \frac{\rho}{2\pi l}\left(\ln\frac{l^2}{hd} + A\right) \tag{5-2}$$

式中　l——接地体的总长度;

　　　h——接地体的埋设深度,一般 $h = 0.5~0.7$ m;

　　　A——形状系数,其值见表5-1;

　　　d——接地体的直径,m,对于扁钢 $d = b/2,b$ 为扁钢宽度,对于角钢 $d = 0.74\sqrt{b_1 b_2(b_1^2 + b_2^2)}$,$b_1$、$b_2$ 为角钢边长。

表5-1　水平接地体的形状系数

形状	——	⌐	人	＋	✳	✳	□	○
A	0	0.378	0.867	2.14	5.27	8.81	1.69	0.48

长度为 60 m 左右的单根水平接地体的电阻可按式(5-3)估算：

$$R \approx 0.03\rho \tag{5-3}$$

3. 复合接地体

1) n 根垂直接地体

当用单根垂直接地体，其接地电阻太大不能满足要求时，可将 n 根垂直接地体并联使用，由于地中电流相互屏蔽，阻碍了电流扩散，接地体不能得到充分利用，使总的接地电阻 R_Σ 大于单根接地电阻的 $1/n$，即

$$R_\Sigma = \frac{1}{\eta}\frac{R}{n} \tag{5-4}$$

式中　η——利用系数，$\eta \leqslant 1$，当相邻接地体之间的距离为接地体长度的 2 倍时，两根并联 $\eta \approx 0.9$，6 根并联 $\eta \approx 0.7$。

2) 接地网

接地网以水平接地体为主，边缘闭合成环形，其面积基本上等于发电厂和变电所的面积，一般是根据安全和工作接地的要求敷设一个统一的接地网，然后在避雷针和避雷器下面加设集中接地体以满足防雷要求。其接地电阻可按式(5-5)估算：

$$R = \frac{\sqrt{\pi}\,\rho}{4\sqrt{S}} + \frac{\rho}{2\pi l}\frac{2l^2}{\pi dh \times 10^4} \tag{5-5}$$

式中　S——接地网的总面积；

l——接地体的总长度，包括垂直接地体在内；

h——水平接地体的埋深。

在初步设计时复合接地体的接地电阻可按式(5-6)估算：

$$R \approx 0.5\frac{\rho}{\sqrt{S}} \tag{5-6}$$

可见，当土壤电阻率 ρ 和变电所占地面积 S 给定时，R 值已基本确定，要减小 R 值，必须增大地网的尺寸。通过增加并联垂直接地体的方法来减小地网电阻的方法，效果不明显。

理论与试验表明，在 100 m × 100 m 的地网中，即使并联了无穷多个 2.5 m 长的垂直接地体，也只能使接地电阻下降 2.9%。

4. 冲击接地电阻

在强大的雷电流流经接地体时，由于电流密度增大，电场强度大大提高，在接地体表面附近尤为显著。当土壤中电场强度超过 8.5 kV/cm 时，土壤中就会发生强烈的火花放电，使接地体等效半径扩大。因此，同一接地体在雷电流作用下，其接地电阻要小于工频电流下的数值，将接地体在雷电流作用下的接地电阻称为冲击接地电阻。

其数值为

$$R_{ch} = \alpha R \tag{5-7}$$

式中　α——冲击系数，与接地体几何尺寸、雷电流的幅值、陡度和土壤电阻率有关。

影响接地电阻计算准确性的主要因素是土壤电阻率 ρ 的测量精度。所以，土壤电阻率 ρ 值应取雷季中最大可能的值，一般按式(5-8)计算：

$$\rho = \rho_0 \psi \qquad\qquad (5\text{-}8)$$

式中　ρ_0——雷季中无雨水时测得的土壤电阻率；

　　　ψ——考虑土壤干燥程度的季节系数，约 1.3。

5.4.1.2　接地电阻的测量

接地电阻的测量方法有多种，常用的方法有两种：一种是用接地电阻测量仪测量，另一种是用电流表—电压表法测量。后者需配备隔离变压器提供测量电压，工程上多采用接地电阻测量仪。

1. 用接地电阻测量仪测量

接地电阻测量仪的外形如同普通测量绝缘电阻的兆欧表。它有 P、C、E 三个端子，E 端子接被测接地体 E′，P 端子接电位探测棒 P′，C 端子接电流探测棒 C′。常用接地电阻测量仪的测量范围见表 5-2。

表 5-2　常用接地电阻测量仪的测量范围

名称	测量范围（Ω）	准确度	外形尺寸（mm × mm）	质量（kg）
ZC - 8 型接地电阻测量仪	1/10/100 10/100/1 000	在额定值的 30% 以下为指示值的 ±1.5%，在额定值的 30% 以上为指示值的 ±5%	170 × 110 × 164	3
ZC29 - 1 型接地电阻测量仪	10/100/1 000		172 × 116 × 135	2.3
ZC34 - 1 型晶体管接地电阻测量仪	10/100/1 000	±2.5%	210 × 110 × 130	1

图 5-1 是 ZC29 - 1 型接地电阻测量仪的接线图。这种接地电阻测量仪的准确度相当高，误差在 ±1.5% ~ ±5%。每台接地电阻测量仪都配带辅助探测棒两根，5 m、20 m、40 m 导线各一根。为了避免市电中杂散电流的干扰，发电机频率采用 120 Hz。当发电机以 150 r/min 速度转动时，便产生了交流电流。观察指针窗口，就可以得到接地电阻的值。将探测棒 P′ 移动多处，即可测得一组数据，取其平均值即为接地体的电阻值。

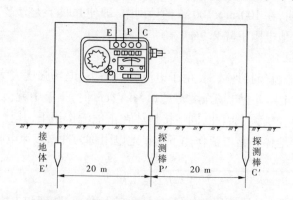

图 5-1　ZC29 - 1 型接地电阻测量仪的接线

利用接地电阻测量仪测量的优点如下：

（1）测量仪本身有自备电源，不需要另外的电源设备。

（2）测量仪便于携带，使用方法简单。测量时，不必经过一番计算，即可直接从测量仪上读出被测接地体的接地电阻值。

（3）测量时所需要的辅助接地体和探测棒往往与仪器成套供应，而不需另行制作，这样可以简化测量工作。

（4）有许多测量仪还能消除探测棒、辅助接地体的接地电阻以及外界的杂散电流对测量结果所产生的影响，使测量更为准确。

2. 用电流表—电压表法测量

电流表—电压表法测量的最大优点是它不受测量范围的限制，无论小至 0.1 Ω 或大至 100 Ω 以上的电阻值都能测量。特别是接地电阻值不在接地电阻测量仪的测量范围时，必须使用这种方法。利用此法测量所得到的结果也比较准确。不过，测量时需要有独立的交流电源、辅助接地体、探测棒和高内阻的电压表。测量后还需要进行计算和电压校验，才能得到被测接地体的接地电阻值。

使用电流表—电压表法测量接地电阻（见图 5-2）的步骤如下：

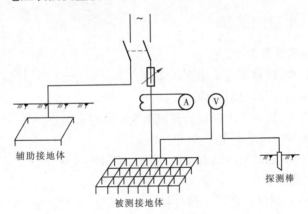

图 5-2　用电流表—电压表法测量接地电阻的接线

（1）将辅助接地体和探测棒打入地中，棒端应露出地面 100～150 mm。若辅助接地体由多根钢管组成，还应在各管间进行焊接。

（2）如果所采用的电源不是独立电源，进行接线前应断开其他用电设备。变压器中性点也应断开。

（3）在合上开关前，用电压表检查测量回路是否有外电压。若电压表指针摆动，应设法消除外电压对测量结果所带来的影响。

（4）合上开关，慢慢地调节可变电阻，达到预定的电流值，并使电压表指针指示在刻度的后半段。若电流表和电压表的量限及电源容量许可，应将变阻器短路。若变阻器短路后电流和电压的数值还达不到仪表刻度的后半段，那么就应增加辅助接地体的钢管根数。

（5）待电压表和电流表的指针稳定地指到所要求的位置，要迅速记录两表的读数。

（6）断开电源开关，进行计算，得出接地电阻值。

（7）重复测量 3～4 次，取其平均值作为测量的结果。

（8）按图5-3改接测量线路。

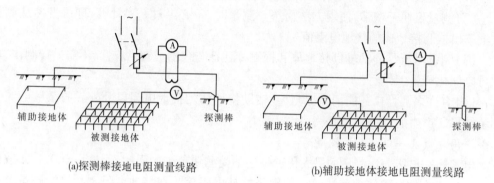

(a)探测棒接地电阻测量线路　　　　　　　(b)辅助接地体接地电阻测量线路

图5-3　探测棒、辅助接地体接地电阻测量线路

用上述方法分别测出辅助接地体和探测棒的接地电阻,来校核是否合乎要求。在进行测量时,电流值和电压值会有很大的变化。此时,测量电流若在1 A以上,就基本合乎要求。

5.4.2　防雷接地电阻测试方法

5.4.2.1　接地电阻测试要求

（1）交流工作接地,接地电阻不应大于4 Ω。

（2）安全工作接地,接地电阻不应大于4 Ω。

（3）直流工作接地,接地电阻应按计算机系统具体要求确定。

（4）防雷保护接地的接地电阻不应大于10 Ω。

（5）对于屏蔽系统,如果采用联合接地,接地电阻不应大于1 Ω。

5.4.2.2　接地电阻测量仪

ZC-8型接地电阻测量仪适用于测量各种电力系统、电气设备、避雷针等接地装置的电阻值,亦可测量低电阻导体的电阻值和土壤电阻率。

本仪表由手摇发电机、电流互感器、滑线电阻及检流计等组成,全部机构装在塑料壳内,外有皮壳便于携带。附件有辅助探棒导线等,装于附件袋内。

使用前检查测量仪是否完整,测量仪包括如下器件:

（1）ZC-8型接地电阻测量仪1台。

（2）辅助接地棒2根。

（3）导线5 m、20 m、40 m各1根。

5.4.2.3　使用与操作

1.使用

测量接地电阻值时接线方式的规定:仪表上的E端钮接5 m导线,P端钮接20 m线,C端钮接40 m线,导线的另一端分别接被测物接地体E′、电位探棒P′和电流探棒C′,且E′、P′、C′应保持直线,其间距为20 m。其中,测量大于等于1 Ω接地电阻时接线图见图5-4,将仪表上两个E端钮连接在一起。测量小于1 Ω接地电阻时接线图见图5-5,将仪表上2个E端钮导线分别连接到被测接地体上,以消除测量时连接导线电阻对测量结果引入的附加误差。

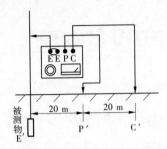
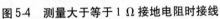

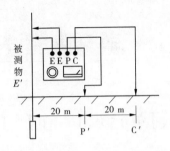

图 5-4　测量大于等于 1 Ω 接地电阻时接线　　图 5-5　测量小于 1 Ω 接地电阻时接线

2. 操作步骤

（1）仪表端所有接线应正确无误。

（2）仪表连线与接地体 E′、电位探棒 P′和电流探棒 C′应牢固接触。

（3）仪表放置水平后，调整检流计的机械零位，归零。

（4）将"倍率开关"置于最大倍率，逐渐加快摇柄转速，使其达到 150 r/min。当检流计指针向某一方向偏转时，旋动刻度盘，使检流计指针恢复到"0"点。此时，刻度盘上的读数乘以倍率挡值即为被测电阻值。

（5）如果刻度盘读数小于 1，检流计指针仍未取得平衡，可将"倍率开关"置于小一挡的倍率，直至调节到完全平衡。

（6）如果发现仪表检流计指针有抖动现象，可变化摇柄转速，以消除抖动现象。

5.4.2.4　注意事项

（1）禁止在有雷电或被测物带电时进行测量。

（2）仪表携带、使用时须小心轻放，避免剧烈震动。

思考与练习题

一、选择题

1. 在带电设备附近测量绝缘（　　）时，测量人员和摇表安放位置，必须选择适当，保持安全距离，以免摇表引线或引线支持物触碰带电部分。

　　A. 电流　　　　　　B. 电阻　　　　　　C. 电压

2. 对电位降法，在主接地电极有它的电阻区域，在电流电极也有它的电阻区域。为正确测量接地电阻，两者的电阻区域（　　）。

　　A. 必须互不交叠　　B. 必须互相交叠　　C. 都可以

3. 大地电阻率随外加电场的频率增加而（　　）。

　　A. 减小　　　　　　B. 增大　　　　　　C. 不变

二、简答题

1. 简述影响大地电阻率的因素。

2. 简述接地电阻测量仪的发展历程。

3. 影响测量结果的主要因素有哪些？

学习情境6　工厂用电设备安全

学习单元6.1　工厂工作环境对电气设备的安全要求

【学习目标】

(1)了解工作环境的分类标准和工厂电气设备触电防护分类标准。

(2)掌握工厂工作环境对电气设备的安全要求。

(3)掌握电气设备外壳防护等级标志方法。

【学习任务】

应能根据电气设备所在环境触电危险的程度,选用适当防护型式的电气设备。

【学习内容】

工厂车间是国民经济生产的重要场所。2014年8月31日全国人民代表大会常务委员会通过《关于修改〈中华人民共和国安全生产法〉的决定》,其中第二十五条规定生产经营单位应当对从业人员进行安全生产教育和培训,保证从业人员具备必要的安全生产知识,熟悉有关的安全生产规章制度和安全操作规程,掌握本岗位的安全操作技能,了解事故应急处理措施,知悉自身在安全生产方面的权利和义务。生产经营单位接收高等职业学校、高等学校学生实习的,应当对实习学生进行相应的安全生产教育和培训,提供必要的劳动防护用品。

6.1.1　工作环境的分类

按照电击的危险程度,工作环境可分为三类:普通环境、危险环境和高度危险环境。

6.1.1.1　普通环境(无较大危险的环境)

普通环境属于无较大危险的环境,或者说,这些环境不具备有较大危险和特别危险环境的特征。在正常情况下,这类环境必须是干燥(相对湿度不超过75%)、无导电性粉尘的环境,而且这类环境中的金属物品、构架、机器设备不多,金属占有系数不超过20%。此外,这类环境的地板是绝缘地板(如木地板、沥青或瓷砖)等非导电性材料制成的。普通住房、办公室、某些实验室、仪表装配车间等均属于无较大危险的环境。

6.1.1.2　危险环境(有较大危险的环境)

凡具有下列条件之一者,均属于有较大危险的环境:

(1)空气相对湿度经常超过75%的潮湿环境。

(2)环境温度经常或昼夜间周期性地超过35℃的炎热环境。

(3)含导电性粉尘,即生产过程中排出工艺性导电粉尘(如煤尘、金属尘等),并移积在导线上或进入机器、仪器内的环境。

(4)有金属、泥土、钢筋混凝土、砖等导电性地板或地面的环境。

(5)工作人员一方面接触接地的金属构架、金属结构、工艺装备,另一方面又接触电气设备的金属壳体的环境。

机械厂的金工车间和锻工车间,冶金厂的压延车间、拉丝车间、电炉电极车间、电刷车间、煤粉车间,水泵房、空气压缩站、成品库、车库等都属于有较大危险的环境。

6.1.1.3　高度危险环境(特别危险的环境)

凡有下列条件之一者,均属于特别危险的环境:

(1)相对湿度接近100%的特别潮湿环境。

(2)室内经常或长时间对电气设备绝缘或导电部分产生破坏作用的腐蚀性蒸气、气体、液体等化学介质或有机介质的环境。

(3)具有两种及以上有较大危险环境特征的环境(如有导电性地板的潮湿环境、有导电性粉尘的炎热环境等)。

很多生产厂房,如铸造车间、酸洗车间、电镀车间、电解车间、漂染车间、化工的大多数车间,以及发电厂的所有车间、室外电气装置设置区域、电缆沟等都属于特别危险环境。

6.1.2　电气设备触电防护分类

电气设备大体有如下几种类型,并且各有其适用范围:

(1)开启式。这种设备的带电部分没有任何防护,人很容易触及其带电部分。这种设备只用于触电危险性小且人不易接触到的环境。

(2)防护式。这种设备带电部分有罩或网加以防护,人不易触及其带电部分,但潮气、粉尘等能够侵入。这种设备也只用于触电危险性小的环境。

(3)封闭式。这种设备带电部分有严密的罩盖,潮气、粉尘等不易侵入。这种设备可用于触电危险性较大的环境。

(4)密闭式加防爆式。这种设备外部与内部完全隔绝,可用于触电危险性大或有火灾危险的环境。

按照触电防护方式,电气设备分为以下5类:

(1)0类。这种设备仅仅依靠基本绝缘来防止触电。0类设备外壳上和内部的不带电导体上都没有接地端子。

(2)0Ⅰ类。这种设备也是依靠基本绝缘来防止触电的,但是其金属外壳上装有接地(零)的端子,不提供带有保护芯线的电源线。

(3)Ⅰ类。这种设备除依靠基本绝缘外,还有一个附加的安全措施。Ⅰ类设备外壳上没有接地端子,但内部有接地端子,自设备内引出带有保护插头的电源线。

(4)Ⅱ类。这种设备具有双重绝缘和加强绝缘的安全防护措施。

(5)Ⅲ类。这种设备依靠超低安全电压供电以防止触电。

手持电动工具没有0类和0Ⅰ类产品,市售产品基本上都是Ⅱ类设备。移动式电气设备部分是Ⅰ类产品。

6.1.3　电气设备外壳防护等级

电机和低压电带的外壳防护包括两种防护:第一种防护是对固体异物进入内部的防

护以及对人体触及内部带电部分或运动部分的防护;第二种防护是对水进入内部的防护。

根据《外壳防护等级》(GB 4208—2008)(IP 化码),外壳防护等级按以下方法标志:

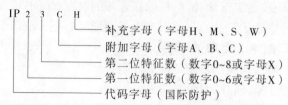

第一位数字表示第一种防护型式等级;第二位数字表示第二种防护型式等级。仅考虑一种防护时,另一位数字用"×"代替。前附加字母是电机产品的附加字母,W 表示气候防护式电机,R 表示管道通风式电机;后附加字母也是电机产品的附加字母,S 表示在静止状态下进行第二种防护型式试验的电机,M 表示在运转状态下进行第二种防护型式试验的电机。如无须特别说明,附加字母可以省略。

第一种防护分为 7 级。各级防护性能见表 6-1。

表 6-1　电气设备第一种防护性能

防护等级	简称	防护性能
0	无防护	没有专门的防护
1	防护大于 50 mm 的固体	能防止直径大于 50 mm 的固体异物进入壳内;能防止人体的某一大面积部分(如手)偶然或意外触及壳内带电或运动部分,但不能防止有意识地接近这些部分
2	防护大于 12 mm 的固体	能防止直径大于 12 mm 的固体异物进入壳内;能防止手指触及壳内带电或运动部分*
3	防护大于 2.5 mm 的固体	能防止直径大于 2.5 mm 的固体异物进入壳内;能防止厚度(或直径)大于 2.5 mm 的工具、金属线等触及壳内带电或运动部分*,**
4	防护大于 1 mm 的固体	能防止直径大于 1 mm 的固体异物进入壳内;能防止厚度(或直径)大于 1 mm 的工具、金属线等触及壳内带电或运动部分
5	防尘	能防止灰尘进入达到影响产品正常运行的程度;能完全防止触及壳内带电或运动部分*
6	尘密	能完全防止灰尘进入壳内;能完全防止触及壳内带电或运动部分*

注:*对用同轴外风扇冷却的电动机,风扇的防护应能防止其风叶或轮辐被试指触及;在出风口,直径为 50 mm 的试指插入时,不能通过护板。

**不包括泄水孔,泄水孔不应低于第 2 级的规定。

第二种防护分为 9 级。各级防护性能见表 6-2。

表6-2　电气设备第二种防护性能

防护等级	简称	防护性能
0	无防护	没有专门的防护
1	防滴	垂直的滴水不能直接进入产品的内部
2	15°防滴	与垂线成15°范围内的滴水不能直接进入产品的内部
3	防淋水	与垂线成60°范围内的淋水不能直接进入产品的内部
4	防溅	任何方向的溅水对产品应无有害的影响
5	防喷水	任何方向的喷水对产品应无有害的影响
6	防海浪或强力喷水	强烈的海浪或强力喷水对产品应无有害的影响
7	浸水	产品在规定的压力和时间下浸在水中,进水量应无有害影响
8	潜水	产品在规定的压力下长时间浸在水中,进水量应无有害影响

6.1.4　电动机的安全工作

6.1.4.1　电动机安全运行条件

新安装的三相鼠笼式异步电动机在投入运行前应检查接法是否正确,与电源电压是否相符,防护是否完好(Y 系列电动机防护等级为 IP44),外壳接零或接地是否良好,绝缘电阻是否合格,各部螺丝是否紧固,盘车是否正常,启动装置是否完好。带负荷前应空载运行一段时间,空载试运行时转向、转速、声音、振动、电流应无异常。

1. 基本要求

电动机在运行时,其电压、电流、频率、温升等运行参数应符合要求。

(1)电动机的电压波动不得太大。由于三相电压的波动对电动机转矩的影响很大,所以电压波动不得超过额定电压的 $-5\% \sim +10\%$。

(2)电动机的三相电压不平衡不得太大。由于三相电压不平衡会引起电动机额外的发热,所以三相电压不平衡不得超过 5%。

(3)电动机三相电流不平衡不得太大。当各项电流均未超过额定电流时,三相最大不平衡电流不得超过额定电流的 10%。

(4)当环境温度为 35 ℃时,电动机的允许温升可参考表 6-3 所列数值;当环境温度低于 35 ℃时,电动机功率可增加 $(35 - t)\%$(t 表示环境温度),但最多不得超过 $8\% \sim 10\%$;当环境温度高于 35 ℃时,电动机功率应降低 $(t - 35)\%$。

(5)电动机绝缘电阻允许值可参见表 6-4。

(6)电动机振动的双幅值不应超过 $0.05 \sim 0.12$ mm。

(7)电动机的声音应当轻且均匀,电动机的滑动接触处只允许有不连续的或微弱的火花。

表6-3　电动机的允许温升　　　　　　　　（单位：℃）

部位	绝缘等级					测量方法
	A	E	B	F	H	
绕组	70	85	95	105	130	电阻法
铁芯	70	85	95	105	130	温度计法
滑环	70					温度计法
滚动轴承	80					温度计法
滑动轴承	45					温度计法

表6-4　电动机绝缘电阻允许值

额定电压(V)	6 000			<500			≤42		
绕组温度(℃)	20	45	75	20	45	75	20	45	75
交流电动机定子绕组(MΩ)	25	15	6	3	1.5	0.5	0.15	0.1	0.05
绕线式转子绕组和滑环(MΩ)	—	—	—	3	1.5	0.5	0.15	0.1	0.05
直流电动机电枢绕组和换向器(MΩ)	—	—	—	3	1.5	0.5	0.15	0.1	0.05

（8）直流电动机在运行时，其换向器上可能出现火花。如无特殊要求，且在额定工作状态下运行时，滑动接触处的火花不应大于 $1\frac{1}{2}$ 级，在短时过电流时或短时过转矩时不应大于2级，仅在无变阻器直接启动或逆转瞬间允许达到3级。各级火花特征如下：

$1\frac{1}{4}$ 级——电刷边缘小部分有轻弱的火花或红色小火花。

$1\frac{1}{2}$ 级——电刷边缘大部分或全部有轻弱的火花。

2级——电刷边缘全部或大部分有强烈的火花。

3级——电刷整个边缘都有强烈的火花并有大火花飞出。

2. 电动机启动前的要求

1）对新投入或大修后投入运行的电动机的要求

（1）三相交流电动机定子绕组、绕线式异步电动机的转子绕组的三相直流电阻偏差应不小于2%。对某些只要换个别线圈的电动机，其直流电阻偏差应不超过5%，但当电源电压平衡时，三相电流中任一相与三相平均值的偏差不得超过10%。

（2）直流电动机电枢绕组与换向器焊接后，片间电阻相差应小于5%～8%。

（3）电动机定子与转子之间的气隙不均匀度不允许超过表6-5所列的数值。

表6-5 电动机定子与转子之间的气隙不均匀度允许值

公称气隙(mm)	不均匀度(%)
0.2 ~ 0.5	±25
0.5 ~ 0.75	±20
0.75 ~ 1.0	±18
1.0 ~ 1.3	±15
>1.4	±10

(4)直流电动机或滑动环式电动机的换向器滑环的电刷及刷架应完好,弹簧压力及电刷与刷盒的配合以及电刷与滑环或换向器的接触应符合要求。

(5)电动机绕组的绝缘电阻应符合规定,电动机的绝缘电阻一般应不大于表6-4的规定。

2)长时间(如3个月以上)停用的电动机投入运行前的要求

(1)用手电筒检查内部是否清洁,有无脏物,并用压缩空气(不超过2个大气压)或"皮老虎"吹扫干净。

(2)检查线路电压和电动机接法是否符合铭牌规定,电动机引出线与线路连接是否牢固,有无松动或脱落,机壳接地是否可靠。

(3)熔断器、断电保护装置、信号保护装置、自动控制装置均应调试到符合要求。

(4)检查电动机润滑系统。油质是否符合标准,有无缺油现象。对于强迫润滑的电动机,启动前还应检查油路系统有无阻塞,油温是否合适,循环油量是否合乎要求。电动机应经过试运行正常后方可启动。

(5)各紧固螺丝不得松动。

(6)测量绝缘电阻是否符合规定要求。

(7)检查传动装置。皮带不得过松或过紧,连接要可靠,无伤裂迹象,联轴器螺母及销子应完整、坚固,不得松动缺失。

(8)通风系统应完好,通风装置和空气滤清器等部件应符合有关规定要求。

6.1.4.2 电动机的选用

电动机是工业企业最常用的用电设备。其作用是把电能转换为机械能。作为动力机,电动机具有结构简单、操作方便、价格低、效率高等优点,因此在各方面被广泛应用。矿山企业中电动机消耗的电能占总能耗的50%以上。可见,电动机的安全运行是保证矿山企业正常生产的基本条件之一。

电动机种类很多,有直流电动机和交流电动机。交流电动机又分为同步电动机和异步电动机(感应电动机),而异步电动机又分为绕线式电动机和鼠笼式电动机。

电动机的电磁机构由定子部分和转子部分组成。直流电动机的定子上装有极性固定的磁铁。直流电源经整流子(换向器)接入转子(电枢),转子电流与定子磁场相互作用产生力矩使转子旋转。直流电动机结构复杂,可靠性较低,但具有良好的调速性能和启动性。直流电动机主要用于电机车、轧钢机、大中型提升机等调速或启动要求高的设备。

交流电动机的定子(电枢)上装有不同形式的交流绕组,接通交流电源后即产生旋转。同步电动机转子上装有极性固定的磁极。定子接通交流电源后,转子开始旋转;至转速达到同步转速(旋转磁场转速)的95%时,转子经滑环接通直流电源,电动机进入同步运转。同步电动机的结构比较复杂,但同步电动机可以通过励磁电流的调节改变额定电流的相位,使同步电动机成为容性负载。因此,同步电动机可为电网提供无功功率。同步电动机主要用于不需调速的、不频繁启动的大型设备。

异步电动机转子上都不接电源,由定子产生的旋转磁场在转子绕组中产生感应电动势和感应电流,感应电流再与旋转磁场作用产生电磁转矩,拖动转子旋转。工作在电动机状态的异步电动机,转速必定低于同步转速;否则,其间不发生感应(转子不切割磁力线),不产生电磁转矩。绕线式电动机转子绕组经滑环与外部电阻器等元件连接,用以改变启动特性和调速。绕线式电动机主要用于启动、制动控制频繁和启动困难的场合,如起重机械和一些冶金机械等。

鼠笼式电动机的转子绕组是笼状短路绕组,其结构简单,工作可靠,维护方便,但启动性能和调速性能差。鼠笼式电动机广泛用于各种机床、泵、风机等多种机械的电力拖动,是应用最多的电动机。

应根据环境条件,选用相应防护等级的电动机。例如,多尘、水土飞溅或火灾危险场合应选用封闭式电动机,爆炸危险场所应选用防爆型电动机等。

电动机的功率必须与生产机械负荷的大小及其持续和间断的规律相适应。电动机功率太小,势必造成电动机过负载工作,造成电动机过热。过热对电动机的绝缘是很不利的,不仅会加速绝缘的老化,还会缩短电动机的使用年限,还可能由于绝缘损坏造成触电事故。

6.1.4.3　电动机的运行监视与事故停机

1. 电动机的运行监视

(1)检查电动机电流是否超过允许值。

(2)检查轴承的温度及润滑是否正常。电动机轴承的最高允许温度,应遵守制造厂的规定。无制造厂的规定时,可按照下列标准:

①滑动轴承不得超过80 ℃。

②滚动轴承不得超过100 ℃。

(3)电动机有无异常声音。

(4)对直流电动机和电刷经常压在滑环上运行的绕线式转子电动机,应注意电刷是否有冒火或其他异常现象。

(5)注意电动机及其周围的温度,保持电动机附近的清洁,电动机周围不应有煤灰、水汽、油污、金属导线、棉纱头等,以免被卷入电动机内。

(6)由外部用管道引入空气冷却的电动机,应保持管道清洁、畅通,连接处要严密,闸门应在正确位置上。对大型密闭式冷却的电动机,应检查其冷却水系统运行是否正常。

(7)按规定时间,记录电动机表计的计数,电动机启动、停止的时间及原因,并记录所发现的一切异常现象。

2. 电动机运行中的事故停机

电动机在运行中,如出现异常现象,除应加强监视,迅速查明原因外,还应报告有关人

员。如发生下列情况之一,应立即切断电源或去掉负荷,紧急停机:

(1)发生人身事故与运行中的电动机有关。

(2)电动机所拖动的机械发生故障。

(3)电动机冒烟、起火。

(4)电动机轴承温度超过了允许值,不停机将造成损坏。

(5)电动机电流超过铭牌规定值,或在运行中电流猛增,原因不明,并无法消除。

(6)电动机在发热和发出异响的同时,转速急剧变化。

(7)电动机内部发生冲击(扫膛、中轴)。

(8)传动装置失灵或损坏。

(9)电动机强烈振动。

(10)电动机的启动装置、保护装置、强迫润滑或冷却系统等附属设备发生事故,并影响电动机的正常运行。

6.1.4.4 电动机的维护

电动机保养、维护的周期及要求,应根据电动机的容量大小、重要程度、使用状况及环境条件等因素决定。现就一般情况按周期分别介绍如下。

1. 交接班时进行的工作

(1)检查电动机各部位的发热情况。

(2)检查电动机和轴承运转的声音。

(3)检查各主要连接处的情况,变阻器、控制设备等的工作情况。

(4)检查直流电动机和交流滑环式电动机的换向器、滑环和电刷的工作情况。

(5)检查润滑油的油面高度。

2. 每月应进行的工作

(1)擦拭电动机外部的油污及灰尘,吹扫电动机内部的灰尘及电刷粉末等。

(2)测定电动机的运行转速和振动情况。

(3)拧紧各紧固螺栓。

(4)检查接地装置。

3. 每半年应进行的工作

(1)清扫电动机内部和外部的灰尘、污物和电刷粉尘。

(2)调整电刷压力,更换或研磨已损坏的电刷。

(3)检查并擦拭刷架、滑环和换向器。

(4)全面检查润滑系统,补充润滑脂或更换润滑油。

(5)检查、调整通风、冷却系统。

(6)检查、调整传动机构。

4. 每年应进行的工作

(1)解体清扫电动机绕组、通风沟、接线板。

(2)测量绕组的绝缘电阻,必要时进行干燥。

(3)检查滑环、换向器的不平整、偏摆度,超过时应修复。

（4）调整刷握与滑环、换向器之间的距离。

（5）检查、清洗轴承及润滑系统，测定轴承间隙，更换磨损超出规定的滚动轴承，对损坏较严重的滑动轴承应重新挂锡。

（6）更换已损坏的转子绑箍钢丝。

（7）测量并调整电动机定、转子间的气隙。

（8）清扫变阻器、启动器与控制设备、附属设备及其他机构，更换已损坏的电阻、触头、元件、冷却油及其他损坏的零、部件。

（9）检查、修理接地装置。

（10）调整传动装置。

（11）检查、校核、测试和记录仪表。

（12）检查开关及熔断器的完好状况。

思考与练习题

一、单选题

1. 电机外壳防护等级用字母（　　）标志。

    A. P　　　　　　　　B. FH　　　　　　　　C. WF

2. 异步电动机的定子铁芯由厚（　　）mm、表面有绝缘层的硅铁片叠压而成。

    A. 0.35 ~ 0.5　　　B. 0.5 ~ 1　　　　　C. 1 ~ 1.5

3. 异步电动机在电动状态时，转速、转差率分别为（　　）。

    A. 转速高于同步转速，转差率大于1　　　B. 转速低于同步转速，转差率大于1

    C. 转速高于同步转速，转差率小于1

4. 异步电动机全压启动时，启动瞬间的电流高达电动机额定电流的（　　）倍。

    A. 2 ~ 3　　　　　　B. 3 ~ 4　　　　　　C. 5 ~ 7

5. 对于频繁启动的异步电动机，应当选用的控制电器是（　　）。

    A. 铁壳开关　　　B. 低压断路器　　　C. 接触器

二、多选题

1. 电动机定子绕组的绝缘包括（　　）。

    A. 对地绝缘　　B. 相间绝缘　　　C. 层间绝缘　　　　D. 匝间绝缘

2. 电动机额定电压和额定电流是指（　　）。

    A. 额定线电压　　B. 额定线电流　　C. 额定功率电压　　D. 额定功率电流

3. 异步电动机可以有（　　）等几种运行状态。

    A. 异步运行状态　B. 反接制动状态　C. 发电制动状态　　D. 堵转状态

4. 空载试运行时，（　　）应无异常。

    A. 转向　　　　　B. 转速　　　　　C. 振动　　　　　D. 电流

5. 笼型转子采用离心铸铝法，用融化了的铝水将（　　）浇铸成一个整体。

    A. 导条　　　　　B. 笼条　　　　　C. 短路环　　　　D. 内风扇叶片

三、判断题

1. 电动机第一种防护是对水进入内部的防护。 （ ）
2. 电动机第二种防护是对水进入内部的防护。 （ ）
3. 异步电动机的同步转速即其额定转速。 （ ）
4. 异步电动机的同步转速即其旋转磁场的转速。 （ ）
5. 异步电动机的额定转率差一般不小于20%。 （ ）

四、简答题

1. 鼠笼式异步电动机有哪几种启动方式？
2. 简述异步电动机过热的原因。

学习单元 6.2   手持式电动工具和移动式电气设备安全

【学习目标】

熟练掌握手持式电动工具和移动式电气设备的使用，使用中重点注意安全要求。

【学习任务】

手持式电动工具及其安全要求和移动式电气设备及其安全要求。

【学习内容】

6.2.1   手持式电动工具及其安全要求

6.2.1.1   分类

手持式电动工具依据不同的参照标准有多种分类方法，下面主要介绍按应用范围和触电防护方式进行分类的两种方法。

1. 按照应用范围分类

(1)金属切削类：电钻、磁座钻、电绞刀、电动刮刀、电剪刀、电冲剪、电动曲线锯、电动锯管机、电动往复锯、电动型材切割机、电动型攻丝机、多用电动工具。

(2)砂磨类：电动砂轮机、电动砂光机、电动抛光机。

(3)装配类：电扳手、电动螺丝刀、电动脱管机。

(4)林木类：电刨、电动开槽机、电插、电动带锯、电动木工砂光机、电链锯、电圆锯、电动木钻、电动木铣、电动打枝机、电动木工刀具砂轮机。

(5)农牧类：电动剪毛机、电动采茶机、电动剪枝机、电动粮食插秧机、电动喷油机。

(6)建筑道路类：电动混凝土振动器、冲击电钻、电锤、电镐、电动地板刨光机、电动打夯机、电动地板砂光机、电动水磨石机、电动砖瓦铣沟机、电动钢筋切断机、电动混凝土钻机。

(7)铁道类：铁道螺丝钉电扳手、枕木电钻、枕木电镐。

(8)矿山类：电动凿岩机、岩石电钻。

(9)其他类：电动骨钻、电动胸骨钻、石膏电钻、电动卷花机、电动地毯剪、电动裁布机、电动雕刻机、电动除锈机、电喷枪、电动锅炉去垢机。

2. 按照触电防护方式分类

手持式电动工具按电击防护方式,分为Ⅰ类工具、Ⅱ类工具和Ⅲ类工具。

(1)Ⅰ类工具(普通型电动工具)。工具在防止触电的保护方面不仅依靠基本绝缘,而且还包含一个附加的安全预防措施,其方法是将可触及的可导电的零件与已安装的固定线路中的保护(接地)导线连接起来,用这样的方法来使可触及的可导电的零件在基本绝缘损坏的事故中不成为带电体。这类工具一般都采用全金属外壳。

(2)Ⅱ类工具(绝缘结构全部为双重绝缘结构的电动工具)。在防止触电的保护方面不仅依靠基本绝缘,而且还提供双重绝缘或加强绝缘的附加安全预防措施。这类工具外壳有金属和非金属两种,但手持部分是非金属,在工具的明显部位标有Ⅱ类结构符号"回"。

(3)Ⅲ类工具(特低电压的电动工具)。在防止触电的保护方面依靠由安全特低电压供电和在工具内部不含产生比安全特低电压高的电压。

6.2.1.2 合理选用

根据各类电动工具的触电保护特性的不同,在不同场所应选用不同类型的电动工具,并配备相应的保护装置,以保证使用者的安全。

1. 各类电动工具的特点

目前,Ⅰ、Ⅱ类工具的电压一般是 220 V 或 380 V,Ⅲ类工具过去都采用 36 V,现 GB 3787—2006 规定为 42 V,需要专用变压器,此类工具很少使用。根据国内外情况来看,Ⅱ类工具是发展方向,使用起来安全可靠,略加必要的安全措施又能代替Ⅲ类工具要求,因此发展使用Ⅱ类工具势在必行。

由电动工具造成的触电死亡事故的统计分析可知,几乎都是由Ⅰ类电动工具引起的。Ⅰ类电动工具的接地、接零虽能抑制危险电压,但它的触电保护效果还是不够的,其原因是此类电动工具主要依靠工具本身的基本绝缘的好坏及接地装置的完整性,而且还要依靠使用场所的接地、接零系统来保证。由于目前许多工矿企业的接地装置的维护还不够完备,有的接地电阻太大,有的接地不良,有的甚至还没有接地装置,所以今后在使用Ⅰ类电动工具时必须采用其他附加安全保护措施,如漏电保护器、安全隔离变压器等。

Ⅱ类电动工具比Ⅰ类电动工具安全可靠,表现为工具本身除基本绝缘外,还有一层独立的附加绝缘,当基本绝缘损坏时,操作者仍能与带电体隔离,不致触电。

Ⅲ类电动工具(42 V 以下安全电压工具)由于采用了安全隔离变压器作为独立电源,在使用时,即使外壳漏电,因流过人体的电流很小,一般不会发生触电事故。

2. 选用规则

(1)在一般工作场所,为保证使用的安全,应选用Ⅱ类工具,并装设漏电保护器、安全隔离变压器等;否则,使用者必须戴绝缘手套、穿绝缘鞋或站在绝缘垫上。

(2)在潮湿导电的场所或金属构架上作业时,必须使用Ⅱ类或Ⅲ类工具。如果使用Ⅰ类工具,必须装设额定漏电动作电流不大于 30 mA、动作时间不大于 0.1 s 的漏电保护器。

(3)在狭窄场所如锅炉、金属容器、管道内等作业时,应使用Ⅲ类工具。如果使用Ⅱ类工具,必须装设额定漏电动作电流不大于 15 mA、动作时间不大于 0.1 s 的漏电保护器。

Ⅲ类工具的安全隔离变压器、Ⅱ类工具的漏电保护器及Ⅱ、Ⅲ类工具的控制箱和电源联接器等必须放在外面,同时应有人在外监护。

(4)在特殊环境如湿热、雨雪以及存在爆炸性或腐蚀性气体的场所中作业时,使用的工具必须符合相应防护等级的安全技术要求。

6.2.1.3　手持式电动工具使用的安全要求

(1)辨认铭牌,检查工具或设备的性能是否与使用条件下相适应。

(2)应设专人负责保管,定期检修和制定健全的管理制度。

(3)每次使用前必须经过外观检查(如防护罩、防护盖、手柄防护装置等有无损伤、变形或松动)和电气检查(如电源开关是否失灵、破损、牢固,接线有无松动等),其绝缘强度必须保持在合格状态。

(4)电源线应采用橡皮绝缘软电缆,单相用三芯电缆,三相用四芯电缆,电缆不得有破损或龟裂,中间不得有接头。

(5)Ⅰ类设备应有良好的接零或接地措施,且保护导体应与工作零线分开;保护零线(或地线)应采用截面面积在 $0.75 \sim 1.5 \ mm^2$ 以上的多股软铜线,且保护零线(或地线)最好与相线、工作零线在同一护套内。

(6)使用Ⅰ类手持式电动工具时应配合绝缘用具,并根据用电特征安装漏电保护器或采取电气隔离及其他安全措施。

(7)手持式电动工具的绝缘电阻值:Ⅰ类工具不低于 $2 \ M\Omega$,Ⅱ类工具不低于 $7 \ M\Omega$,Ⅲ类工具不低于 $10 \ M\Omega$。

(8)装设合格的短路保护装置。

(9)Ⅱ类、Ⅲ类手持式电动工具修理后,不得降低原设计确定的安全技术指标。

(10)使用手持式电动工具,当遇停电或中止工作时必须切断电源;高空作业必须用安全带,并有监护和安全措施。

(11)使用手持式电动工具,应在干燥、无腐蚀性气体、无导电灰尘的场所使用,雨、雪天气不得露天工作。

(12)挪动手持式电动工具时,只能手提握柄,不得提导线、卡头。

(13)工具使用完毕后及时切断电源,并妥善保管。

上述手持式电动工具的使用要求对于一般移动式设备也是适用的。

6.2.2　移动式电气设备及其安全要求

常用移动式电气设备有电焊机、潜水泵、无齿锯、振捣器和蛤蟆夯等。

移动式电气设备都是属于体积较小,无固定地脚螺丝,工作时随着需要而经常移动的电气设备。

6.2.2.1　用电特点及一般的安全要求

1. 用电特点

移动式电气设备的特点是工作环境经常变化,其电源接到设备上的线路多是临时性的,这些设备工作时,操作人员在手中紧握,振动较大,极容易发生线路碰壳事故,线路的绝缘由于拉、磨和其他机械损伤而遭到损坏的情况较多,有较大的触电危险性。

2. 一般的安全要求

针对移动式电气设备的用电特点,对这一类设备要求有专人管理,每次使用前都要进行外观和电气检查,一次线长不得超过 2 m,要使用橡塑护套线;每次接电源前,都要查看保护电器是否合格(如熔断器);设备的金属外壳要有可靠的接地(接零),导线两端必须连接牢固;要按照设备铭牌的要求去连接电源;带电动机的设备,在接线后应点动试运转;室外使用应有防雨措施。在使用移动式电气设备时必须采取有关安全措施,严格执行有关规定要求,避免事故发生。

6.2.2.2 交流电焊机

交流电焊机具有结构简单、使用年限长、维修方便、效率高、节省电能和材料,焊接时不产生磁偏吹等优点,因此得到了广泛应用。

交流电焊机由电焊变压器 T、电抗器 L、引线电缆、焊钳及焊件(工件)等组成。交流电焊机的一次侧额定电压为 380V(220)V,通过电焊变压器将一次侧电压降低到二次侧 60 ~ 75 V 的电压(空载电压),供安全操作用;当焊钳与工件之间产生电弧时,这时电焊变压器、电抗器、焊钳和工件组成一闭合回路,如图 6-1 所示,电焊变压器的

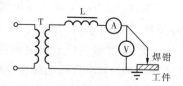

图 6-1　交流电焊机的工作原理

二次侧工作电流达数十安至数百安,电弧温度高达 6 000 ℃,由于在电抗线圈上产生了较大的电压降,所以在焊接过程中使焊钳与工件之间的工作电压维持在 30 V 左右。当停止焊接时,电压即回升到 60 ~ 75V。电抗器起限流作用,可以通过调节电抗线圈上的电抗值,以适应焊接电流变动的需要。

根据交流电焊机的工作参数可知,交流电焊机的火灾危险和电击危险都比较大。安装和使用交流电焊机时的安全要求如下:

(1)安装前应检查电焊机是否完好,绝缘电阻是否合格(一次侧绝缘电阻不应低于 1 MΩ,二次侧绝缘电阻不应低于 0.5 MΩ)。

(2)电焊机应与安装环境条件相适应,并应安装在干燥、通风良好处,不应安装在易燃易爆环境、有腐蚀性气体的环境、有严重尘垢的环境或剧烈振动的环境,并应避开高温、水池处。室外使用的电焊机应采取防雨雪、防尘土的措施。工作地点远离易燃易爆物品,焊接处的周围和下方有可燃物品时应采取适当的安全措施。

(3)电焊机一次侧额定电压与电源电压相符合,接线应正确,应经端子排接线。多台电焊机尽量均匀地分接于三相电源,以尽量保持三相平衡。

(4)电焊机的电源线一般不应超过 5 m,每台应单独控制,并应装设有隔离电器、主开关和短路保护电器。

(5)电焊机一次侧熔断器的熔体额定电流略大于电焊机的额定电流即可,但熔体的额定电流应小于电源线导线的允许电流。

(6)二次侧线长度一般不应超过 20 ~ 30 m,否则有应验算电压损失。

(7)电焊机外壳应当接零(或接地)。

(8)固定使用的电焊机的电源线与普通配电线路同样要求,移动使用的电焊机的电源线应按临时线处理。电焊机的二次线路最好采用两条绝缘线。

(9)电焊机外露导电部分应采取保护接零(或接地)措施。为了防止高压窜入低压造成的危险和危害,交流电焊机二次侧应当接零(或接地)。但必须注意,二次侧接焊钳一端是不允许接零或接地的,二次侧的另一条线也只能一点接零(或接地),以防止部分焊接电流经其他导体构成回路。

(10)电弧熄灭时焊钳电压较高,为了防止触电及其他事故,电焊工人应当戴帆布手套、穿胶底鞋。在金属容器中工作时,还应戴上头盔、护肘等防护用品。电焊工人的防护用品还应能防止烧伤和射线伤害。

(11)移动电焊机时必须停电进行。

为了防止运行中的电焊机熄弧时70 V左右的二次侧电压带来电击的危险,可以装设空载自动断电安全装置,这种装置还能减少电焊机的无功损耗。

6.2.2.3　移动式起重设备

安装和使用移动式起重设备时的安全要求如下:

(1)在使用中要注意周围环境,起升和摆动的范围内不许有架空线路,与线路的最近距离不得小于下列数值:1 kV以下时为1.5 m,10 kV以下时为2 m,35 kV以下时为4 m。

(2)吊车的电源开关应就近安装,负荷线路要架设牢固,必要时装设排线装置。

(3)吊车需要挪动场地时,必须先切断总电源。

(4)在室外使用时,电机、开关、电气箱均应有防雨措施。

6.2.2.4　潜水泵、无齿锯

安装和使用潜水泵、无齿锯设备时的安全要求如下:

(1)潜水泵应使用橡塑护套多芯软线,中间不得有接头,导线进线口要密封合格。

(2)当工作需要移动时,必须切断电源。移动潜水泵时,严禁提拉导线。

(3)无齿锯手柄开关应完好有效。

6.2.2.5　振捣器、蛤蟆夯

安装和使用振捣器、蛤蟆夯设备时的安全要求如下:

(1)这类设备属于在比较危险环境中使用,保护地线(零线)必须连接牢固。电机应用全封闭式,并有铁外罩防护。电源侧应加装漏电保护器。操作人员应穿绝缘靴。

(2)设备本身设有开关,在施工现场附近应再设开关,并有专人负责监护,以便随时断电。

(3)使用橡塑护套线应随时调整。使用中不能受拉、受压、受砸。

思考与练习题

一、单选题

1.在有触电危险的环境中使用的局部照明灯和手持照明灯,应采用不超过(　　)V的安全电压。

　　A.12　　　　　　　　B.24　　　　　　　　C.36

2.对于密闭式开关,保险丝不得外露,开关应串接在相线上,距地面的高度为(　　)m。

　　A.0.8　　　　　　　　B.1.0　　　　　　　　C.1.4

3.一般照明应采用不超过(　　)V 的对地电压。

  A.110   B.220   C.250

4.照明每一回配线容量不得大于(　　)kW。

  A.1   B.2   C.3

5.扳把开关距地面高度一般为(　　)m。

  A.0.8~1.0   B.1.0~1.2   C.1.2~1.4

二、多选题

1.按光源的性质,电气照明分为(　　)。

  A.热辐射光源照明   B.气体放电光源照明

  C.一般照明   D.局部照明

2.按照明功能,电气照明分为(　　)。

  A.应急照明   B.值班照明   C.警卫照明   D.障碍照明

3.插座分为(　　)。

  A.单相二孔   B.单相三孔   C.单相四孔   D.三相四孔

4.产生照明线路短路的原因主要有(　　)。

  A.熔丝熔断   B.线头松脱   C.断线   D.开关没接通

5.照明设备包括(　　)等。

  A.照明开关   B.插座   C.灯具   D.导线

三、判断题

1.白炽灯和碘钨灯属于热辐射光源。　　　　　　　　　　　　　(　　)

2.应急照明必须有自己的供电线路。　　　　　　　　　　　　　(　　)

3.照明开关位置应与灯具的位置相对应。　　　　　　　　　　　(　　)

4.插座的保护线插孔应位于下方。　　　　　　　　　　　　　　(　　)

5.不同电压种类的插座应有明显区别。　　　　　　　　　　　　(　　)

四、简答题

1.插座的安装要求是什么?

2.简述照明线路漏电的查找方法。

学习情境 7   电气防火与防爆

学习单元 7.1   燃烧和爆炸

【学习目标】

(1)了解燃烧的原理和必备的三个条件。

(2)了解爆炸的机制和必要条件。

(3)了解燃烧和爆炸两者之间的区别。

【学习任务】

了解关于燃烧和爆炸的基本知识,为电气防火、防爆奠定理论基础,树立安全生产意识。

【学习内容】

火灾和爆炸是最具破坏作用的安全事故,能造成财产损失和人身伤亡。电气火灾和爆炸事故在火灾和爆炸事故中占有较大的比例。因此,具备关于燃烧和爆炸的基础知识,是进行安全生产的基础。火灾、爆炸的警告标志如图7-1所示。

图7-1   火灾、爆炸的警告标志

7.1.1   燃烧

7.1.1.1   燃烧的概念

燃烧是指可燃物与氧化剂作用发生的放热反应,通常伴有火焰、发光和冒烟现象。最常见的燃烧现象是可燃物在空气中或氧气中的燃烧。

7.1.1.2   燃烧的条件

物质燃烧过程的发生和发展必须同时具备三个必要条件,即可燃物、氧化剂和温度(点火源)。

(1)可燃物。能与空气中的氧或其他氧化剂起燃烧反应的物质称为可燃物。可燃物按其物理状态分为气体可燃物、液体可燃物和固体可燃物三种。可燃物大多是含碳和氢的化合物,某些金属如镁、铝、钙等在某些条件下也可以燃烧。

(2)氧化剂。帮助和支持可燃物燃烧的物质,即能与可燃物发生氧化反应的物质称为氧化剂。燃烧过程中的氧化剂主要是空气中游离的氧,另外如氟、氯等也可以作为燃烧反应的氧化剂。

(3)温度(点火源)。能引起可燃物燃烧的能量来源统称为点火源,包括明火、电火花、摩擦与撞击高温体、雷击等。

上述三个条件同时存在且每一个条件要有一定的量,相互作用,燃烧才能发生。

（1）可燃物与氧化剂要达到一定的比例。例如,将在空气中能燃烧的物质放在含氧量为1%的容器内,就不一定能燃烧。

（2）点火源要有一定强度(温度和热量要达到一定强度)。例如,用一根火柴就不一定能点燃一根粗木棒。

（3）灭火时,只要消除其中任意一个条件即可灭火。

7.1.1.3　燃烧类型

燃烧按其形成的条件和瞬间发生的特点,一般分为闪燃、着火、自燃和爆炸四种类型。

（1）闪燃:在一定温度下,可燃液体表面所产生的蒸汽与空气形成混合物,遇火源产生一闪即灭的燃烧现象。发生闪燃现象的最低温度点称为闪点。

（2）着火:可燃物在空气中与火源接触,达到某一温度时,开始产生有火焰的燃烧,并在火源移去后仍能继续燃烧的现象。物质开始起火持续燃烧的最低温度点称为燃点。

（3）自燃:可燃物在缓慢氧化的过程中产生热量,热量不能及时散失,积聚达到一定的温度时,不经点火也会引起自发的燃烧而发生的燃烧现象。发生自燃现象的最低温度称为自燃点(或引燃温度)。

（4）爆炸。爆炸是燃烧的一种特殊形式。

7.1.2　爆炸

7.1.2.1　爆炸的概念

物质从一种状态迅速地转变为另一种状态(或者物质性质和成分发生根本变化)时,在瞬间释放出大量的能量,同时产生声响和冲击波的现象称为爆炸。爆炸时由于压力急剧上升而对周围物体产生破坏作用。

7.1.2.2　爆炸的类型

爆炸可分为物理性爆炸和化学性爆炸。

（1）物理性爆炸。由物理因素如状态、温度、压力等变化而引起的爆炸,爆炸前后物质的性质和化学成分均不改变,如压力容器、气瓶、锅炉等超压发生的爆炸。

（2）化学性爆炸。物质发生激烈的化学反应,使压力急剧上升而引起的爆炸,爆炸前后物质的性质和化学成分均发生了根本变化,如炸药的爆炸,可燃气体、蒸汽、粉尘与空气混合物的爆炸等。

7.1.2.3　燃烧与爆炸的区别

燃烧:可燃物与氧化剂的混合是在燃烧的过程中逐渐形成的,因此燃烧速度慢,不能形成爆炸。

爆炸:可燃物与氧化剂事先混合成混合物,遇火源发生快速燃烧。爆炸是燃烧的特殊形式。

爆炸极限:可燃气体、蒸汽或粉尘与空气组成的混合物遇火源能发生爆炸的浓度范围,通常用可燃气体在空气中的体积百分比(%)表示,例如一氧化碳与空气混合的爆炸极限为12.5%～74%。其最低浓度称为爆炸下限,最高浓度称为爆炸上限。低于下限的,遇明火既不爆炸也不燃烧;高于上限的,虽不爆炸但可燃烧。

7.1.2.4 爆炸条件

由燃烧引起的爆炸必须具备以下五个条件:

(1)提供能量的可燃性物质,即爆炸性物质。例如:气体,有氢气、乙炔、甲烷等;液体,有酒精、汽油等;固体,有粉尘、纤维粉尘等。

(2)辅助燃烧的氧化剂,如氧气、空气。

(3)可燃物与氧化剂的均匀混合。

(4)混合物放在相对封闭的空间(包围体)中。

(5)有足够能量的点火源,包括明火、火花、高温、化学反应、光能等。

思考与练习题

一、判断题

1.只要可燃物、氧化剂和温度同时具备,就一定会产生燃烧现象。　　　　　(　　)

2.爆炸与燃烧有着本质区别。从本质上来讲,爆炸不是燃烧。　　　　　(　　)

3.氧气瓶直接受热发生爆炸属于物理性爆炸。　　　　　(　　)

4.可燃物的自燃点越高,发生着火爆炸的危险性越小。　　　　　(　　)

5.低于爆炸下限,物质遇明火立即爆炸。　　　　　(　　)

6.点燃可燃性气体与空气的混合物易发生爆炸,而点燃任何粉尘与空气的混合物则不发生爆炸。　　　　　(　　)

二、简答题

1.可燃物的燃烧需要具备的三个必要条件是什么?

2.燃烧与爆炸的区别是什么?

3.由燃烧引起的爆炸必须具备哪些条件?

学习单元 7.2　危险物质和危险环境

【学习目标】

(1)了解危险物质的分组及安全技术要求。

(2)了解危险环境的分组及安全技术要求。

【学习任务】

了解危险物质和危险环境的分组及安全技术要求,便于正确选择和安装危险场所中的电气装置,实现火灾和爆炸危险环境中电气装置的安全使用。

【学习内容】

在大气条件下,易燃物质与空气的混合物点燃后燃烧能在整个范围内传播,这种混合物称为爆炸性混合物。含有爆炸性气体混合物的环境称为爆炸性气体环境;含有爆炸性粉尘混合物的环境称为爆炸性粉尘环境。凡有爆炸性混合物出现或可能有爆炸性混合物出现,且出现的量达到足以要求对电气设备和电气线路的结构、安装和使用采取防爆措施的区域称为爆炸危险区域。能形成上述爆炸性混合物的物质称为爆炸危险物质。

7.2.1 危险物质

7.2.1.1 危险物质分类

爆炸危险物质可分为三类。

矿井下的瓦斯气体主要成分为甲烷,因矿井下环境的特殊性,甲烷被单列为Ⅰ类。其他场所的爆炸性气体、蒸汽、薄雾被划分为Ⅱ类。Ⅲ类专指爆炸性粉尘、纤维。

7.2.1.2 Ⅱ类爆炸性气体混合物的分级分组

1. Ⅱ类爆炸性气体的分级

对于Ⅱ类爆炸性气体,按最大试验安全间隙(MESG)和最小点燃电流比(MICR)进一步划分为ⅡA、ⅡB和ⅡC三级。ⅡA、ⅡB和ⅡC各类对应的典型气体分别是丙烷、乙烯和氢气。其中,ⅡB类危险性大于ⅡA类;ⅡC类危险性大于前两者,最为危险。爆炸性气体MESG和MICR对应关系见表7-1。

表7-1 各类爆炸性气体MESG和MICR分级对应关系

级别	MESG(mm)	MICR
ⅡA	MESG≥0.9	MICR>0.8
ⅡB	0.5<MESG<0.9	0.45≤MICR≤0.8
ⅡC	MESG≤0.5	MICR<0.45

最大试验安全间隙(MESG)是指两个容器由长度25 mm的间隙连通,在规定试验条件下,一个容器内燃爆时,不会使另一个容器内燃爆的最大连通间隙的宽度。此参数是衡量爆炸性物品传爆能力的性能参数。

最小点燃电流比(MICR)是指在规定试验条件下,气体、蒸汽、薄雾等爆炸性混合物的最小点燃电流与甲烷爆炸性混合物的最小点燃电流之比。

2. Ⅱ类爆炸性气体的分组

Ⅱ类爆炸性气体、蒸汽按引燃温度(自燃点)分为6组:T1、T2、T3、T4、T5、T6。各组别对应的引燃温度范围见表7-2。

表7-2 引燃温度范围

组别	引燃温度 t(℃)
T1	$t>450$
T2	$300<t≤450$
T3	$200<t≤300$
T4	$135<t≤200$
T5	$100<t≤135$
T6	$85<t≤100$

3. 部分爆炸性气体的分类、分级和分组

部分爆炸性气体的分类、分级和分组见表7-3。

表7-3　部分爆炸性气体的分类、分级和分组

类和级	最大试验安全间隙 (MESG)(mm)	最小点燃电流比 (MICR)	引燃温度(℃)及组别					
			T1 t>450	T2 300<t≤450	T3 200<t≤300	T4 135<t≤200	T5 100<t≤135	T6 85<t≤100
I	1.14	1.0	甲烷				—	
ⅡA	0.9~1.14	0.8~1.0	乙烷、丙烷、丙酮、氯苯、苯、乙苯、氯乙烯、甲苯、苯胺、甲醇、一氧化碳、乙酸乙酯、乙酸	丁烷、乙醇、丙烯、丁醚、乙酸丁酯、乙酸戊酯	戊烷、己烷、庚烷、癸烷、辛烷、汽油、硫化氢、环己烷	乙醚、乙醛	—	亚硝酸乙酯
ⅡB	0.5~0.9	0.45~0.8	二甲醚、民用煤气、环丙烷	乙烯、环氧乙烷、环氧丙烷、丁二烯	异戊二烯	—	—	—
ⅡC	≤0.5	<0.45	氢气、水煤气、焦炉煤气	乙炔	—	—	二硫化碳	硝酸乙酯

7.2.1.3　Ⅲ类爆炸性粉尘、纤维的分组

Ⅲ类爆炸性粉尘、纤维的分组见表7-4。

表7-4　Ⅲ类爆炸性粉尘、纤维的分级和分组

种类和级别		引燃温度（℃）及组别		
		T11	T12	T13
		$t>270$	$200<t\leqslant270$	$140<t\leqslant200$
ⅢA	非导电性可燃纤维	木棉纤维、烟草纤维、纸纤维、亚硫酸盐纤维、人造毛短纤维、亚麻	木质纤维	—
	非导电性爆炸性粉尘	小麦、玉米、砂糖、橡胶、染料、苯酚树脂、聚乙烯	可可、米糠	—
ⅢB	导电性爆炸性粉尘	镁、铝、铝青铜、锌、钛、焦炭、炭黑	铝（含油）、铁、煤	—
	火炸药粉尘	—	黑火药、TNT	硝化棉、吸收药、黑索金、特屈儿、泰安

对于电气装置来说，导电性爆炸性粉尘导致电火花的危险性较非导电性粉尘高，从电气装置的危险温度及电气火花导致的危险程度来讲，导电性爆炸性粉尘亦较非导电性爆炸性粉尘高。

7.2.2　危险环境

对不同危险环境进行分区，目的是便于根据危险环境特点正确选用电气设备、电气线路及照明装置等的防护措施。

7.2.2.1　爆炸性气体环境

爆炸性气体环境是指在一定条件下，气体（或蒸汽）可燃物与空气形成的混合物，该混合物被点燃后，能够保持燃烧自行传播的环境。

1.爆炸性气体环境危险场所分区

根据爆炸性气体混合物出现的频繁程度和持续时间，将危险场所分为0区、1区、2区。

0区是指正常运行时连续或长时间出现或短时间频繁出现爆炸性气体混合物的区域。

1区是指正常运行时可能出现（预计周期性出现或偶然出现）爆炸性气体混合物的区域。

2区是指正常运行时不出现，即使出现也只可能是短时间偶然出现爆炸性气体混合物的区域。

必须指出的是，释放源的等级和通风条件对分区有直接影响。

2.释放源的影响

确定环境危险区域类型的根本因素是鉴别释放源和确定释放源的等级。释放源按其

释放可燃物的频率、持续时间和数量等划分为如下三个等级：

(1)连续级释放源。连续释放、长时间释放或短时间频繁释放。

(2)一级释放源。正常运行时周期性释放或偶然释放。

(3)二级释放源。正常运行时不释放或不经常且只能短时间释放。

3.通风条件的影响

通风的有效性直接影响着爆炸性环境的存在和形成。不同的通风效果将直接影响危险环境区域最终划分结果。适当的通风可以加速爆炸性混合物在空气中的扩散和消散，良好、有效的通风效果可以缩小危险环境的范围或使高一级的危险环境降为低一级的危险环境，甚至无爆炸危险环境。相反，无通风或差的通风效果也会扩大危险环境的范围，甚至可能使低一级的危险环境变成高一级的危险环境。因此，通风等级也是确定环境的危险区域类型的重要因素之一。

1)通风的类型

通风的主要方式有自然通风和人工通风两种类型。

自然通风指的是由风或温度的配合效果而引起的空气流动或新鲜空气的置换。户外开放场所、户外开放式建筑物或具备良好自然通风条件的户内环境(如空气对流通道)的通风都可列为自然通风。

人工通风指的是利用人工方法例如排气扇等使危险环境的空气流动或新鲜空气置换。人工通风是一种强制性通风，又分为对整体场所进行的普遍性强制通风和对局部场所进行的针对性强制通风。

2)通风的有效性

通风的有效性主要反映通风连续性的优劣，影响着爆炸环境的存在或形成。通风有效性分为"良好""一般"和"差"三个等级。

"良好通风"指的是通风连续地存在。

"一般通风"指的是在正常运行时，预计通风存在，允许短时、不经常的不连续通风。

"差的通风"指的是不能满足"良好"或"一般"标准的通风。但预计不会出现长时间的不连续通风。

与通风相对应的"无通风"，指的是不采取与新鲜空气置换措施的状态。

3)通风的等级

国际电工委员会(IEC)和我国有关标准将通风分为高、中、低三个等级。

高级通风(VH)：能够在释放源处瞬间降低其浓度，使其低于爆炸下限(LEL)，区域范围很小甚至可以忽略不计。

中级通风(VM)：能够控制浓度，使得区域界限外部的浓度稳定地低于爆炸下限，虽然释放源正在释放中，但释放停止后，爆炸性环境持续存在时间不会过长。

低级通风(VL)：在释放源释放过程中，不能控制其浓度，并且在释放源停止释放后，也不能阻止爆炸性环境持续存在。

4.爆炸性气体场所危险区域的划分

划分危险区域时，应综合考虑释放源的级别和通风条件，并应遵循以下原则：

(1)按下列释放源级别划分。存在连续级释放源的区域，可划为0区；存在第一级释放源的区域,可划为 1 区;存在第二级释放源的区域,可划为 2 区。

（2）根据通风条件调整区域划分。

当通风良好时,应降低爆炸危险区域等级。良好的通风标志是混合物中危险物质的浓度被稀释到爆炸下限的 25% 以下。局部机械通风在降低爆炸性气体混合物浓度方面比自然通风和一般机械通风更为有效时,可采用局部机械通风降低爆炸危险区域等级。

当通风不良时,应提高爆炸危险区域等级。在障碍物、凹坑、死角等处,由于通风不良,应局部提高爆炸危险区域等级。

利用堤或墙等障碍物,可限制比空气重的爆炸性气体混合物的扩散,缩小爆炸危险范围。

7.2.2.2　爆炸性粉尘环境

爆炸性粉尘环境是指在一定条件下,粉尘、纤维等可燃物与空气形成的混合物被点燃后,能够保持燃烧自行传播的环境。

爆炸性粉尘环境根据爆炸性粉尘混合物出现的频繁程度和持续时间,分为 10 区、11 区。

10 区是指连续或长期出现爆炸性粉尘的环境。

11 区是指有时会将积留下的粉尘扬起而偶然出现爆炸性混合物的环境。

爆炸危险区域的划分应按爆炸性粉尘量的多少、爆炸极限的高低和通风条件确定。

7.2.2.3　火灾危险环境

火灾危险环境是指在生产、加工、处理、转运或储存过程中出现或可能出现火灾危险物质,且在其数量和配置上能引起火灾危险的环境。

火灾危险环境根据火灾事故发生的可能性和后果,以及危险程度与物质状态的不同,分为 21 区、22 区和 23 区。

21 区是指具有闪点高于环境温度的可燃液体,在数量和配置上能引起火灾危险的环境。

22 区是指具有悬浮状、堆积状的可燃粉尘或纤维,虽不可能形成爆炸性混合物,但在数量和配置上能引起火灾危险的环境。

23 区是指具有固体状可燃物,在数量和配置上能引起火灾危险的环境。

思考与练习题

一、填空题

1. 爆炸危险物质分为Ⅰ类、Ⅱ类、Ⅲ类。矿井下的瓦斯气体主要成分为_____,因矿井下环境的特殊性,甲烷被单列为_____类。

2. 通风的主要方式有_____和_____两种类型。良好的通风标志是混合物中危险物质的浓度被稀释到爆炸下限的_____以下。

3. 当通风良好时,应_____爆炸危险区域等级。当通风不良时,应_____爆炸危险区域等级。

4. 爆炸性粉尘环境是指在一定条件下,_____、_____的可燃物与_____形成的混合物被点燃后,能够保持燃烧自行传播的环境。

二、简答题

1. 简述我国对爆炸危险物质进行分类的方法。

2. 爆炸性粉尘环境是如何进行分区的?

3. 简述火灾危险环境的分区情况。

学习单元7.3　电气防火与防爆措施

【学习目标】

(1)掌握防爆电气设备的类型。

(2)了解爆炸危险环境中电气设备和电气线路的选用。

(3)了解电气防火、防爆措施。

【学习任务】

能根据电气设备使用环境的等级、电气设备的种类和使用条件合理选择电气设备,防范电气火灾与爆炸事故的发生,进行安全生产。

【学习内容】

电气火灾和爆炸的防护必须是综合性措施。它包括合理选用和正确安装电气设备及电气线路、保持电气设备和电气线路的正常运行、保证必要的防火间距、保持良好的通风、装设良好的保护装置等技术措施。

7.3.1　防爆电气设备和防爆电气线路

当爆炸性物质(可燃气体或粉尘等)、空气(氧气)和引燃源三个条件同时存在,且爆炸性物质与空气的混合物的浓度处于爆炸极限范围内时,将不可避免地发生爆炸。因此,为了防止爆炸事故的发生,首先是设法避免上述三个条件同时存在。最基本的技术是将所有可能产生引燃源(危险温度和电火花、电弧)的电气设备安装在非爆炸、无火灾危险区域。但在实践中,许多工业生产现场的实际情况和具体应用要求,决定了相当一部分电气设备必须安装在爆炸、火灾危险区域内。此时需要选用具有特定防爆技术措施的电气装置来防止电气引燃源的形成,保证生产现场的安全,避免灾难性爆炸事故的发生。

7.3.1.1　防爆电气设备

1. 防爆电气设备的类型

按照使用环境的不同,防爆电气设备分成两类:Ⅰ类为煤矿井下用电气设备;Ⅱ类为工厂用电气设备。

按防爆结构形式,防爆电气设备分为以下类型:

(1)隔爆型(d)。

这类电气设备具有隔爆外壳,其外壳具有良好的耐爆性和隔爆性,能承受内部的爆炸性混合物爆炸而不致受到损坏,而且不致使内部爆炸通过外壳任何接合面或结构孔洞引起外部爆炸性混合物爆炸。

（2）增安型（e）。

这类电气设备在正常运行时不会产生点燃爆炸性混合物的火花或危险温度，并采用提高安全性的措施避免在正常和规定过载条件下出现点燃现象。

（3）本质安全型（i）。

这类电气设备在正常工作或规定的故障状态下产生的火花或热效应均不能点燃规定的爆炸性混合物。本质安全型设备按其使用场所的安全程度分为 ia 级和 ib 级。

ia 级：在正常工作、一个故障或两个故障时均不能点燃周围爆炸性混合物。

ib 级：与 ia 的特征相同，但只在正常工作、一个故障时不能点燃周围爆炸性混合物。由一个故障引起的一系列故障只能算作一个故障。

（4）正压型（p）。

这类电气设备的保护外壳内充气，其压力保持高于周围爆炸性环境的压力，可避免外部爆炸性气体混合物进入。

（5）充油型（o）。

这类电气设备将可能产生电火花、电弧或危险温度的带电零、部件浸在绝缘油中，使之不能点燃油面以上或壳外的爆炸性混合物。

（6）充砂型（q）。

这类电气设备在外壳内充填砂粒或其他规定特性的粉末材料，使之在规定的使用条件下，壳内产生的电弧或高温均不能点燃周围爆炸性混合物。

（7）无火花型（n）。

这类电气设备在正常运行时不产生电弧和任何火花，不能够点燃周围的爆炸性混合物，且一般不会发生有引燃作用的故障。

（8）浇封型（m）。

这类电气设备是将可能产生引起爆炸性混合物爆炸的火花、电弧或危险温度的电气部件，浇封在浇封剂（复合物）中，使其在正常运行和认可的过载或故障下不能点燃周围爆炸性混合物。（对应不同的保护等级分为 ma、mb、mc）

（9）气密型（h）。

这类电气设备采用气密外壳，即环境中的爆炸性气体混合物不能进入设备外壳内部。气密外壳采用熔化、挤压或胶黏的方法进行密封，这种外壳多半是不可拆卸的，以保证永久气密性。

（10）特殊型（s）。

这类电气设备是指结构上不属于上述各种类型的防爆电气设备，该类设备根据实际使用开发研制，可适用于相应的危险场所。

2.防爆电气设备的标志

防爆电气设备的标志应设置在设备外部主体部分的明显处，且应设置在设备安装之后能看到的位置。设备外壳的明显处须设置铭牌，并可靠、固定。铭牌须包括以下内容：

（1）铭牌的右上方应有明显的"Ex"标志。

（2）防爆标志依次标注防爆形式、类型、级别和温度组别等。

（3）防爆合格证编号。

(4)其他需要标出的特殊条件。

(5)有防爆形式专用标准规定的附件标志。

(6)产品的出厂日期和出厂编号。

防爆标志表示法:防爆形式　类型　级别　温度组别

完整的防爆标志及其释义举例如下:

d Ⅱ BT3,表示Ⅱ类 B 级 T3 组隔爆型电气设备。

ep Ⅱ BT4,表示Ⅱ类 B 级 T4 组,主体为增安型并有正压型部件的防爆型电气设备。

在采用一种以上复合防爆形式时,先标出主体防爆形式标志字母,后标出其他防爆形式标志字母。

3. 爆炸危险环境中电气设备的选用原则

宜将正常运行时发生火花的电气设备布置在爆炸危险性较小或没有爆炸危险的环境内。

在满足工业生产及安全的前提下,应减少防爆电气设备的数量。在爆炸危险环境内,不宜采用携带式电气设备。

爆炸环境内的电气设备必须是符合现行国家标准并有国家检验部门防爆合格证的产品。

选择电气设备前,应掌握所在爆炸环境的有关资料,包括环境等级和区域划分,以及所在环境内爆炸性混合物的级别、组别等。根据电气设备使用环境的等级、电气设备的种类和使用条件选择电气设备。

所选用的防爆电气设备的级别和组别,不应低于爆炸危险环境内爆炸性混合物的级别和组别。

防爆电气设备选型见表 7-5。

表 7-5　防爆电气设备选型

防爆形式	符号	适用范围	特征
隔爆型	d	1 区、2 区	具有隔爆外壳,其外壳具有良好的耐爆性和隔爆性,能承受内部的爆炸性混合物爆炸而不致受到损坏,而且不致使内部爆炸通过外壳任何接合面或结构孔洞引起外部爆炸性混合物爆炸
增安型	e	1 区、2 区	在正常运行时不会产生点燃爆炸性混合物的火花或危险温度,并采用提高安全性的措施避免在正常和规定过载条件下出现点燃现象
本质安全型	ia	0 区、1 区、2 区	在正常工作、一个故障或两个故障时均不能点燃周围爆炸性混合物
	ib	1 区、2 区	与 ia 的特征相同,但只在正常工作、一个故障时不能点燃周围爆炸性混合物

续表 7-5

防爆形式	符号	适用范围	特征
正压型	p	1区、2区	保护外壳内充气,其压力保持高于周围爆炸性环境的压力,可避免外部爆炸性气体混合物进入
充油型	o	1区、2区	将可能产生电火花、电弧或危险温度的带电零部件浸在绝缘油中,使之不能点燃油面以上或壳外的爆炸性混合物
特殊型	s	可设计适于0区、1区、2区	不属于上述各种类型的防爆电气设备,该类设备根据实际使用开发研制,可适用于相应的危险场所

4. 爆炸性气体环境的电气设备选型

旋转电机防爆选型见表7-6。

表7-6　旋转电机防爆选型

类型	1区			2区			
	隔爆型(d)	正压型(p)	增安型(e)	隔爆型(d)	正压型(p)	增安型(e)	充油型(o)
三相鼠笼感应电机	○	○	×	○	○	○	○
三相绕线感应电机	△	△	—	○	○	○	×
单相鼠笼感应电机	○	○	×	○	○	○	○
带制动器的鼠笼感应电机	△	○	×	○	○	△	×
三相同步电机	○	○	×	○	○	○	
直流电机	△	△	—	○	○	○	
电磁离合器(无电刷)	○	△	×	○	○	○	△

注:○为"适用";△为"尽量避免";×为"不适用";—为"结构上不现实";无符号为"一般不用"。

低压开关和控制器防爆选型见表7-7。

表7-7　低压开关和控制器防爆选型

类型	0区	1区					2区				
	本质安全型(i)	本质安全型(i)	隔爆型(d)	正压型(p)	充油型(o)	增安型(e)	本质安全型(i)	隔爆型(d)	正压型(p)	充油型(o)	增安型(e)
断路器、隔离开关	—	—	○	—	—	—	—	○	—	—	—
熔断器	—	—	△	—	—	—	—	○	—	—	—
控制开关、按钮	○	○	○	○	—	○	○	○	—	○	○

续表 7-7

类型	0 区 本质安全型(i)	1 区 本质安全型(i)	隔爆型(d)	正压型(p)	充油型(o)	增安型(e)	2 区 本质安全型(i)	隔爆型(d)	正压型(p)	充油型(o)	增安型(e)
二次启动用空气控制器	—	—	△	—	—	—	—	○	—	—	—
电抗启动器、启动补偿器	—	—	△	—	—	—	○	—	—	—	○
电磁阀用电磁铁	—	—	○	—	—	×	—	○	—	—	○
电磁摩擦制动器	—	—	△	—	—	×	—	○	—	—	△
启动金属电阻器	—	—	△	△	—	×	—	○	○	—	—
操作箱、操作柱	—	—	○	○	—	—	—	○	○	—	—
控制盘	—	—	△	△	—	—	—	○	○	—	—
配电盘	—	—	△	—	—	—	—	○	—	—	—

注：○为"适用"；△为"尽量避免"；×为"不适用"；—为"结构上不现实"；无符号为"一般不用"。

低压变压器防爆选型见表 7-8。

表 7-8 低压变压器防爆选型

类型	1 区 隔爆型(d)	正压型(p)	增安型(e)	2 区 隔爆型(d)	正压型(p)	增安型(e)
干式变压器（包括启动用）	△	△	×	○	○	○
干式电抗器线圈（包括启动用）	△	△	×	○	○	○
仪用互感器	△		×	○		○

注：○为"适用"；△为"尽量避免"；×为"不适用"；—为"结构上不现实"；无符号为"一般不用"。

灯具类防爆选型见表 7-9。

表7-9 灯具类防爆选型

类型		1 区		2 区	
		隔爆型(d)	增安型(e)	隔爆型(d)	增安型(e)
固定式	白炽灯	○	×	○	○
	荧光灯	○	×	○	○
	高压水银灯	○	×	○	○
移动式白炽灯		△	—	○	—
携带式电池灯		○	—	○	—
指示灯		○	×	○	○

注:○为"适用";△为"尽量避免";×为"不适用";—为"结构上不现实";无符号为"一般不用"。

5. 爆炸性粉尘环境的电气设备选型

除可燃性非导电爆炸性粉尘和可燃纤维的 11 区环境采用"防尘"结构的粉尘防爆电气设备外,爆炸性粉尘环境 10 区及其他爆炸性粉尘环境 11 区均采用"尘密"结构的粉尘防爆电气设备,并按照粉尘的不同引燃温度选择不同引燃温度组别的电气设备。

爆炸性粉尘环境宜将电气设备,特别是正常运行时能产生火花的电气设备,布置在爆炸性粉尘环境以外。当需设在爆炸性粉尘环境内时,应布置在爆炸危险性较小的地点。在爆炸性粉尘环境内,不宜采用携带式电气设备。

在爆炸性粉尘环境内,有可能过负荷的电气设备应装设可靠的过负荷保护。

在爆炸性粉尘环境内的事故排风用电动机,应在生产发生事故情况下便于操作的地方设置事故启动按钮等控制设备。

在爆炸性粉尘环境内,应少装插座和局部照明灯具。如必须采用,插座宜布置在爆炸性粉尘不易积聚的地方,局部照明灯宜布置在事故时气流不易冲击的位置。

在爆炸性粉尘环境采用非防爆型电气设备进行隔墙机械传动时,应符合下列要求:

(1)安装电气设备的房间,应采用非燃烧体的实体墙与爆炸性粉尘环境隔开。

(2)应采用通过隔墙由填实函密封或同等效果密封措施的传动轴传动。

(3)安装电气设备房间的出口,应通向非爆炸和无火灾危险的环境。当安装电气设备的房间必须与爆炸性粉尘环境相通时,应对爆炸性粉尘环境保持相对的正压。

6. 火灾危险环境的电气设备选型

(1)火灾危险环境的电气设备和电气线路,应符合周围环境内化学、机械、温度、霉菌及风沙等环境条件对电气设备的要求。

(2)在火灾危险环境内,正常运行时有火花和外壳表面温度较高的电气设备,应远离可燃物质。

(3)在火灾危险环境内,不宜使用电热器。当生产要求必须使用电热器时,应将其安装在非燃材料的底板上。

(4)在火灾危险环境内,应根据区域等级和使用条件,按表7-10选择相应类型的电气设备。

表 7-10　火灾危险环境内电气设备防护结构的选型

电气设备		火灾危险区域		
		21 区	22 区	23 区
电动机	固定安装	IP44	IP54	IP21
	移动式、携带式	IP54		IP54
电器和仪表	固定安装	充油型、IP54、IP44		IP44
	移动式、携带式	IP54		
照明灯具	固定安装	IP2X	IP5X	IP2X
	移动式、携带式			
配电装置		IP5X		
接线盒				

注：1. 在火灾危险环境 21 区内固定安装的正常运行时有滑环等火花部件的电机，不宜采用 IP44 型结构。

　　2. 在火灾危险环境 23 区内固定安装的正常运行时有滑环等火花部件的电机，不应采用 IP21 型结构，而应采用 IP44 型结构。

　　3. 在火灾危险环境 21 区内固定安装的正常运行时有火花部件的电器和仪表，不宜采用 IP44 型结构。

　　4. 移动式和携带式照明灯具的玻璃罩，应有金属网保护。

　　5. 表中防护等级的标志应符合现行国家标准《外壳防护等级的分类》(GB 4208—84) 的规定。

（5）电压为 10 kV 及以下的变电所、配电所，不宜设在有火灾危险区域的正上面或正下面。若与火灾危险区域的建筑物毗邻，应符合下列要求：

①电压为 1～10 kV 的配电所可通过走廊或套间与火灾危险环境的建筑物相通，通向走廊或套间的门应为难燃烧体。

②变电所与火灾危险环境建筑物共同的隔墙应是密实的非燃烧体。管道和沟道穿过墙和楼板处，应采用非燃烧性材料严密封堵。

③变压器的门窗应通向非火灾危险环境。

（6）在易沉积可燃粉尘或可燃纤维的露天环境内，设置变压器或配电装置时应采用密闭型。（7）露天安装的变压器或配电装置的外廓距火灾危险环境建筑物的外墙在 10 m 以内时，应符合下列要求：

①火灾危险环境靠变压器或配电装置一侧的墙应为非燃烧体。

②在变压器或配电装置高度加 3 m 的水平线以上，其宽度为变压器或配电装置外廓两侧各加 3 m 的墙上，可安装非燃烧体的装有铁丝玻璃的固定窗。

7.3.1.2　防爆电气线路

电气线路故障可以引起火灾和爆炸事故。确保电气线路的设计质量和施工质量，是抑制火源产生、防止爆炸和火灾事故的重要措施。

1. 电气线路的敷设

电气线路一般应敷设在危险性较小的环境内或远离存在易燃易爆物释放源的地方，或沿建（构）筑物的墙外敷设。

2.导线材质

对于爆炸危险环境的配线工程,应采用铜芯绝缘导线或电缆。铝线机械强度差,容易折断,同时在连接技术上也难以控制,需要进行过渡连接而加大接线盒,保证连接质量。铝线在被 90 A 以上的电弧烧熔传爆时,其传爆间隙已接近规定的允许安全间隙,电流再大时就很不安全,铝线比铜线危险是显而易见的。

铜芯导线或电缆截面面积在 1 区为 2.5 mm^2 以上,2 区为 1.5 mm^2 以上。铝芯导线和电缆,由于使用范围广,而且使用经验比较成熟,故在 2 区电力线路也可选用截面面积 4 mm^2 及以上的多股铝芯导线及 2.5 mm^2 以上的单股铝芯导线用于照明线路。

3.电气线路的敷设与配线防爆

在爆炸危险环境内,当气体、蒸汽比空气重时,电气线路应在高处敷设或埋入地下,架空敷设时宜用电缆桥架,电缆沟敷设时沟内应充砂,并宜设置有效的排水措施。当气体、蒸汽比空气轻时,电气线路宜在较低处敷设或用电缆沟敷设。敷设电气线路的沟道、钢管或电缆在穿过不同区域之间墙或楼板处的孔洞时,应用非燃性材料严密堵塞,以防爆炸性混合物气体或蒸汽沿沟道、电缆管道流动。电缆沟通路可填砂切断。为将爆炸性混合物或火焰切断,防止传播到管路的其他部分,引向电气设备接线端子的导线,其穿线钢管宜与接线箱保持 45 cm。

4.电气线路的连接

电气线路之间原则上不能直接连接。必须实行连接或封端时,应采用压接、熔焊或钎焊,确保接触良好,防止局部过热。电气线路与电气设备的连接,应采用适当的过渡接头,特别是铜、铝相接时更应如此。

5.导线允许载流量

绝缘电线和电缆的允许载流量不应小于熔断器熔体额定电流的 1.25 倍和自动开关长延时过流脱扣器整定电流的 1.25 倍。引向电压为 1 000 V 以下鼠笼式感应电动机支线的长期允许载流量,不应小于电动机额定电流的 1.25 倍。只有满足这种配合关系,才能避免过载,防止短路时把电线烧坏或过热时形成火源。

7.3.2 电气防火、防爆措施

电气防火、防爆措施首先考虑的是一方面减少或消除爆炸性混合物,另一方面消除电气引燃源;在无法消除它们时,则设法采取各种隔离措施使它们不能同时存在,以避免相互作用来防止电气火灾、爆炸。电气防火、防爆有以下基本措施:

(1)正确选用电气设备。具有爆炸危险的场所应按规范选择防爆电气设备。

(2)按规范选择合理的安装位置,保持必要的安全间距是防火、防爆的一项重要措施。

(3)加强维护、保养、检修,保持电气设备有正常运行,保持电气设备的电压、电流、温升等参数不超过允许值,保持电气设备有足够的绝缘能力,保持电气连接良好等。

(4)在爆炸危险场所,如有良好的通风装置,能降低爆炸性混合物的浓度。

(5)采用耐火设施对现场防火有很重要的作用。如为了提高耐火性能,木质开关箱内表面衬以白铁皮。

(6)爆炸危险场所的接地(或接零)较一般场所要求高,必须按规定接地。

思考与练习题

一、判断题

1. 在爆炸危险环境,尽量采用携带式电气设备。 (　　)
2. 在爆炸性粉尘环境内,应少装插座和局部照明灯具。 (　　)
3. 在火灾危险环境内,严禁使用电热器。 (　　)
4. 对于爆炸危险环境的配线工程,应采用铜芯绝缘导线或电缆。 (　　)
5. 在爆炸危险场所,通风条件好坏不影响爆炸性混合物的浓度。 (　　)

二、简答题

1. 简述隔爆型电气设备的防爆机制。
2. ia Ⅱ AT5,请说明该防爆标志的含义。
3. 爆炸危险环境1区、2区铜芯导线或电缆的截面面积要求分别为多大?

学习单元7.4 电气灭火及火灾逃生常识

【学习目标】

(1)了解电气火灾的产生原因。
(2)了解各种灭火剂的特点和适用范围。
(3)掌握电气灭火的步骤、安全措施。
(4)掌握火灾逃生常识。

【学习任务】

掌握电气火灾的成因及灭火知识,熟记"火场逃生十三诀",关键时候自救与救人,保证财产与生命安全。

【学习内容】

火灾和爆炸事故往往是重大的人身伤亡和设备损坏事故。电气火灾和爆炸事故在火灾和爆炸事故中占有很大的比例,仅就电气火灾而言,不论是发生频率还是所造成的经济损失,在火灾中所占的比例都有上升的趋势。配电线路、高低压开关电器、熔断器、插座、照明器具、电动机、电热器等电气设备均可能引起火灾。电力电容器、电力变压器、电力电缆、多油断路器等电气装置除可能引起火灾外,本身还可能发生爆炸。电气火灾火势凶猛,如不及时扑灭,势必迅速蔓延。电气火灾和爆炸事故除可能造成人身伤亡和设备损坏外,还可能造成大规模或长时间停电,给国家财产造成重大损失。

7.4.1 电气火灾原因

"火,善用之则为福,不善用之则为祸。"火灾,是指在时间和空间上失去控制的燃烧所造成的灾害。电气火灾发生的原因是多种多样的,例如过载、短路、接触不良、电弧、火花、漏电、雷电或静电、烘烤、摩擦等都能引起火灾。有的火灾是人为的,比如思想麻痹,疏忽大意,不遵守有关防火法规,违犯操作规程等。从电气防火角度看,电气设备质量不高、安装使用不当、设备保养不良、雷击和静电是造成电气火灾的几个重要原因。

7.4.1.1 过载

所谓过载,是指电气设备或导线的功率和电流超过了其额定值。

造成过载的原因有以下几个方面:

(1)设计、安装时选型不正确,使电气设备的额定容量小于实际负载容量。

(2)设备或导线随意装接,增加负荷,造成超载运行。

(3)检修、维护不及时,使设备或导线长期处于带病运行状态。

电气设备或导线的绝缘材料大都是可燃材料。属于有机绝缘材料的有油、纸、麻、丝和棉的纺织品、树脂、沥青、漆、塑料、橡胶等。只有少数属于无机材料,例如陶瓷、石棉和云母等是不易燃材料。过载使导体中的电能转变成热能,当导体和绝缘物局部过热,达到一定温度时,就会引起火灾。

7.4.1.2 短路、电弧和火花

短路是电气设备最严重的一种故障状态,产生短路的主要原因有:

(1)电气设备的选用和安装与使用环境不符,致使其绝缘体在高温、潮湿、酸碱环境条件下受到破坏。

(2)电气设备使用时间过长,超过使用寿命,绝缘老化发脆。

(3)使用和维护不当,长期带病运行,扩大了故障范围。

(4)过电压使绝缘击穿。

(5)错误操作或把电源投向故障线路。

短路时,在短路点或导线连接松弛的电气接头处,会产生电弧或火花。电弧温度很高,可达6 000 ℃以上,不但可引燃自身的绝缘材料,还可将它附近的可燃材料、蒸汽和粉尘引燃。电弧还可能是由于接地装置不良或电气设备与接地装置间距过小,过电压时使空气击穿引起的。切断或接通大电流电路时,或大截面熔断器爆断时,也能产生电弧。

7.4.1.3 接触不良

电气线路或电气装置中的电路连接部件是系统中的薄弱环节,接触不良,会形成局部过热,形成潜在引燃源。接触不良主要发生在导线连接处,如:

(1)电气接头表面污损,接触电阻增加。

(2)电气接头长期运行,产生导电不良的氧化膜,未及时清除。

(3)电气接头因振动或热的作用,其连接处发生松动。

(4)铜、铝连接处,因有约1.69 V电位差的存在,潮湿时会发生电解作用,使铝腐蚀,造成接触不良。

7.4.1.4 烘烤

电热器具(如电炉、电熨斗)、照明灯泡,在正常通电的状态下,就相当于一个火源或高温热源。当其安装不当或长期通电无人监护管理时,有可能使附近的可燃物受高温而起火。

7.4.1.5 摩擦

发电机和电动机等旋转型电气设备,轴承因润滑不良而干磨发热或虽润滑正常,但出现高速旋转时,都会引起火灾。

7.4.1.6 雷电

雷电是在大气中产生的,雷云是大气电荷的载体,当雷云与地面建筑物或构筑物接近到一定距离时,雷云高电位就会把空气击穿放电,产生闪电、雷鸣现象。雷云电位可达1万~10万kV,雷电流可达50 kA。雷击会造成设备损坏,甚至人身伤亡。

雷电的危害类型除直击雷外,还有感应雷(含静电和电磁感应)、雷电反击、雷电波的侵入和球雷等。这些雷电危害形式的共同特点就是放电时总要伴随机械力、高温和强烈火花的产生,使建筑物破坏、输电线路或电气设备损坏、油罐爆炸、堆场着火等。

7.4.1.7 静电

静电是物体中正负电荷处于静止状态下的电。随着静电电荷不断积聚而形成很高的电位,在一定条件下,则对金属物或地放电,产生有足够能量的强烈火花。此火花能使飞花、麻絮、粉尘、可燃蒸气及易燃液体燃烧起火,甚至引起爆炸。

7.4.2 电气灭火

7.4.2.1 灭火的基本原理

根据物质燃烧的原理,燃烧必须同时具备三个条件:可燃物、氧化剂和温度(点火源)。对已经燃烧的过程,若消除其中任何一个条件,燃烧便会终止,这就是灭火的基本原理,可采用下列方法消除燃烧的基本条件。

1.冷却灭火法

对一般可燃物来说,能够持续燃烧的条件之一就是它们在火焰或热的作用下达到了各自的着火温度。因此,对一般可燃物火灾,将可燃物冷却到其燃点或闪点以下,燃烧反应就会中止。水的灭火机制主要是冷却作用。

2.隔离灭火法

把可燃物与引火源或氧气隔离开来,燃烧反应就会自动中止。火灾中,关闭有关阀门,切断流向着火区的可燃气体和液体的通道;打开有关阀门,使已经发生燃烧的容器或受到火势威胁的容器中的液体可燃物通过管道导至安全区域,都是隔离灭火的措施。

3.窒息灭火法

各种可燃物的燃烧都必须在其最低氧气浓度以上进行,否则燃烧不能持续进行。因此,通过降低燃烧物周围的氧气浓度可以起到灭火的作用。通常使用的二氧化碳、氮气、水蒸气等的灭火机制主要是窒息作用。

4.抑制灭火法

在近代的燃烧研究中,有一种叫连锁反应的理论。根据连锁反应理论,气态分子间的作用不是两个分子直接作用得出最后产物,而是活性分子自由基与另一分子起作用,结果产生新自由基,新自由基参加反应,如此延续下去,形成一系列的连锁反应。抑制火火法就是使用灭火剂与链式反应的中间体自由基反应,使燃烧的链式反应中断从而使燃烧不能持续进行。常用的干粉灭火剂、卤代烷灭火剂的主要灭火机制就是化学抑制作用。

7.4.2.2 灭火剂的选用

1. 水和水蒸气

由于水具有较高的比热和潜化热,能从燃烧物中吸收很多的热量,使燃烧物的温度迅速下降,以致燃烧终止,因此在灭火中其冷却作用十分明显,其灭火主要依靠冷却和窒息作用。水能稀释或冲淡某些液体或气体,降低燃烧强度。水能浸湿未燃烧的物质,使之难以燃烧。水还能吸收某些气体、蒸汽和烟雾,有助于灭火。

不能用水扑灭下列物质和设备的火灾:

(1)比重小于水和不溶于水的易燃液体,如汽油、煤油、柴油等油品。比重大于水的可燃液体,如二硫化碳,可以用喷雾水扑救,或用水封阻止火势的蔓延。苯类、醇类、醚类、酮类、酯类及丙烯腈等大容量储罐,如用水扑救,则水会沉在液体下层,在被加热后会引起爆沸,形成可燃液体的飞溅和溢流,使火势扩大。

(2)不能用水或含水的泡沫液灭火,而应用沙土灭火的遇水燃烧物,如金属钾、钠及碳化钙等。

(3)盐酸和硝酸不能用强大的水流冲击。因为强大的水流能使酸飞溅,流出后遇可燃物质,有引起爆炸的危险。酸溅在人身上,能烧伤人。

(4)电气火灾未切断电源前不能用水扑救。因为水是良导体,容易造成触电。

(5)高温状态下的化工设备不能用水扑救,防止遇冷水后骤冷引起变形或爆炸。

2. 泡沫灭火剂

泡沫灭火剂是指通过与水混溶、采用机械或化学反应的方法产生泡沫的灭火剂。主要通过冷却、窒息作用灭火。泡沫灭火剂的灭火机制是在着火的燃烧物表面上形成一个连续的泡沫层,本身和所析出的混合液对燃烧物表面进行冷却,以及通过泡沫层的覆盖作用使燃烧物与氧隔绝而灭火。泡沫灭火剂不能用于带电火灾的扑救。

3. 二氧化碳灭火剂

二氧化碳是一种气体灭火剂,在自然界中存在也较为广泛,价格低、获取容易,其灭火主要依靠窒息作用和部分冷却作用。主要缺点是灭火需要二氧化碳浓度高,会使人员受到窒息毒害。由于二氧化碳不含水、不导电,所以可以用来扑灭精密仪器和一般电气火灾,以及一些不能用水扑灭的火灾。但是,二氧化碳不宜用来扑灭金属钾、钠、镁、铝等及金属过氧化物(如过氧化钾、过氧化钠)、有机过氧化物、氯酸盐、硝酸盐、高锰酸盐、亚硝酸盐、重铬酸盐等氧化剂的火灾。

4. 干粉灭火剂

干粉灭火剂是用于灭火的干燥的、易于流动的微细粉末,由具有灭火效能的无机盐和少量添加剂组成。通过化学抑制和窒息作用灭火。干粉灭火剂主要通过在加压气体作用下喷出的粉雾与火焰接触、混合时发生的物理、化学作用灭火。干粉灭火剂的主要缺点是对精密仪器易造成污染。

5. 卤代烷灭火剂

卤代烷灭火剂灭火机制是卤代烷接触高温表面或火焰时,分解产生的活性自由基,通过溴和氟等卤素氢化物的负化学催化作用和化学净化作用,大量消耗燃烧链式反应中产生的自由基,破坏和抑制燃烧的链式反应,而迅速将火焰扑灭,另外,还有部分稀释氧和冷却作用。卤代烷灭火剂的主要缺点是破坏臭氧层。目前,常用的卤代烷灭火剂有 1211 灭火剂和 1301 灭火剂两种。

卤代烷灭火剂不宜扑灭自身能供氧的化学药品、化学活泼性大的金属、金属的氢化物和能自然分解的化学药品的火灾。

6. 水型灭火剂

水型灭火剂(MS)也叫酸碱灭火剂,它是用碳酸氢钠与硫酸相互作用,生成二氧化碳和水。这种水型灭火剂用来扑救非忌水物质的火灾,它在低温下易结冰,天气寒冷的地区不适合使用。

7.4.2.3 电气灭火

火灾发生后,电气设备和电气线路可能是带电的,如不注意,可能引起触电事故。根据现场条件,可以断电的应断电灭火,无法断电的则带电灭火。电力变压器、多油断路器等电气设备充有大量的油,着火后可能发生喷油甚至爆炸事故,造成火焰蔓延,扩大火灾范围,这是必须加以注意的。

1. 触电危险和断电

电气设备或电气线路发生火灾,如果没有及时切断电源,扑救人员身体或所持器械可能因接触带电部分而造成触电事故。使用导电的灭火剂,如水枪射出的直流水柱、泡沫灭火器射出的泡沫等射至带电部分,也可能造成触电事故。火灾发生后,电气设备可能因绝缘损坏而碰壳短路,电气线路可能因电线断落而接地短路,使正常时不带电的金属构架、地面等部位带电,也可能导致接触电压或跨步电压触电危险。

因此,发现起火后,首先要设法切断电源。切断电源应注意以下几点:

(1)火灾发生后,由于受潮和烟熏,开关设备绝缘能力降低,因此拉闸时最好用绝缘工具操作,以防止触电。

(2)高压线路起火时应先操作断路器而不应该先操作隔离开关切断电源,低压线路起火时应先操作电磁启动器而不应该先操作刀开关切断电源,以免引起弧光短路。

(3)切断电源的地点要选择适当,防止切断电源后影响灭火工作。当需要剪断电线时,不同相的电线应在不同的部位剪断,以免造成短路。剪断空中的电线时,剪断位置应选择在电源方向的支持物附近,以防止电线剪后断落下来,造成接地短路和跨步电压触电事故。

(4)应当注意,有的电气设备即使切断了电源,还仍然可能带有足以构成触电危险的电压。如电力电容器在断电后未经放电,会长时间带有危险的电压。

2. 带电灭火安全要求

有时,为了争取灭火时间,防止火灾扩大,来不及断电,或因灭火、生产等需要,不能断电,则需要带电灭火。带电灭火时须注意以下几点:

(1)应按现场特点选择适当的灭火器。二氧化碳灭火器、干粉灭火器的灭火剂都是不导电的,可用于带电灭火。泡沫灭火器的灭火剂(水溶液)有一定的导电性,而且对电气设备的绝缘有影响,不宜用于带电灭火。

（2）用水枪灭火时宜采用喷雾水枪，这种水枪通过水柱的泄漏电流很小，带电灭火比较安全。用普通直流水枪灭火时，为防止通过水柱的泄漏电流通过人体，可以将水枪喷嘴接地，也可以让灭火人员戴绝缘手套、穿绝缘靴或穿均压服操作。

（3）人体与带电体之间保持必要的安全距离。用水灭火时，水枪喷嘴至带电体的距离，电压为 10 kV 及以下者不应小于 3 m，电压为 220 kV 及以上者不应小于 5 m。用二氧化碳等有不导电灭火剂的灭火器灭火时，机体、喷嘴至带电体的最小距离，电压为 10 kV 者不应小于 0.4 m，电压为 35 kV 者不应小于 0.6 m。

（4）对架空线路等空中设备进行灭火时，人体位置与带电体之间的仰角不应超过 45°。

3.充油电气设备的灭火

充油电气设备的油，其闪点多为 130~140 ℃，有较大的危险性。如果只在该设备外部起火，可用二氧化碳、干粉灭火器带电灭火。如火势较大，应切断电源，并可用水灭火。如油箱破坏，喷油燃烧，火势很大时，除切断电源外，有事故储油坑的应设法将油放进储油坑，坑内和地面上的油火可用泡沫扑灭。应注意：防止燃烧着的油流入电缆沟而顺沟蔓延，电缆沟内的油火只能用泡沫覆盖扑灭。

发电机和电动机等旋转电机起火时，为防止轴和轴承变形，可使其慢慢转动，用喷雾水灭火，并使其均匀冷却；也可用二氧化碳或蒸汽灭火，但不宜用干粉、砂子或泥土灭火，以免损伤电气设备的绝缘。

7.4.3 火灾逃生常识

一般情况下，发生火灾后，报警和救火应当同时进行。救火是分秒必争的事情，早一分钟报警，消防车早一分钟到，就可能把火灾扑灭在初起阶段。请记住：发现火灾时应迅速拨打火警电话 119。

火魔无情，火场逃生不能寄希望于"急中生智"，只有靠平时对消防常识的学习、掌握和储备，危难关头才能应对自如，从容逃离险境。救人与自救，请记住以下"火场逃生十三诀"。

7.4.3.1 第一诀：逃生预演，临危不乱

每个人对自己工作、学习或居住所在的建筑物的结构及逃生路径要做到了然于胸，必要时可集中组织应急逃生预演，使大家熟悉建筑物内的消防设施及自救逃生的方法。这样，火灾发生时，就不会觉得走投无路了。请记住：事前预演，将会事半功倍。

7.4.3.2 第二诀：熟悉环境，暗记出口

当你处在陌生的环境时，为了自身安全，务必留心疏散通道、安全出口及楼梯方位等，以便关键时刻能尽快逃离现场。请记住：在安全无事时，一定要居安思危，给自己预留一条通路。

7.4.3.3 第三诀：通道出口，畅通无阻

楼梯、通道、安全出口等是火灾发生时最重要的逃生之路，应保证畅通无阻，切不可堆放杂物或设闸上锁，以便紧急时能安全、迅速地通过。请记住：自断后路，麻烦必至。

7.4.3.4　第四诀:扑灭小火,惠及他人

当发生火灾时,如果发现火势并不大,且尚未对人造成很大威胁,当周围有足够的消防器材,如灭火器、消防栓等时,应奋力将小火控制、扑灭。千万不要惊慌失措地乱叫乱窜,置小火于不顾而酿成大灾。请记住:争分夺秒,扑灭"初期火灾"。

7.4.3.5　第五诀:保持镇静,辨明方向,迅速撤离

突遇火灾,面对浓烟和烈火,首先要强令自己保持镇静,迅速判断危险地点和安全地点,决定逃生的办法,尽快撤离险地。千万不要盲目地跟从人流和相互拥挤、乱冲乱窜。撤离时要注意:朝明亮处或外面空旷地方跑,要尽量往楼层下面跑,若通道已被烟火封阻,则应背向烟火方向离开,通过阳台、气窗、天台等往室外逃生。请记住:人只有沉着镇静,才能想出好办法。

7.4.3.6　第六诀:不入险地,不贪财物

身处险境,应尽快撤离,不要因害羞或顾及贵重物品,而把逃生时间浪费在寻找、搬离贵重物品上。已经逃离险境的人员,切莫重返险地,自投罗网。请记住:留得青山在,不怕没柴烧。

7.4.3.7　第七诀:简易防护,蒙鼻匍匐

逃生时经过充满烟雾的路线时,要防止烟雾中毒、预防窒息。为了防止火场浓烟呛入,可采用毛巾、口罩蒙鼻,匍匐撤离的办法。烟气较空气轻而飘于上部,贴近地面撤离是避免烟气吸入、滤去毒气的最佳方法。穿过烟火封锁区,应佩戴防毒面具、头盔、阻燃隔热服等护具,如果没有这些护具,那么可向头部、身上浇冷水或用湿毛巾、湿棉被、湿毯子等将头、身裹好,再冲出去。请记住:多件防护工具作保护,总比赤手空拳好。

7.4.3.8　第八诀:善用通道,莫入电梯

按规范标准设计建造的建筑物,都会有逃生楼梯、通道或安全出口。发生火灾时,要根据情况选择进入相对较为安全的楼梯、通道。除可以利用楼梯外,还可以利用建筑物的阳台、窗台等攀到周围的安全地点,沿着落水管、避雷线等建筑结构中凸出物滑下楼脱险。在高层建筑中,电梯的供电系统在火灾时随时会断电或因热的作用电梯变形而使人被困在电梯内,同时由于电梯井犹如贯通的烟囱般直通各楼层,有毒的烟雾直接威胁被困人员的生命。请记住:逃生的时候,乘电梯极危险。

7.4.3.9　第九诀:缓降逃生,滑绳自救

高层、多层公共建筑内一般都设有高空缓降器或救生绳,人员可以通过这些设施安全地离开危险的楼层。如果没有这些专门设施,在安全通道已被堵,救援人员又不能及时赶到的情况下,可以迅速利用身边的绳索或床单、窗帘、衣服等自制简易救生绳,并用水打湿,从窗台或阳台沿绳缓滑到下面楼层或地面,安全逃生。请记住:胆大心细,救命绳就在身边。

7.4.3.10　第十诀:避难场所,固守待援

假如用手摸房门已感到烫手,此时一旦开门,火焰与浓烟势必迎面扑来,逃生通道被切断且短时间内无人救援。这时候,可采取创造避难场所、固守待援的办法。首先应关紧迎火的门窗,打开背火的门窗,用湿毛巾或湿布塞堵门缝或用水浸湿棉被蒙上门窗;然后不停用水淋透房间,防止烟火渗入,固守在房内,直到救援人员到达。请记住:坚盾何惧

利矛？

7.4.3.11 第十一诀：缓晃轻抛，寻求援助

被烟火围困且暂时无法逃离的人员，应尽量呆在阳台、窗口等易于被人发现和能避免烟火近身的地方。在白天，可以向窗外晃动鲜艳衣物，或外抛轻型晃眼的东西；在晚上，可以用手电筒不停地在窗口闪动或者敲击东西，及时发出有效的求救信号，引起救援者的注意。请记住：充分暴露自己，才能争取有效拯救自己。

7.4.3.12 第十二诀：火已及身，切勿惊跑

火场上的人如果发现身上着了火，千万不可惊跑或用手拍打。当身上衣服着火时，应赶紧设法脱掉衣服或就地打滚，压灭火苗；能及时跳进水中或让人往身上浇水、喷灭火剂就更有效了。请记住：就地打滚虽狼狈，烈火焚身可免除。

7.4.3.13 第十三诀：跳楼有术，虽损求生

跳楼逃生也是一个逃生办法，但应该注意的是，只有消防队员准备好救生气垫并指挥跳楼时或楼层不高（一般4层以下），非跳楼即烧死的情况下，才采取跳楼的方法。跳楼也要讲究技巧，跳楼时应尽量往救生气垫中部跳或选择有水池、软雨篷、草地等地方跳；如有可能，要尽量抱些棉被、沙发垫等松软物品或打开大雨伞跳下，以减缓冲击力。如果徒手跳楼，一定要扒窗台或阳台使身体自然下垂跳下，以尽量降低垂直距离，落地前要双手抱紧头部且身体弯曲卷成一团，以减少伤害。跳楼虽可求生，但会对身体造成一定的伤害，所以要慎之又慎。请记住：跳楼不等于自杀，关键是要有办法。

思考与练习题

1. 简述电气火灾的原因。

2. 电气火灾未切断电源前能用水扑救吗？为什么？

3. 电气火灾一旦发生，首先要设法切断电源，在切断电源时要注意些什么？

4. 发生火灾时能乘坐电梯逃生吗？为什么？

学习情境 8　防雷与防静电

学习单元 8.1　防　雷

【学习目标】

(1)掌握雷电的形成及分类,熟悉建筑物防雷分类。

(2)熟练掌握防雷装置与防雷的各项措施。

(3)能够根据电气设备选用合适的防雷装置。

【学习任务】

雷电的形成及种类,建筑物防雷分类,防雷装置的原理及安全技术要求。

【学习内容】

8.1.1　雷电的形成及分类

8.1.1.1　雷电的形成

云是由地面蒸发的水蒸气形成的。水蒸气在上升过程中,遇到上部冷空气凝结成小水滴,形成积云。此外,水平移动的冷气团或热气团,在其前锋交界面上也会形成积云。云中水滴受强气流吹袭时,分成较小的水滴和较大的水滴。较小的水滴被气流带走,形成带负电的雷云,较大的水滴则形成冰晶并带正电,故可以认为水滴结冰过程中发生了电荷的转移,冰晶带正电,水滴带负电。当遇强烈气流把水带走后,便形成了带相反电荷的雷云。

雷电是一种大气中的放电现象。雷云在形成过程中,一些云积累正电荷,另一些云积累负电荷。随着电荷的积累,电压逐渐升高。当带不同电荷的雷云互相接近到一定程度,电场强度超过 25 ~ 30 kV/cm 时,发生激烈的放电,出现强烈的闪光。放电时,温度高达 20 000 ℃。空气受热急剧膨胀,发生爆炸的轰鸣声,这就是我们通常所说的雷电。

8.1.1.2　雷电的分类

根据雷电产生和危害特点的不同,雷电大体上可以分为直击雷、感应雷、球形雷、雷电侵入波等。

1. 直击雷

如果雷云较低,周围又没有带导电性电荷的雷云,就在地面凸出物上感应出导电性电荷,此时大气中有电荷的积云对地电压可高达几亿伏。当雷云同地面凸出物之间的电场强度达到空气击穿的强度时,会发生激烈放电,并出现闪电和雷鸣现象,称之为直击雷。直击雷的放电过程如图 8-1 所示。

每一次放电过程分为先导放电、主放电和余光三个阶段。雷云接近地面时,在地面感应出异性电荷,两者组成一个巨大的电容器。雷云中的电荷分布是不均匀的,地面也是高

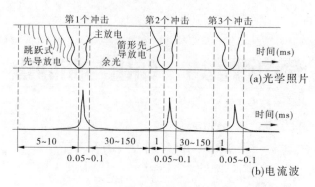

图 8-1 直击雷的放电过程

低不平的,因此它们之间的电场强度也是不均匀的。当电场强度达到 25 ~ 30 kV/cm 时,即发生雷云向大地发展的跳跃式先导放电,延续时间为 5 ~ 10 ms,平均速度为 100 ~ 1 000 km/s,每次跳跃前进约 50 m,并停顿 30 ~ 50 μs。当先导放电达到大地时,即发生大地向雷云发展的极明亮的主放电。其放电时间仅为 0.05 ~ 0.1 ms,放电速度一般为光速的 1/5 ~ 1/3,即 60 000 ~ 100 000 km/s。主放电向上发展,到云端即告结束。主放电结束后继续有微弱的余光,余光延续时间一般为 30 ~ 150 ms。

约 50% 的直击雷有重复放电性质,平均每次雷击有三四个冲击,最多能出现几十个冲击。第 1 个冲击的先导放电是跳跃式先导放电,第 2 个冲击以下的先导放电是箭形先导放电,其放电时间仅约 10 ms。一次雷击的全部放电时间一般不超过 500 ms。

当强大的雷电流流经地面时,雷直接击在建筑物上产生热效应作用和电动力作用,容易引起火灾。

2. 感应雷

感应雷又称为雷电感应或感应过电压,分静电感应和电磁感应两种。

静电感应是雷云接近地面时,在架空线或地面凸出物顶部感应出大量异性电荷,在雷云与其他部位或其他雷云放电后,凸出物顶部电荷失去束缚,以雷波的形式高速传播形成的。

电磁感应是发生雷击后,雷电流在周围空间产生迅速变化的强磁场在附近的金属导体上感应出很高的电压形成的。这种强磁场能使周围的金属导体产生很高的感应电压。

感应雷虽然没有直击雷猛烈,但其发生的概率比直击雷高得多。感应雷不论雷云对地闪击或者雷云与雷云之间闪击,都可能发生并造成灾害。此外,一次雷闪击可以在较大的范围内多个小局部同时产生感应雷过电压现象,这种感应高压通过电力线、电话线等传输到很远,容易引起电子设备损坏和电气设备绝缘层损坏。但直击雷通常一次只能袭击一个小范围的目标。

3. 球形雷

球形雷是一种特殊的雷电现象,简称球雷,一般是橙色或红色,或似红色火焰的发光球体(也有带黄色、绿色、蓝色或紫色的),直径一般为 10 ~ 20 cm,最大的直径可达 1 m,存在的时间为百分之几秒至几分钟,一般是 3 ~ 5 s,其下降时有的无声,有的发出"嘶嘶"声。球形雷是一团处在特殊状态下的带电气体。有人认为,球形雷是包有异物的水滴在极高的电场强度作用下形成的。在雷雨季节，球形雷常沿着地面滚动或在空气中飘荡，能够通过烟囱、门窗或很小的缝隙进入房内，有时又能从原路返回。大多数球形雷消失时，伴有爆炸，会造成建筑物和设备等损坏以及人畜伤亡事故。

4. 雷电侵入波

雷电侵入波是由于雷击在架空线或空中金属管道上产生的冲击电压沿线路或管道的两个方向迅速传播侵入室内的雷电波。雷电侵入波在架空线上的传播速度为 300 m/μs，在电缆中的传播速度为 150 m/μs。雷电侵入波常常危及人身安全和损坏电气设备。比如变电站的雷电危害除上述直击雷和感应雷两种基本形式外，还有一种是沿着架空线路侵入变电站内的雷电流，即雷电侵入波。

8.1.2　雷电的危害及建筑物防雷分类

8.1.2.1　雷电的危害

雷电的危害是多方面的，按其破坏因素可归纳为以下三类：

（1）电性质破坏。雷电能产生高达数万伏甚至数十万伏的冲击电压，可毁坏发电机、变压器、断路器、绝缘子等电气设备的绝缘，烧断电线或劈裂电杆，造成大规模停电；绝缘损坏会引起短路，导致火灾或爆炸事故；二次放电（反击）的火花也可能引起火灾或爆炸；绝缘的损坏，如高压窜入低压，可造成严重触电事故；巨大的雷电流流入地下，会在雷击点及其连接的金属部分产生极高的对地电压，可直接导致接触电压或跨步电压的触电事故。

（2）热性质破坏。当几十安至上千安的强大电流通过导体时，在极短的时间内将转换成大量热能。雷击点的发热能量为 500 ~ 2 000 J，这一能量可熔化 50 ~ 200 mm^3 的钢。故在雷电通道中产生的高温往往会酿成火灾。

（3）机械性质破坏。由于雷电的热效应，能使雷电通道中木材纤维缝隙和其他结构缝隙中的空气剧烈膨胀，同时使水分及其他物质分解为气体，因而在被雷击物体内部出现很大的压力，致使被雷击物体遭受严重破坏或造成爆炸。

8.1.2.2　建筑物防雷分类

《建筑物防雷设计规范》（GB 50057—2010）规定了建筑物的防雷分类。根据建筑物的重要性、使用性质、发生雷电事故的可能性和后果，按防雷要求分为以下三类。

1. 第一类防雷建筑物

（1）凡制造、使用或储存炸药、火药、起爆药、火工品等大量爆炸物质的建筑物，因电火花而引起爆炸，会造成巨大破坏和人身伤亡者。

（2）具有 0 区或 10 区爆炸危险环境的建筑物。

（3）具有 1 区爆炸危险环境的建筑物，因电火花而引起爆炸，会造成巨大破坏和人身伤亡者。

2. 第二类防雷建筑物

（1）国家级重点文物保护的建筑物。

（2）国家级的会堂、办公建筑物、大型展览和博览建筑物、大型火车站、国家级档案馆、大型城市的重要给水水泵房等特别重要的建筑物。

（3）国家级计算中心、国际通信枢纽等对国民经济有重要意义且装有大量电子设备的建筑物。

（4）制造、使用或储存爆炸物质的建筑物，且电火花不易引起爆炸或不致造成巨大破坏和人身伤亡者。

（5）具有 1 区爆炸危险环境的建筑物，且电火花不易引起爆炸或不致造成巨大破坏和人身伤亡者。

（6）具有 2 区或 11 区爆炸危险环境的建筑物。

（7）工业企业内有爆炸危险的露天钢质封闭气罐。

（8）预计雷击次数大于 0.06 次/a 的部、省级办公建筑物及其他重要或人员密集的公共建筑物。

（9）预计雷击次数大于 0.3 次/a 的住宅、办公楼等一般性民用建筑物。

3. 第三类防雷建筑物

（1）省级重点文物保护的建筑物及省级档案馆。

（2）预计雷击次数大于等于 0.012 次/a，且小于等于 0.06 次/a 的部、省级办公建筑物及其他重要或人员密集的公共建筑物。

（3）预计雷击次数大于等于 0.06 次/a，且小于等于 0.3 次/a 的住宅、办公楼等一般性民用建筑物。

（4）预计雷击次数大于等于 0.06 次/a 的一般性工业建筑物。

（5）根据雷击后对工业生产的影响及产生的后果，并结合当地气象、地形、地质及周围环境等因素，确定需要防雷的 21 区、22 区、23 区火灾危险环境。

（6）在平均雷暴日大于 15 d/a 的地区，高度在 15 m 及以上的烟囱、水塔等孤立的高耸建筑物；在平均雷暴日小于或等于 15 d/a 的地区，高度在 20 m 及以上的烟囱、水塔等孤立的高耸建筑物。

8.1.3 防雷装置的原理及安全技术要求

防雷装置是将雷电引向自身，并将雷电流泄入大地，保护被保护物免遭雷击、免受雷害的一种人工装置。一套完整的防雷装置是由接闪器、引下线和接地装置三部分组成的。接闪器包括避雷针、避雷线、避雷带和避雷网等。避雷针主要用来保护露天发电、变配电装置和建筑物，避雷线对电力线路等较长的保护物最为适用，避雷带、避雷网主要用来保护建筑物。避雷器是一种专用的防雷设备，主要用来保护电力设备。

8.1.3.1 接闪器

接闪器就是专门用来接受雷闪的金属物体，又叫雷电接收器。接闪的金属杆称为避雷针，接闪的金属线称为避雷线或架空地线，接闪的金属带、金属网称为避雷带、避雷网。这些接闪器是先利用其高出被保护物的突出地位把雷电引向自身，然后通过引下线和接地装置把雷电流导入大地，使被保护物免受雷击。

1. 接闪器的材料及其尺寸

接闪器所用材料的尺寸应能满足机械强度和耐腐蚀的要求，还要有足够的热稳定性，以能承受雷电流的热破坏作用。避雷针、避雷网（或带）一般采用圆钢或扁钢制成，最小尺寸应符合表 8-1 的规定。避雷线一般采用截面面积不小于 35 mm^2 的镀锌钢绞线。为防止腐蚀,接闪器应镀锌或涂漆;在腐蚀性较强的场所,还应适当加大其截面或采取其他防腐蚀措施。接闪器截面锈蚀30%以上时应更换。

表8-1 接闪器常用材料的最小尺寸

类别	规格	直径(mm)		扁钢	
		圆钢	钢管	截面(mm²)	厚度(mm)
避雷针	针长1 m以下	12	20	—	—
	针长1~2 m	16	25	—	—
	针在烟囱上方	20	—	—	—
避雷网 (或带)	网格*6 m×6 m~ 10 m×10 m网(或带)	18	—	48	4
	在烟囱上方	12	—	100	4

注: *对于避雷带,应为邻带条之间的距离。

2.接闪器的保护范围

接闪器的保护范围可根据模拟实验及运行经验确定。由于雷电放电途径受很多因素的影响,要想保证被保护物体绝对不遭受到雷击是很不容易的。一般要求保护范围内被雷击中的概率在0.1%以下即可。

1)避雷针

避雷针的作用是将雷云放电的通路由原来可能向被保护物体发展的方向,吸引到避雷针本身,由它及与它相连的引下线和接地装置将雷电流泄放到大地中去,使被保护物体免受直接雷击。所以,避雷针实际上是引雷针,它把雷电波引来入地,从而保护其他物体。

避雷针的保护范围,以其对直击雷所保护的空间 m 表示。单支避雷针的保护范围如图8-2所示。

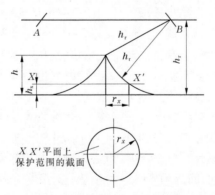

图8-2 单支避雷针的保护范围

按照国家标准《建筑物防雷设计规范》(GB 50057—2010),采用滚球法确定单支避雷针的保护范围,方法如下:

(1)当避雷针高度 h(m)≤滚球半径 h_r(m)时:①距地面 h_r 处作一平行于地面的平行线;②以针尖为圆心,h_r 为半径,作弧线交于平行线的 A、B 两点;③以 A、B 两点为圆心,h_r 为半径,作弧线,该弧线与针尖相交并与地面相切,从此弧线起到地面上就是保护范围;

④避雷针在 h_x(m)高度的 XX' 平面上和在地面上的保护半径分别为

$$r_x = \sqrt{h(2h_r - h)} = \sqrt{h_r(2h_r - h_x)} \qquad (8-1)$$

$$r_o = \sqrt{h(2h_r - h)} \qquad (8-2)$$

式中　r_x——避雷针在 h_x 高度的 XX' 平面上和在地面上的保护半径,m;

　　　h_x——被保护物体的高度,m;

　　　r_o——避雷针在地面上的保护半径,m。

(2)当 $h > h_r$ 时,在避雷针上取高度为 h_r 的一点代替单支避雷针针尖作为圆心,其余做法同(1)。

滚球半径按建筑物防雷类别不同而取不同值:第一类防雷建筑物,$h_r = 30$ m;第二类防雷建筑物,$h_r = 45$ m;第三类防雷建筑物,$h_r = 60$ m。

2)避雷线

避雷线架设在架空线路的上边,也是通过引下线与接地装置有良好电气连接。由于它既架空又接地,因此也称为架空地线。它主要是为了在线路(靠近变电所区段)可能受到直接雷击危害时,可以限制沿线路侵入变电所的雷电冲击波幅值及陡度。避雷线的工作原理和功能与避雷针基本相同。

3)避雷带

沿建筑物屋顶四周易受雷击部位明设的作为防雷保护用的金属带称为接闪器、沿外墙作引下线和接地网相连的装置称为避雷带。多用在民用建筑特别是山区。由于雷击选择性较强(可能从侧面横向发展对建筑物放电),故使用避雷带(或避雷网)的保护性能比避雷针要好。

4)避雷网

避雷网分为明装避雷网和笼式避雷网两大类。沿建筑物屋顶上部明装金属网作为接闪器,沿外墙装引下线接到接地装置上,称为明装避雷网。一般建筑物中常采用这种方法。而把整个建筑物中的钢筋结构连成一体,构成一个大型金属网笼,称为笼式避雷网。笼式避雷网又分为全部明装避雷网、全部暗装避雷网和部分明装部分暗装避雷网等几种。如高层建筑中都用现浇的大模板和预制装配式壁板,结构中钢筋较多,把它们从上到下与室内的上下水管、热力管网、煤气管网、电气管道、电气设备及变压器中性点等均连接起来,形成一个等电位的整体,称为笼式暗装避雷网。

5)避雷器

避雷器常分为管型和阀型两大类,它可进一步防止沿线路侵入变电所(或变压器)的雷电冲击波对电气设备的破坏,把侵入的雷电波限制在避雷器残压值范围内,从而使变压器及其他电气设备可免受过电压的危害。

避雷器的保护原理是将避雷器装设在被保护物体的引入端,其上端接在线路上,下端接地,正常时避雷器的间隙保持绝缘状态,不影响系统运行。当雷击的高压冲击波袭来时,避雷器因间隙击穿而接地,从而强行切断了高压冲击波。雷电流通过后,避雷器间隙又恢复绝缘状态,以使系统正常运行。

8.1.3.2　引下线

防雷装置的引下线应满足机械强度、耐腐蚀和热稳定性的要求。引下线常采用圆钢或扁钢制成,圆钢直径一般为 8 mm(装在烟囱上的引下线不应小于 12 mm),扁钢尺寸为 48 mm×4 mm(装在烟囱上的引下线不应小于 100 mm×4 mm),沿建筑物外墙明敷时,圆钢直径不小于 10 mm,扁钢尺寸为 25 mm×4 mm。如果采用钢绞线作引下线,其截面面积不应小于 25 mm^2。引下线应取最短的路径,避免弯曲,建筑物的金属构件(如消防梯等)可作为引下线,但所有金属构件之间均应连成电气通路。地面上 1.7 m 至地面以下 0.3 m 的一段引下线应加保护管,采用金属保护管时,应与引下线连接起来,以减小通过雷电流时的电抗。如果建筑物屋顶没有多支互相连接的避雷针、线、网、带,其引下线不得少于两根,其间距不得大于 18 ~ 30 m。为了便于测量接地电阻和检查引下线,在各引下线距地面 1.8 m 以下的一处应设置断接卡。引下线应进行防腐处理,禁止使用铝导线作引下线。引下线截面锈蚀 30% 以上应更换。

8.1.3.3 接地装置

防雷接地装置与一般接地装置的要求大体相同,但其所用材料的最小尺寸应稍大于其他接地装置的最小尺寸。采用圆钢最小直径为 10 mm;扁钢最小厚度为 4 mm,最小截面面积为 100 mm^2;角钢最小厚度为 4 mm;钢管最小壁厚为 3.5 mm。除独立避雷针外,在接地电阻满足要求的前提下,防雷接地装置可以和其他接地装置共用。

防雷接地电阻一般是指冲击接地电阻。防直击雷的接地电阻,对于第一类工业、第二类工业、第一类民用建筑物和构筑物,不得大于 10 Ω;对于第三类工业建筑物和构筑物,不得大于 20 ~ 30 Ω;对于第二类民用建筑物和构筑物,不得大于 10 ~ 30 Ω。防雷电感应的接地电阻不得大于 5 ~ 10 Ω;防雷电侵入波的接地电阻一般不得大于 5 ~ 30 Ω;阀型避雷器的接地电阻一般不得大于 5 ~ 10 Ω。

8.1.4 防雷措施的选择

根据不同的对象,对于直击雷、雷电感应、雷电侵入波应采取相应的安全措施。

8.1.4.1 防直击雷

第一类、第二类工业建筑物和构筑物及第一类民用建筑物均应采取防直击雷措施。第三类工业建筑物和构筑物、第二类民用建筑物和构筑物的易受雷击部位也需采取防直击雷措施。此外,易受雷击的建筑物和构筑物、有爆炸或火灾危险的露天设备(如油罐、储气罐)、高压架空电力线路、发电厂和变电站等也采取防直击雷措施。

装设避雷针、避雷线、避雷网、避雷带是防直击雷的主要措施。避雷针分为独立避雷针和附设避雷针两种。独立避雷针是离开建筑物单独装设的,一般情况下,其接地装置应当单设,接地电阻一般不超过 10 Ω。严禁在装有避雷针、避雷线的构筑物上架设通信线、广播线和低压线。利用照明灯塔作独立避雷针的支柱时,为了防止将雷电冲击电压引进室内,照明电源线必须采用铅皮电缆或穿入铁管,并将铅皮电缆或铁管直接埋入地中 10 m 以上(水平距离)、埋深 0.5 ~ 0.8 m,才能引进室内。独立避雷针不应设在人经常通行的地方。

附设避雷针是装设在建筑物和构筑物顶部的避雷针。附设避雷针应和顶部的各种接闪器及建筑物、构筑物的金属构架连接成一个整体,其接地装置可共用,宜沿建筑物和构筑物四周敷设,其接地电阻不宜超过 1 ~ 2 Ω。露天装设的有爆炸危险的金属封闭气罐和工艺装置,当其壁厚不小于 4 mm 时,一般不装接闪器,但必须接地,且接地点不应少于 2 处,其间距离不应大于 30 m,冲击接地电阻不应大于 30 Ω。

避雷针及其引下线与其他导体在空气中的最小距离一般不宜小于 5.m。独立避雷针的接地装置在地下与其他接地装置的距离不宜小于 3 m。

8.1.4.2 防雷电感应

雷电感应(特别是静电感应)能产生很高的冲击电压,在电力系统中应与其他过电压同样考虑。在建筑物和构筑物中,主要考虑由反击引起的爆炸和火灾事故。第三类防雷建筑物一般不考虑雷电感应的防护。

为了防止静电感应产生的高电压,应将建筑物内的金属设备、金属管道、结构钢筋等予以接地。接地装置可以和其他接地装置共用。

根据建筑物的不同屋顶,应采取相应的防止静电感应措施:对于金属屋顶,应将屋顶妥善接地;对于钢筋混凝土屋顶,应将屋面钢筋焊成 6～12 m 的网格,连成通路,并予以接地;对于非金属屋顶,应在屋顶上加装边长为 6～12 m 的金属网格,并予以接地。屋顶或其上金属网格的接地不得少于 2 处,且其间距不得超过 18～30 m,接地装置可与其他接地装置共用。

为了防止电磁感应,当平行管道相距不到 100 mm 时,每 20～30 m 须用金属线跨接。交叉管道相距不到 100 mm 时,也应用金属线跨接;当管道与金属设备或金属结构之间的距离小于 100 mm 时,也应用金属线跨接。此外,管道接头、弯头等接触不可靠的地方,也应用金属线跨接,其接地装置可与其他接地装置共用。

8.1.4.3 防雷电侵入波

属于雷电侵入波造成的雷害事故很多。在低压系统中,雷电侵入波造成的事故约占总雷害事故的 70% 以上。

1. 变配电装置的保护

中、小型企业变配电所的高压一般不超过 10 kV,低压一般为 0.4 kV。对雷电侵入波的防护主要采用阀型避雷器。

(1)10 kV 母线装设一组阀型避雷器。该避雷器与变压器的电气距离,一路进线时不宜大于 15 m,两路进线时不宜大于 23 m。

(2)架空线路终端装设一组阀型避雷器。

(3)对于有电缆进线段的架空线路,架空线路终端电缆盒附近装设阀型避雷器;在电缆两端,其金属外皮均应接地。

2. 低压线路终端保护

雷电侵入波沿低压线路进入室内,容易造成严重的人身事故,也可能引起火灾或爆炸。为了防止这种雷害,应根据不同状况,采取下列措施:

(1)对于重要用户,最好采用全电缆供电,将电缆的金属外皮接地。条件不允许时,可由架空线路转经 50 m 以上的直埋电缆供电,并在电缆与架空线换线杆处装设一组低压阀型避雷器,且与电缆金属外皮和绝缘子铁脚一起接地。

(2)对于重要性低一些的用户,可采用全部架空线供电,在进户处装设一组低压阀型避雷器或留 2～3 mm 的保护间隙,并与绝缘子铁脚一起接地,邻近 3 根电杆上的绝缘子铁脚也应接地。

(3)对于一般用户,将进线处绝缘子铁脚接地即可。

上述接地装置均可与电气设备的接地装置共用。

3. 架空管道上雷电侵入波的保护

一般在管道上的进户处及邻近的 100 m 内,采取 1~4 处接地措施,可在管道支架处接地。接地装置也可与电气接地装置共用。

8.1.4.4　人身防雷措施

(1)雷暴时,非工作必要,应尽量少在户外或野外逗留,在户外或野外宜穿塑料等不浸水的雨衣、胶鞋(绝缘鞋)等。

(2)雷暴时,宜进入有宽大金属构架或有防雷设施的建筑物、汽车或船只内。

(3)在建筑物或高大树木屏蔽的街道躲避雷暴时,应离开墙壁和树干 8 m 以上。

(4)雷暴时,应尽量离开小山、小丘、海滨、湖滨、河边、池旁、铁丝网、金属晒衣绳、旗杆、烟囱、宝塔、孤独的树木和无防雷设施的小建筑物及其他设施。

(5)雷暴时,在户内应注意雷电侵入波的危险,应离开明线、动力线、电话线、广播线、收音机和电视机电源线的天线以及与其相连的各种设备 1.5 m 以上,以防这些线路或导体对人体的二次放电。

(6)雷暴时,还应注意关闭门窗,防止球形雷进入室内造成危害。

学习单元 8.2　防静电

【学习目标】

(1)了解静电的产生、特点及危害。

(2)掌握静电的防护措施。

【学习任务】

静电的产生、特点及危害,静电的防护措施。

【学习内容】

近 20 多年来,人们对于静电现象、静电的利用以及静电的危害进行了较多的研究。静电在工业生产中得到了越来越广泛的应用,如静电复印、静电喷漆、静电除尘、静电植绒、静电选矿等,但这些都是利用由外来能源产生的高压静电场来进行工作的。

工业生产中产生的静电又可以造成多种危害,以下着重讲述静电的产生、特点,静电的危害及消除静电危害的措施。

8.2.1　静电的产生、特点及危害

8.2.1.1　静电的产生

静电是一种客观的自然现象,产生的方式有多种。在干燥条件下,高电阻率且容易得失电子的物质,由于摩擦、接触分离、固体粉碎、液体分离、受热、受压和撞击,都会产生静电。不仅固体能起静电,粉尘能起静电,液体能起静电,蒸汽和气体能起静电,而且人体也能起静电。静电产生的内因有物质的逸出功不同、电阻率不同和介电常数不同,静电产生

的外因有物质的紧密接触迅速分离、附着带电、感应起电、极化起电等。

在实际工业生产和生活中,大多数的静电都是由于不同物质的接触和分离或相互摩擦而产生的。当两种不同性质的物体相互摩擦或紧密接触迅速分离时,由于它们对电子的吸引力大小各不相同,就会发生电子转移。若甲物失去一部分电子而呈正电性,那么乙物获得一部分电子呈负电性。如果该物体与大地绝缘,则电荷无法泄漏,停留在物体的内部或表面呈相对静止状态,这种电荷就称静电。静电能量就是通过紧密接触迅速分离的过程,将外部能量转变为静电能量,并储存于物体之中。液体流动带电、喷射带电、沉降带电等虽然也可以看作接触带电,但双电层的形成原因复杂,主要与吸附现象有关。例如,生产工艺中的挤压、切割、搅拌、喷溅、流动和过滤及日常生活中的行走、起立、穿脱衣服都会产生静电。

8.2.1.2　静电的类型

(1)固体静电。固体起电通常包括接触起电、物理效应起电、非对称摩擦起电、电解起电、静电感应起电等类型。物质表面往往因有杂质吸附、腐蚀、氧化等,形成了具有电子转移能力的薄层,在生产中摩擦、滚压、接触分离等条件下产生静电。固体静电的产生在塑料、橡胶、合成纤维、皮带传动等的生产工序中比较常见。

(2)液体静电。液体在流动、搅拌、沉降、过滤、摇晃、喷射、飞溅、冲刷、灌注等过程中都可能产生静电,这种静电能引起易燃液体及可燃气体的火灾和爆炸。当液体流动时,流动层的带电粒子随液体流动形成流动电流,异性带电粒子留在管道中,若管道接地则流入大地,流动的电荷形成电流。

(3)粉尘静电。粉尘是指由固体物质分散而成的细小颗粒。在生产过程中,例如在研磨、搅拌、筛选、过滤等工序中,粉尘与粉尘、粉尘与管壁之间的互相摩擦经常有静电产生,轻则操作人员遭到电击影响生产,重则引起重大爆炸事故。

(4)人体静电。人体带电的主要原因有摩擦带电、感应带电和吸附带电等。如作业人员穿用的普通工作服与工作台面、工作椅摩擦时可产生 $0.2 \sim 10$ μC 的电荷量,在服装表面能产生 6 000 V 以上的静电电压并使人体带电;作业人员穿用的橡胶或塑料鞋底工作鞋,其绝缘电阻高达 10^{13} Ω 以上,当与地面摩擦时产生静电荷使人体和所穿服装带静电。

8.2.1.3　静电的特点

静电从整体上来说,其特点是电压高,能量小,而危害大。具体如下:

(1)静电能量不大,电压很高。

用塑料梳子摩擦干燥的头发,可产生高达几千伏的静电电压。由于静电电压很高,其放电火花能量可引起易燃物的着火、爆炸。如工人穿胶鞋、脱工作服,就带 3 kV 左右的静电电压。

(2)静电消散缓慢。

非导体上的静电有两个消散途径:一个是与空气中自由电子或离子中和,另一个是通过自身向大地泄漏。空气中平常只有极少数的自由电子和离子,静电消散通过此途径的机会是极有限的。静电通过物体本身向大地泄漏,其决定因素是物体本身的电阻率和对大地的电容值。

理论证明,静电导体上电荷全部消散需要无限长时间,所以人们用半衰期来衡量物体静电消散的快慢。所谓半衰期,即带电体上的电荷消散到原来一半所用的时间。

(3)绝缘导体比静电非导体的危险性大。

静电非导体带电后,在合适的放电条件下,会释放局部地方的电荷,而邻近电荷并没有放掉。对于绝缘导体带电后,平时无法导走,但一有机会,就全部一次经放电点放掉。由此可见,带有相同数量静电荷和表观电压的绝缘导体比静电非导体危险性更大。

(4)静电于远处放电——远端放电。

根据感应起电原理,静电可以由一处扩散到另一处。在工厂里,如果一条管道或一个部件产生了静电,其周围与地绝缘的金属设备就能够把静电感应扩散到很远的地方,可以在人们预想不到的地方进行放电或使人受到静电电击。又因为放电是发生在与地绝缘的导体上,则自由电荷可一次全部放掉,所以危险性很大。这种现象即静电远端放电。

(5)静电电荷有趋尖性——尖端放电。

静电电荷分布在物体表面上,其分布情况与物体的几何形状有关,表面曲率越大,电荷密度越大,在导体尖端,电荷集中,电荷密度最大,电场最强,能够产生尖端放电。

尖端放电可导致火灾、爆炸事故的发生或使产品质量受到影响。于是人们用尖端放电,消除带电体上的静电。

(6)静电屏蔽。

静电场可以用导电金属元件加以屏蔽,可以用接地的金属网、容器以及面层等,将带静电的物体屏蔽起来,不受外界静电的危害。相反,使被屏蔽的物体不受外电场感应起电,也是一种静电屏蔽。静电屏蔽在安全生产上广为利用。

8.2.1.4　静电的危害

静电电量虽然不大,但其电压可能很高,容易发生静电放电而产生火花,有引燃、引爆、电击妨碍生产等多方面的危险和危害。通常,静电的危害有以下三种。

1. 爆炸和火灾

爆炸和火灾是静电的最大危害。静电的能量虽然不大,但因其电压很高且易放电,出现静电火花。静电火花有一定的大小,如果火花能量超过周围介质的最小引爆能量(最小引燃能量),就会引起爆炸或火灾。

在易燃易爆的场所,可能因为静电火花引起火灾或爆炸。如化工物料(含油品)在加工、储存、过滤、分离、运输等过程中,由于静电产生火花放电而导致可燃气体、液体、蒸汽或粉尘燃烧、爆炸,给生产和人身安全造成较大损失。若防范措施稍有疏漏,就有可能造成不可挽回的损失。静电造成爆炸或火灾事故,以石油、化工、橡胶、造纸、印刷、粉末加工等行业较为严重。静电火灾(含爆炸)约占静电危害事故的87%。

2. 电击

由于静电造成的电击,可能发生在人体接近带电物体的时候,也可能发生在带静电电荷的人体接近接地体的时候。是否发生电击除与带电程度有关外,还取决于操作环境条件(温度、湿度等)、带电体静电泄漏情况及操作人员的穿着等。一般情况下,静电的能量较小,因此在生产过程中的静电电击不会直接使人致命,但是因电击的冲击能使人体失去平衡,发生坠落、摔伤,或碰触机械设备,造成二次伤害。另外,电冲击的恐怖感觉会成为威胁操作人员安全的因素。静电电击事故一般占静电危害事故的6%左右。

3.给生产造成不利影响

生产过程中,如不消除静电,往往会妨碍生产或降低产品质量,静电对生产的危害有静电力学现象和静电放电现象两个方面:

(1)因静电力学现象而产生的故障,如筛孔被粉尘堵塞、纺纱线纠结、印刷品的字迹深浅不匀和制品污染织布或印染过程中因吸附灰尘而降低产品质量或影响缠卷。

(2)因静电放电现象而产生的故障有放电电流导致半导体元件等电子部件破坏或误动作,电磁波导致电子仪器和装置产生杂音和误动作,发光导致照相胶片感光而报废。

静电生产故障约占静电危害事故的7%。而静电的一般生产故障往往不被人们重视,生产过程中因静电发生闪爆或产品结团影响质量时,才作为静电事故上报或分析。建议重视这种静电故障、轻微静电事故,进一步提高有关静电危害的防范意识,将静电故障、轻微静电事故消灭在萌芽之中。因此,要加深对静电的认识、了解和控制。掌握不好,对可能引起各种危害的静电未能采用科学方法加以防护,则会造成各种严重事故,故对静电可能造成的危害,必须采取有效措施加以防范。

8.2.2 静电的防护措施

静电的产生几乎是难以避免的,但可以通过各种行之有效的措施加以防护,使其降低到可以接受的程度,并尽可能地减少危害。防止静电危害有两条主要途径:一是创造条件,加速工艺过程中静电的泄漏或中和,限制静电电荷的积累,使其不超过安全限度;二是控制工艺过程,限制静电电荷的产生,使之不超过安全限度。

8.2.2.1 减少静电荷的积累

1.泄漏法

泄漏法是采取接地、增湿、加入抗静电添加剂等措施,使已产生的静电电荷泄漏、消散,避免静电电荷的积累。

1)接地

接地是消除静电危害最简单、最常用的方法。接地用来消除导体上的静电,静电接地的连接线应保证有足够的机械强度和化学稳定性。连接应当可靠,不得有任何中断之处。静电接地一般可与其他接地共用,但注意不得由其他接地引来危险电压,以免导致火花放电的危险。静电接地的接地电阻要求不高,1 000 Ω即可。

在有火灾和爆炸危险的场所,为了避免静电火花造成事故,应采取下列接地措施:

(1)凡用来加工、储存、运输各种易燃液体、气体和粉体的设备、储存池、储存缸以及产品输送设备、封闭的运输装置、排注设备、混合器、过滤器、干燥器、升华器、吸附器等都必须接地。如果袋形过滤器由纺织品类似物品制成,可以用金属丝穿缝并予以接地。

(2)汽车油槽车行驶时,由于汽车轮胎与路面有摩擦,汽车底盘上可能产生危险的静电电压。为了导走静电电荷,油槽车应带金属链条,链条的一端和油槽车底盘相连,另一端与大地接触。

(3)在某些危险性较大的场所,为了使转轴可靠接地,可采用导电性润滑油或采用滑环、碳刷接地。

(4)同一场所两个及以上产生静电的机件、设备和装置，除分别接地外，相互间还应进行金属均压连接，以防止由于存在电位差而放电。灌注液体的金属管器与金属容器，必须经金属可靠连接并接地，否则不能工作。

(5)具有爆炸危险和重要政治意义的场所或建筑物，其地板应由导电材料制成（如用橡胶等做地板），而且地板也应接地。

除采取上述措施外，现场人员在有可能产生静电的场所应穿防静电工作服和工作鞋，并将人体静电泄入大地。

2）增湿

增湿即增加现场的相对湿度，适用于绝缘体上静电的消除。但增湿主要是增强静电沿绝缘体表面的泄漏，而不是增加通过空气的泄漏。因此，增湿对于表面容易形成水膜或表面容易被水润湿的绝缘体有效，如醋酸纤维、硝酸纤维素、纸张、橡胶等。而对于表面不能形成水膜、表面水分蒸发极快的绝缘体或孤立的带静电绝缘体，增湿是无效的。从消除静电危害的角度考虑，保持相对湿度在70%以上较好。

3）加入抗静电添加剂

抗静电添加剂是化学药剂，具有良好的导电性或较强的吸湿性。因此，在容易产生静电的高绝缘材料中加入抗静电添加剂，能降低材料的电阻，加速静电的泄漏。如在橡胶中一般加入导电炭黑，火药药粉中一般加入石墨，石油中一般加入环烷酸盐或合成脂肪酸盐等。

2.中和法

中和法是采用静电中和器或其他方式产生与原有静电极性相反的电荷，使已产生的静电得到中和而消除，避免静电电荷积累。该法已经被广泛地应用于生产薄膜、纸、布等行业中。

(1)在印刷过程中控制速度不宜过大，可装设消电器，产生异性电荷，以电晕放电方式中和静电。

(2)不同物质相互摩擦能产生不同的带电效果，故对产生静电的机械零件要适当选择、组合，使摩擦产生的正、负电荷在生产过程中自行中和，破坏静电电荷积累的条件。

(3)利用放射性同位素，可在不需要电源的情况下放射出 α、β 粒子，以中和静电。这种方法稳定性好，效率高，即便在易燃、易爆的条件下也是比较安全的。

(4)向粉尘物质输送管道中喷入离子风，以中和静电电荷，防止静电引爆。

8.2.2.2 减少静电电荷的产生

前面说到的增湿就是一种从工艺上消除静电危险的措施。不过，增湿不是控制静电的产生，而是加速静电电荷的泄漏，避免静电电荷积累到危险程度。此外，还可以从工艺流程、设备构造、材料选择及操作管理等方面采取措施，限制电流的产生或控制静电电荷的积累，将其控制在安全的范围之内。

(1)用齿轮传动代替皮带传动，除去产生静电的根源。

(2)降低液体、气体或粉体的流速，限制静电的产生。烃类油料在管道中的最高流速，可参考表8-2所列的数值。

表 8-2　管道中烃类油料的最高流速

管径(cm)	1	2.5	5	10	20	40	60
最高流速(m/s)	8	4.9	3.5	2.5	1.8	1.3	1.0

（3）倾倒和注入液体时，为防止飞溅和冲击，最好自容器底部注入，在注油管口，可以加装分流头，如图 8-3 所示，以减小管口附近油流上的静电，且减小对油面的冲击。

（4）设法使相互接触或摩擦的两种物质的电子逸出功大体相等，以限制电荷静电的产生等。

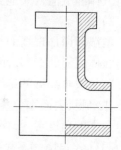

8.2.2.3　人体静电防护措施

人体静电消除的主要目的是防止人体电击事故及由此产生的二次事故的发生，防止带电的人体放电成为气体、粉体、液体的点火源，防止带电的人体放电造成静电敏感电子元器件的击穿损坏。人体静电的防护要求，如人体最高允许电位、人体对地电阻和对地电容、人体服装允许最大摩擦起电量等，因防护目的和人体所处静电环境的不同而差异很大。

图 8-3　分流头简图

（1）人体直接接地。在爆炸和火灾危险场合的操作人员，可使用导电性地面或导电性地毯、地垫，采用防静电手腕带和脚腕带与接地金属棒或接地电极直接连接起来，消除人体静电。

（2）人体间接接地。采用导电工作鞋及导电地面与大地间连接起来，可防止人体在地面上进行作业时产生静电电荷的积累。

（3）服装防护。人应穿戴防静电工作服、帽子、手套等。

思考与练习题

一、填空题

1. 第一类防雷建筑物滚球半径为 _____ m，第二类防雷建筑物滚球半径为 _____ m，第三类防雷建筑物滚球半径为 _____ m。

2. 外部防雷保护系统主要由 _____、_____、_____ 组成。

3. 建筑物的防雷应根据其 _____、_____ ，按防雷要求分为三类。

4. 各类防雷建筑物应采取 _____ 和 _____ 的措施。

5. 静电有三大特点：一是 _____ 高；二是 _____ 突出；三是 _____ 现象严重。

6. 人体触及带电体并形成电流通路，造成对人体伤害称为 _____ 。

7. 电气设备着火，首先必须采取的措施是 _____ 。

8. _____ 是防止静电事故最常用、最基本的安全技术措施。

二、判断题

1. 防雷装置能阻止雷电形成。　　　　　　　　　　　　　　　　（　　）

2. 一般来说，感应雷没有直击雷那么猛烈，但它发生的概率比直击雷小得多。

（　　）

3. 避雷针是引雷针。   (   )

4. 空旷地带,雷雨时可以在大树下避雨。   (   )

5. 在雷雨中行走,要穿雨衣或打木柄、竹柄雨伞,不要撑铁杆伞。   (   )

6. 电击伤害是指电流通过人体造成人体内部的伤害。   (   )

7. 电气设备线路应定期进行绝缘试验,保证其处于不良状态。   (   )

8. 静电是指静止状态的电荷,它是由物体间的相互摩擦或感应而产生的。   (   )

9. 接地是消除静电危害最常见的措施。   (   )

10. 雷电活动时,应该注意敞开门窗,防止球形雷进入室内造成危害。   (   )

三、简答题

1. 雷电的种类有哪些?

2. 如何确定接闪器的保护范围?

3. 静电的危害有哪些?

4. 静电的消除措施有哪些?

学习情境 9　安全生产法律法规

【学习目标】

了解《中华人民共和国安全生产法》《中华人民共和国劳动法》《中华人民共和国消防法》《中华人民共和国职业病防治法》等相关法律法规。

【学习任务】

了解安全生产相关法律法规,树立安全生产意识。

【学习内容】

学习单元 9.1　《中华人民共和国安全生产法》(节选)

第三章　从业人员的安全生产权利义务

第四十九条　生产经营单位与从业人员订立的劳动合同,应当载明有关保障从业人员劳动安全、防止职业危害的事项,以及依法为从业人员办理工伤保险的事项。

生产经营单位不得以任何形式与从业人员订立协议,免除或者减轻其对从业人员因生产安全事故伤亡依法应承担的责任。

第五十条　生产经营单位的从业人员有权了解其作业场所和工作岗位存在的危险因素、防范措施及事故应急措施,有权对本单位的安全生产工作提出建议。

第五十一条　从业人员有权对本单位安全生产工作中存在的问题提出批评、检举、控告;有权拒绝违章指挥和强令冒险作业。

生产经营单位不得因从业人员对本单位安全生产工作提出批评、检举、控告或者拒绝违章指挥、强令冒险作业而降低其工资、福利等待遇或者解除与其订立的劳动合同。

第五十二条　从业人员发现直接危及人身安全的紧急情况时,有权停止作业或者在采取可能的应急措施后撤离作业场所。

生产经营单位不得因从业人员在前款紧急情况下停止作业或者采取紧急撤离措施而降低其工资、福利等待遇或者解除与其订立的劳动合同。

第五十三条　因生产安全事故受到损害的从业人员,除依法享有工伤保险外,依照有关民事法律尚有获得赔偿的权利的,有权向本单位提出赔偿要求。

第五十四条　从业人员在作业过程中,应当严格遵守本单位的安全生产规章制度和操作规程,服从管理,正确佩戴和使用劳动防护用品。

第五十五条　从业人员应当接受安全生产教育和培训,掌握本职工作所需的安全生产知识,提高安全生产技能,增强事故预防和应急处理能力。

第五十六条　从业人员发现事故隐患或者其他不安全因素,应当立即向现场安全生产管理人员或者本单位负责人报告；接到报告的人员应当及时予以处理。

第五十七条 工会有权对建设项目的安全设施与主体工程同时设计、同时施工、同时投入生产和使用进行监督，提出意见。

工会对生产经营单位违反安全生产法律、法规，侵犯从业人员合法权益的行为，有权要求纠正；发现生产经营单位违章指挥、强令冒险作业或者发现事故隐患时，有权提出解决的建议，生产经营单位应当及时研究答复；发现危及从业人员生命安全的情况时，有权向生产经营单位建议组织从业人员撤离危险场所，生产经营单位必须立即作出处理。

工会有权依法参加事故调查，向有关部门提出处理意见，并要求追究有关人员的责任。

第五十八条 生产经营单位使用被派遣劳动者的，被派遣劳动者享有本法规定的从业人员的权利，并应当履行本法规定的从业人员的义务。

第五章 生产安全事故的应急救援与调查处理

第七十六条 国家加强生产安全事故应急能力建设，在重点行业、领域建立应急救援基地和应急救援队伍，鼓励生产经营单位和其他社会力量建立应急救援队伍，配备相应的应急救援装备和物资，提高应急救援的专业化水平。

国务院安全生产监督管理部门建立全国统一的生产安全事故应急救援信息系统，国务院有关部门建立健全相关行业、领域的生产安全事故应急救援信息系统。

第七十七条 县级以上地方各级人民政府应当组织有关部门制定本行政区域内生产安全事故应急救援预案，建立应急救援体系。

第七十八条 生产经营单位应当制定本单位生产安全事故应急救援预案，与所在地县级以上地方人民政府组织制定的生产安全事故应急救援预案相衔接，并定期组织演练。

第七十九条 危险物品的生产、经营、储存单位以及矿山、金属冶炼、城市轨道交通运营、建筑施工单位应当建立应急救援组织；生产经营规模较小的，可以不建立应急救援组织，但应当指定兼职的应急救援人员。

危险物品的生产、经营、储存、运输单位以及矿山、金属冶炼、城市轨道交通运营、建筑施工单位应当配备必要的应急救援器材、设备和物资，并进行经常性维护、保养，保证正常运转。

第八十条 生产经营单位发生生产安全事故后，事故现场有关人员应当立即报告本单位负责人。

单位负责人接到事故报告后，应当迅速采取有效措施，组织抢救，防止事故扩大，减少人员伤亡和财产损失，并按照国家有关规定立即如实报告当地负有安全生产监督管理职责的部门，不得隐瞒不报、谎报或者迟报，不得故意破坏事故现场、毁灭有关证据。

第八十一条 负有安全生产监督管理职责的部门接到事故报告后，应当立即按照国家有关规定上报事故情况。负有安全生产监督管理职责的部门和有关地方人民政府对事故情况不得隐瞒不报、谎报或者迟报。

第八十二条 有关地方人民政府和负有安全生产监督管理职责的部门的负责人接到

生产安全事故报告后,应当按照生产安全事故应急救援预案的要求立即赶到事故现场,组织事故抢救。

参与事故抢救的部门和单位应当服从统一指挥,加强协同联动,采取有效的应急救援措施,并根据事故救援的需要采取警戒、疏散等措施,防止事故扩大和次生灾害的发生,减少人员伤亡和财产损失。

事故抢救过程中应当采取必要措施,避免或者减少对环境造成的危害。

任何单位和个人都应当支持、配合事故抢救,并提供一切便利条件。

第八十三条 事故调查处理应当按照科学严谨、依法依规、实事求是、注重实效的原则,及时、准确地查清事故原因,查明事故性质和责任,总结事故教训,提出整改措施,并对事故责任者提出处理意见。事故调查报告应当依法及时向社会公布。事故调查和处理的具体办法由国务院制定。

事故发生单位应当及时全面落实整改措施,负有安全生产监督管理职责的部门应当加强监督检查。

第八十四条 生产经营单位发生生产安全事故,经调查确定为责任事故的,除了应当查明事故单位的责任并依法予以追究外,还应当查明对安全生产的有关事项负有审查批准和监督职责的行政部门的责任,对有失职、渎职行为的,依照本法第八十七条的规定追究法律责任。

第八十五条 任何单位和个人不得阻挠和干涉对事故的依法调查处理。

第八十六条 县级以上地方各级人民政府安全生产监督管理部门应当定期统计分析本行政区域内发生生产安全事故的情况,并定期向社会公布。

学习单元9.2 《中华人民共和国消防法》(节选)

第二章 火灾预防

第八条 地方各级人民政府应当将包括消防安全布局、消防站、消防供水、消防通信、消防车通道、消防装备等内容的消防规划纳入城乡规划,并负责组织实施。

城乡消防安全布局不符合消防安全要求的,应当调整、完善;公共消防设施、消防装备不足或者不适应实际需要的,应当增建、改建、配置或者进行技术改造。

第九条 建设工程的消防设计、施工必须符合国家工程建设消防技术标准。建设、设计、施工、工程监理等单位依法对建设工程的消防设计、施工质量负责。

第十条 按照国家工程建设消防技术标准需要进行消防设计的建设工程,除本法第十一条另有规定的外,建设单位应当自依法取得施工许可之日起七个工作日内,将消防设计文件报公安机关消防机构备案,公安机关消防机构应当进行抽查。

第十一条 国务院公安部门规定的大型的人员密集场所和其他特殊建设工程,建设单位应当将消防设计文件报送公安机关消防机构审核。公安机关消防机构依法对审核的结果负责。

第十二条 依法应当经公安机关消防机构进行消防设计审核的建设工程,未经依法审核或者审核不合格的,负责审批该工程施工许可的部门不得给予施工许可,建设单位、施工单位不得施工;其他建设工程取得施工许可后经依法抽查不合格的,应当停止施工。

第十三条 按照国家工程建设消防技术标准需要进行消防设计的建设工程竣工,依照下列规定进行消防验收、备案:

(一)本法第十一条规定的建设工程,建设单位应当向公安机关消防机构申请消防验收;

(二)其他建设工程,建设单位在验收后应当报公安机关消防机构备案,公安机关消防机构应当进行抽查。

依法应当进行消防验收的建设工程,未经消防验收或者消防验收不合格的,禁止投入使用;其他建设工程经依法抽查不合格的,应当停止使用。

第十四条 建设工程消防设计审核、消防验收、备案和抽查的具体办法,由国务院公安部门规定。

第十五条 公众聚集场所在投入使用、营业前,建设单位或者使用单位应当向场所所在地的县级以上地方人民政府公安机关消防机构申请消防安全检查。

公安机关消防机构应当自受理申请之日起十个工作日内,根据消防技术标准和管理规定,对该场所进行消防安全检查。未经消防安全检查或者经检查不符合消防安全要求的,不得投入使用、营业。

第十六条 机关、团体、企业、事业等单位应当履行下列消防安全职责:

(一)落实消防安全责任制,制定本单位的消防安全制度、消防安全操作规程,制定灭火和应急疏散预案;

(二)按照国家标准、行业标准配置消防设施、器材,设置消防安全标志,并定期组织检验、维修,确保完好有效;

(三)对建筑消防设施每年至少进行一次全面检测,确保完好有效,检测记录应当完整准确,存档备查;

(四)保障疏散通道、安全出口、消防车通道畅通,保证防火防烟分区、防火间距符合消防技术标准;

(五)组织防火检查,及时消除火灾隐患;

(六)组织进行有针对性的消防演练;

(七)法律、法规规定的其他消防安全职责。

单位的主要负责人是本单位的消防安全责任人。

第十七条 县级以上地方人民政府公安机关消防机构应当将发生火灾可能性较大以及发生火灾可能造成重大的人身伤亡或者财产损失的单位,确定为本行政区域内的消防安全重点单位,并由公安机关报本级人民政府备案。

消防安全重点单位除应当履行本法第十六条规定的职责外,还应当履行下列消防安全职责:

(一)确定消防安全管理人,组织实施本单位的消防安全管理工作;

（二）建立消防档案，确定消防安全重点部位，设置防火标志，实行严格管理；

（三）实行每日防火巡查，并建立巡查记录；

（四）对职工进行岗前消防安全培训，定期组织消防安全培训和消防演练。

第十八条 同一建筑物由两个以上单位管理或者使用的，应当明确各方的消防安全责任，并确定责任人对共用的疏散通道、安全出口、建筑消防设施和消防车通道进行统一管理。

住宅区的物业服务企业应当对管理区域内的共用消防设施进行维护管理，提供消防安全防范服务。

第十九条 生产、储存、经营易燃易爆危险品的场所不得与居住场所设置在同一建筑物内，并应当与居住场所保持安全距离。

生产、储存、经营其他物品的场所与居住场所设置在同一建筑物内的，应当符合国家工程建设消防技术标准。

第二十条 举办大型群众性活动，承办人应当依法向公安机关申请安全许可，制定灭火和应急疏散预案并组织演练，明确消防安全责任分工，确定消防安全管理人员，保持消防设施和消防器材配置齐全、完好有效，保证疏散通道、安全出口、疏散指示标志、应急照明和消防车通道符合消防技术标准和管理规定。

第二十一条 禁止在具有火灾、爆炸危险的场所吸烟、使用明火。因施工等特殊情况需要使用明火作业的，应当按照规定事先办理审批手续，采取相应的消防安全措施；作业人员应当遵守消防安全规定。

进行电焊、气焊等具有火灾危险作业的人员和自动消防系统的操作人员，必须持证上岗，并遵守消防安全操作规程。

第二十二条 生产、储存、装卸易燃易爆危险品的工厂、仓库和专用车站、码头的设置，应当符合消防技术标准。易燃易爆气体和液体的充装站、供应站、调压站，应当设置在符合消防安全要求的位置，并符合防火防爆要求。

已经设置的生产、储存、装卸易燃易爆危险品的工厂、仓库和专用车站、码头，易燃易爆气体和液体的充装站、供应站、调压站，不再符合前款规定的，地方人民政府应当组织、协调有关部门、单位限期解决，消除安全隐患。

第二十三条 生产、储存、运输、销售、使用、销毁易燃易爆危险品，必须执行消防技术标准和管理规定。

进入生产、储存易燃易爆危险品的场所，必须执行消防安全规定。禁止非法携带易燃易爆危险品进入公共场所或者乘坐公共交通工具。

储存可燃物资仓库的管理，必须执行消防技术标准和管理规定。

第二十四条 消防产品必须符合国家标准；没有国家标准的，必须符合行业标准。禁止生产、销售或者使用不合格的消防产品以及国家明令淘汰的消防产品。

依法实行强制性产品认证的消防产品，由具有法定资质的认证机构按照国家标准、行业标准的强制性要求认证合格后，方可生产、销售、使用。实行强制性产品认证的消防产品目录，由国务院产品质量监督部门会同国务院公安部门制定并公布。

新研制的尚未制定国家标准、行业标准的消防产品,应当按照国务院产品质量监督部门会同国务院公安部门规定的办法,经技术鉴定符合消防安全要求的,方可生产、销售、使用。

依照本条规定经强制性产品认证合格或者技术鉴定合格的消防产品,国务院公安部门消防机构应当予以公布。

第二十五条　产品质量监督部门、工商行政管理部门、公安机关消防机构应当按照各自职责加强对消防产品质量的监督检查。

第二十六条　建筑构件、建筑材料和室内装修、装饰材料的防火性能必须符合国家标准;没有国家标准的,必须符合行业标准。

人员密集场所室内装修、装饰,应当按照消防技术标准的要求,使用不燃、难燃材料。

第二十七条　电器产品、燃气用具的产品标准,应当符合消防安全的要求。

电器产品、燃气用具的安装、使用及其线路、管路的设计、敷设、维护保养、检测,必须符合消防技术标准和管理规定。

第二十八条　任何单位、个人不得损坏、挪用或者擅自拆除、停用消防设施、器材,不得埋压、圈占、遮挡消火栓或者占用防火间距,不得占用、堵塞、封闭疏散通道、安全出口、消防车通道。人员密集场所的门窗不得设置影响逃生和灭火救援的障碍物。

第二十九条　负责公共消防设施维护管理的单位,应当保持消防供水、消防通信、消防车通道等公共消防设施的完好有效。在修建道路以及停电、停水、截断通信线路时有可能影响消防队灭火救援的,有关单位必须事先通知当地公安机关消防机构。

第三十条　地方各级人民政府应当加强对农村消防工作的领导,采取措施加强公共消防设施建设,组织建立和督促落实消防安全责任制。

第三十一条　在农业收获季节、森林和草原防火期间、重大节假日期间以及火灾多发季节,地方各级人民政府应当组织开展有针对性的消防宣传教育,采取防火措施,进行消防安全检查。

第三十二条　乡镇人民政府、城市街道办事处应当指导、支持和帮助村民委员会、居民委员会开展群众性的消防工作。村民委员会、居民委员会应当确定消防安全管理人,组织制定防火安全公约,进行防火安全检查。

第三十三条　国家鼓励、引导公众聚集场所和生产、储存、运输、销售易燃易爆危险品的企业投保火灾公众责任保险;鼓励保险公司承保火灾公众责任保险。

第三十四条　消防产品质量认证、消防设施检测、消防安全监测等消防技术服务机构和执业人员,应当依法获得相应的资质、资格;依照法律、行政法规、国家标准、行业标准和执业准则,接受委托提供消防技术服务,并对服务质量负责。

第四章　灭火救援

第四十三条　县级以上地方人民政府应当组织有关部门针对本行政区域内的火灾特点制定应急预案,建立应急反应和处置机制,为火灾扑救和应急救援工作提供人员、装备等保障。

第四十四条 任何人发现火灾都应当立即报警。任何单位、个人都应当无偿为报警提供便利，不得阻拦报警。严禁谎报火警。

人员密集场所发生火灾，该场所的现场工作人员应当立即组织、引导在场人员疏散。

任何单位发生火灾，必须立即组织力量扑救。邻近单位应当给予支援。

消防队接到火警，必须立即赶赴火灾现场，救助遇险人员，排除险情，扑灭火灾。

第四十五条 公安机关消防机构统一组织和指挥火灾现场扑救，应当优先保障遇险人员的生命安全。

火灾现场总指挥根据扑救火灾的需要，有权决定下列事项：

（一）使用各种水源；

（二）截断电力、可燃气体和可燃液体的输送，限制用火用电；

（三）划定警戒区，实行局部交通管制；

（四）利用临近建筑物和有关设施；

（五）为了抢救人员和重要物资，防止火势蔓延，拆除或者破损毗邻火灾现场的建筑物、构筑物或者设施等；

（六）调动供水、供电、供气、通信、医疗救护、交通运输、环境保护等有关单位协助灭火救援。

根据扑救火灾的紧急需要，有关地方人民政府应当组织人员、调集所需物资支援灭火。

第四十六条 公安消防队、专职消防队参加火灾以外的其他重大灾害事故的应急救援工作，由县级以上人民政府统一领导。

第四十七条 消防车、消防艇前往执行火灾扑救或者应急救援任务，在确保安全的前提下，不受行驶速度、行驶路线、行驶方向和指挥信号的限制，其他车辆、船舶以及行人应当让行，不得穿插超越；收费公路、桥梁免收车辆通行费。交通管理指挥人员应当保证消防车、消防艇迅速通行。

赶赴火灾现场或者应急救援现场的消防人员和调集的消防装备、物资，需要铁路、水路或者航空运输的，有关单位应当优先运输。

第四十八条 消防车、消防艇以及消防器材、装备和设施，不得用于与消防和应急救援工作无关的事项。

第四十九条 公安消防队、专职消防队扑救火灾、应急救援，不得收取任何费用。

单位专职消防队、志愿消防队参加扑救外单位火灾所损耗的燃料、灭火剂和器材、装备等，由火灾发生地的人民政府给予补偿。

第五十条 对因参加扑救火灾或者应急救援受伤、致残或者死亡的人员，按照国家有关规定给予医疗、抚恤。

第五十一条 公安机关消防机构有权根据需要封闭火灾现场，负责调查火灾原因，统计火灾损失。

火灾扑灭后，发生火灾的单位和相关人员应当按照公安机关消防机构的要求保护现场，接受事故调查，如实提供与火灾有关的情况。

公安机关消防机构根据火灾现场勘验、调查情况和有关的检验、鉴定意见,及时制作火灾事故认定书,作为处理火灾事故的证据。

学习单元 9.3　《中华人民共和国职业病防治法》(节选)

第二章　前期预防

第十四条　用人单位应当依照法律、法规要求,严格遵守国家职业卫生标准,落实职业病预防措施,从源头上控制和消除职业病危害。

第十五条　产生职业病危害的用人单位的设立除应当符合法律、行政法规规定的设立条件外,其工作场所还应当符合下列职业卫生要求:

(一)职业病危害因素的强度或者浓度符合国家职业卫生标准;

(二)有与职业病危害防护相适应的设施;

(三)生产布局合理,符合有害与无害作业分开的原则;

(四)有配套的更衣间、洗浴间、孕妇休息间等卫生设施;

(五)设备、工具、用具等设施符合保护劳动者生理、心理健康的要求;

(六)法律、行政法规和国务院卫生行政部门、安全生产监督管理部门关于保护劳动者健康的其他要求。

第十六条　国家建立职业病危害项目申报制度。

用人单位工作场所存在职业病目录所列职业病的危害因素的,应当及时、如实向所在地安全生产监督管理部门申报危害项目,接受监督。

职业病危害因素分类目录由国务院卫生行政部门会同国务院安全生产监督管理部门制定、调整并公布。职业病危害项目申报的具体办法由国务院安全生产监督管理部门制定。

第十七条　新建、扩建、改建建设项目和技术改造、技术引进项目(以下统称建设项目)可能产生职业病危害的,建设单位在可行性论证阶段应当向安全生产监督管理部门提交职业病危害预评价报告。安全生产监督管理部门应当自收到职业病危害预评价报告之日起三十日内,作出审核决定并书面通知建设单位。未提交预评价报告或者预评价报告未经安全生产监督管理部门审核同意的,有关部门不得批准该建设项目。

职业病危害预评价报告应当对建设项目可能产生的职业病危害因素及其对工作场所和劳动者健康的影响作出评价,确定危害类别和职业病防护措施。

建设项目职业病危害分类管理办法由国务院安全生产监督管理部门制定。

第十八条　建设项目的职业病防护设施所需费用应当纳入建设项目工程预算,并与主体工程同时设计,同时施工,同时投入生产和使用。职业病危害严重的建设项目的防护设施设计,应当经安全生产监督管理部门审查,符合国家职业卫生标准和卫生要求的,方可施工。

建设项目在竣工验收前,建设单位应当进行职业病危害控制效果评价。建设项目竣工验收时,其职业病防护设施经安全生产监督管理部门验收合格后,方可投入正式生产和使用。

第十九条 职业病危害预评价、职业病危害控制效果评价由依法设立的取得国务院安全生产监督管理部门或者设区的市级以上地方人民政府安全生产监督管理部门按照职责分工给予资质认可的职业卫生技术服务机构进行。职业卫生技术服务机构所作评价应当客观、真实。

第二十条 国家对从事放射性、高毒、高危粉尘等作业实行特殊管理。具体管理办法由国务院制定。

第三章 劳动过程中的防护与管理

第二十一条 用人单位应当采取下列职业病防治管理措施:

(一)设置或者指定职业卫生管理机构或者组织,配备专职或者兼职的职业卫生管理人员,负责本单位的职业病防治工作;

(二)制定职业病防治计划和实施方案;

(三)建立、健全职业卫生管理制度和操作规程;

(四)建立、健全职业卫生档案和劳动者健康监护档案;

(五)建立、健全工作场所职业病危害因素监测及评价制度;

(六)建立、健全职业病危害事故应急救援预案。

第二十二条 用人单位应当保障职业病防治所需的资金投入,不得挤占、挪用,并对因资金投入不足导致的后果承担责任。

第二十三条 用人单位必须采用有效的职业病防护设施,并为劳动者提供个人使用的职业病防护用品。

用人单位为劳动者个人提供的职业病防护用品必须符合防治职业病的要求;不符合要求的,不得使用。

第二十四条 用人单位应当优先采用有利于防治职业病和保护劳动者健康的新技术、新工艺、新设备、新材料,逐步替代职业病危害严重的技术、工艺、设备、材料。

第二十五条 产生职业病危害的用人单位,应当在醒目位置设置公告栏,公布有关职业病防治的规章制度、操作规程、职业病危害事故应急救援措施和工作场所职业病危害因素检测结果。

对产生严重职业病危害的作业岗位,应当在其醒目位置,设置警示标识和中文警示说明。警示说明应当载明产生职业病危害的种类、后果、预防以及应急救治措施等内容。

第二十六条 对可能发生急性职业损伤的有毒、有害工作场所,用人单位应当设置报警装置,配置现场急救用品、冲洗设备、应急撤离通道和必要的泄险区。

对放射工作场所和放射性同位素的运输、贮存,用人单位必须配置防护设备和报警装置,保证接触放射线的工作人员佩戴个人剂量计。

对职业病防护设备、应急救援设施和个人使用的职业病防护用品,用人单位应当进行经常性的维护、检修,定期检测其性能和效果,确保其处于正常状态,不得擅自拆除或者停止使用。

第二十七条　用人单位应当实施由专人负责的职业病危害因素日常监测,并确保监测系统处于正常运行状态。

用人单位应当按照国务院安全生产监督管理部门的规定,定期对工作场所进行职业病危害因素检测、评价。检测、评价结果存入用人单位职业卫生档案,定期向所在地安全生产监督管理部门报告并向劳动者公布。

职业病危害因素检测、评价由依法设立的取得国务院安全生产监督管理部门或者设区的市级以上地方人民政府安全生产监督管理部门按照职责分工给予资质认可的职业卫生技术服务机构进行。职业卫生技术服务机构所作检测、评价应当客观、真实。

发现工作场所职业病危害因素不符合国家职业卫生标准和卫生要求时,用人单位应当立即采取相应治理措施,仍然达不到国家职业卫生标准和卫生要求的,必须停止存在职业病危害因素的作业;职业病危害因素经治理后,符合国家职业卫生标准和卫生要求的,方可重新作业。

第二十八条　职业卫生技术服务机构依法从事职业病危害因素检测、评价工作,接受安全生产监督管理部门的监督检查。安全生产监督管理部门应当依法履行监督职责。

第二十九条　向用人单位提供可能产生职业病危害的设备的,应当提供中文说明书,并在设备的醒目位置设置警示标识和中文警示说明。警示说明应当载明设备性能、可能产生的职业病危害、安全操作和维护注意事项、职业病防护以及应急救治措施等内容。

第三十条　向用人单位提供可能产生职业病危害的化学品、放射性同位素和含有放射性物质的材料的,应当提供中文说明书。说明书应当载明产品特性、主要成分、存在的有害因素、可能产生的危害后果、安全使用注意事项、职业病防护以及应急救治措施等内容。产品包装应当有醒目的警示标识和中文警示说明。贮存上述材料的场所应当在规定的部位设置危险物品标识或者放射性警示标识。

国内首次使用或者首次进口与职业病危害有关的化学材料,使用单位或者进口单位按照国家规定经国务院有关部门批准后,应当向国务院卫生行政部门、安全生产监督管理部门报送该化学材料的毒性鉴定以及经有关部门登记注册或者批准进口的文件等资料。

进口放射性同位素、射线装置和含有放射性物质的物品的,按照国家有关规定办理。

第三十一条　任何单位和个人不得生产、经营、进口和使用国家明令禁止使用的可能产生职业病危害的设备或者材料。

第三十二条　任何单位和个人不得将产生职业病危害的作业转移给不具备职业病防护条件的单位和个人。不具备职业病防护条件的单位和个人不得接受产生职业病危害的作业。

第三十三条　用人单位对采用的技术、工艺、设备、材料,应当知悉其产生的职业病危害,对有职业病危害的技术、工艺、设备、材料隐瞒其危害而采用的,对所造成的职业病危害后果承担责任。

第三十四条　用人单位与劳动者订立劳动合同(含聘用合同,下同)时,应当将工作过程中可能产生的职业病危害及其后果、职业病防护措施和待遇等如实告知劳动者,并在劳动合同中写明,不得隐瞒或者欺骗。

劳动者在已订立劳动合同期间因工作岗位或者工作内容变更,从事与所订立劳动合同中未告知的存在职业病危害的作业时,用人单位应当依照前款规定,向劳动者履行如实告知的义务,并协商变更原劳动合同相关条款。

用人单位违反前两款规定的,劳动者有权拒绝从事存在职业病危害的作业,用人单位不得因此解除与劳动者所订立的劳动合同。

第三十五条 用人单位的主要负责人和职业卫生管理人员应当接受职业卫生培训,遵守职业病防治法律、法规,依法组织本单位的职业病防治工作。

用人单位应当对劳动者进行上岗前的职业卫生培训和在岗期间的定期职业卫生培训,普及职业卫生知识,督促劳动者遵守职业病防治法律、法规、规章和操作规程,指导劳动者正确使用职业病防护设备和个人使用的职业病防护用品。

劳动者应当学习和掌握相关的职业卫生知识,增强职业病防范意识,遵守职业病防治法律、法规、规章和操作规程,正确使用、维护职业病防护设备和个人使用的职业病防护用品,发现职业病危害事故隐患应当及时报告。

劳动者不履行前款规定义务的,用人单位应当对其进行教育。

第三十六条 对从事接触职业病危害的作业的劳动者,用人单位应当按照国务院安全生产监督管理部门、卫生行政部门的规定组织上岗前、在岗期间和离岗时的职业健康检查,并将检查结果书面告知劳动者。职业健康检查费用由用人单位承担。

用人单位不得安排未经上岗前职业健康检查的劳动者从事接触职业病危害的作业;不得安排有职业禁忌的劳动者从事其所禁忌的作业;对在职业健康检查中发现有与所从事的职业相关的健康损害的劳动者,应当调离原工作岗位,并妥善安置;对未进行离岗前职业健康检查的劳动者不得解除或者终止与其订立的劳动合同。

职业健康检查应当由省级以上人民政府卫生行政部门批准的医疗卫生机构承担。

第三十七条 用人单位应当为劳动者建立职业健康监护档案,并按照规定的期限妥善保存。

职业健康监护档案应当包括劳动者的职业史、职业病危害接触史、职业健康检查结果和职业病诊疗等有关个人健康资料。

劳动者离开用人单位时,有权索取本人职业健康监护档案复印件,用人单位应当如实、无偿提供,并在所提供的复印件上签章。

学习单元9.4 《中华人民共和国劳动法》(节选)

第六章 劳动安全卫生

第五十二条 用人单位必须建立、健全劳动安全卫生制度,严格执行国家劳动安全卫生规程和标准,对劳动者进行劳动安全卫生教育,防止劳动过程中的事故,减少职业危害。

第五十三条 劳动安全卫生设施必须符合国家规定的标准。

新建、改建、扩建工程的劳动安全卫生设施必须与主体工程同时设计、同时施工、同时投入生产和使用。

第五十四条 用人单位必须为劳动者提供符合国家规定的劳动安全卫生条件和必要

的劳动防护用品,对从事有职业危害作业的劳动者应当定期进行健康检查。

第五十五条　从事特种作业的劳动者必须经过专门培训并取得特种作业资格。

第五十六条　劳动者在劳动过程中必须严格遵守安全操作规程。

劳动者对用人单位管理人员违章指挥、强令冒险作业,有权拒绝执行;对危害生命安全和身体健康的行为,有权提出批评、检举和控告。

第五十七条　国家建立伤亡事故和职业病统计报告和处理制度。县级以上各级人民政府劳动行政部门、有关部门和用人单位应当依法对劳动者在劳动过程中发生的伤亡事故和劳动者的职业病状况,进行统计、报告和处理。

第七章　女职工和未成年工特殊保护

第五十八条　国家对女职工和未成年工实行特殊劳动保护。

未成年工是指年满十六周岁未满十八周岁的劳动者。

第五十九条　禁止安排女职工从事矿山井下、国家规定的第四级体力劳动强度的劳动和其他禁忌从事的劳动。

第六十条　不得安排女职工在经期从事高处、低温、冷水作业和国家规定的第三级体力劳动强度的劳动。

第六十一条　不得安排女职工在怀孕期间从事国家规定的第三级体力劳动强度的劳动和孕期禁忌从事的活动。对怀孕七个月以上的女职工,不得安排其延长工作时间和夜班劳动。

第六十二条　女职工生育享受不少于九十天的产假。

第六十三条　不得安排女职工在哺乳未满一周岁的婴儿期间从事国家规定的第三级体力劳动强度的劳动和哺乳期禁忌从事的其他劳动,不得安排其延长工作时间和夜班劳动。

第六十四条　不得安排未成年工从事矿山井下、有毒有害、国家规定的第四级体力劳动强度的劳动和其他禁忌从事的劳动。

第六十五条　用人单位应当对未成年工定期进行健康检查。

思考与练习题

一、选择题

1.公众聚集场所在投入使用、营业前,建设单位或者使用单位应当向场所所在地的(　　)级以上地方人民政府公安机关消防机构申请消防安全检查。

　　A.乡　　　　　　　B.县　　　　　　　C.省

2.生产、储存、经营易燃易爆危险品的场所(　　)与居住场所设置在同一建筑物内,并应当与居住场所保持安全距离。

　　A.可以　　　　　　B.应当　　　　　　C.不得

3.(　　)在具有火灾、爆炸危险的场所吸烟、使用明火。

　　A.禁止　　　　　　B.可以　　　　　　C.不得

4.公安机关消防机构统一组织和指挥火灾现场扑救,应当优先保障遇险人员的( )安全。

    A.生命   B.财产   C.房屋

5.生产经营单位发生生产安全事故后,事故现场有关人员应当立即报告( )。

    A.行政管理人员 B.小组长   C.本单位负责人

6.( )级以上地方各级人民政府安全生产监督管理部门应当定期统计分析本行政区域内发生生产安全事故的情况,并定期向社会公布。

    A.乡   B.县   C.省

7.用人单位工作场所存在职业病目录所列职业病危害因素的,应当及时、如实向所在地安全生产( )申报危害项目,接受监督。

    A.审批部门   B.监督管理部门   C.有关部门

8.国家对从事放射性、高毒、( )等作业实行特殊管理。

    A.潮湿   B.高温   C.高危粉尘

9.劳动者对用人单位管理人员违章指挥、强令冒险作业,( )拒绝执行。

    A.无权   B.有权   C.应当

10.未成年工是指年满( )周岁未满( )周岁的劳动者。

    A.十六、十八 B.十四、十六   C.十四、十八

参考文献

［1］ 龚建国.变配电所及其安全运行［M］.北京:机械工业出版社,2003.

［2］ 廖自强.电气运行［M］.2版.北京:中国电力出版社,2007.

［3］ 袁铮喻,张国良.电气运行［M］.北京:中国水利水电出版社,2004.

［4］ 全国特种作业人员安全技术培训考核统编教材编委会.电工作业［M］.北京:气象出版社,2011.

［5］ 杨银山.电工作业安全技术［M］.北京:化学工业出版社,2013.

［6］ 进网作业电工培训教材编委会.进网作业电工培训教材(下)(精编版)［M］.北京:中国水利水电出版社,2005.

［7］ 夏洪永.电气安全技术［M］.北京:化学工业出版社,2008.

［8］ 刘爱群.电气安全技术［M］.北京:中国矿业大学出版社,2014.

［9］ 苏景军.安全用电［M］.北京:中国水利水电出版社,2014.

［10］ 孙熙.电气安全［M］.北京:机械工业出版社,2011.

［11］ 钮英建.电气安全工程［M］.北京:中国劳动社会保障出版社,2009.